中等职业学校学业水平考试配套习题

信息技术学与练

程智宾◎主　审

罗伟强　余佩芳　黄吴毅藻◎主　编

严光壁　颜艺宾　朱惠芬　叶文涛◎副主编

电子工业出版社
Publishing House of Electronics Industry
北京·BEIJING

内 容 简 介

本书是福建省中等职业学校学业水平考试"信息技术"课程的考试辅导用书，全书分为八章，每个章节精选了典型练习题。第一章信息技术应用基础，第二章网络应用，第三章图文编辑，第四章数据处理，第五章程序设计入门，第六章数字媒体技术应用，第七章信息安全基础，第八章人工智能初步。此外本书还紧扣考纲，附赠了五套模拟测试卷，方便读者进行自测练习。

本书学练结合、宜教易学，适合参加福建省中等职业学校学业水平考试的考生复习使用，也适合作为高校学生、中学生、社会读者学习信息技术知识的参考用书。

未经许可，不得以任何方式复制或抄袭本书之部分或全部内容。
版权所有，侵权必究。

图书在版编目（CIP）数据

信息技术学与练 / 罗伟强，余佩芳，黄吴毅藻主编. —北京：电子工业出版社，2022.9

ISBN 978-7-121-44282-7

Ⅰ. ①信… Ⅱ. ①罗… ②余… ③黄… Ⅲ. ①电子计算机—中等专业学校—教学参考资料 Ⅳ. ①TP3

中国版本图书馆 CIP 数据核字（2022）第 167019 号

责任编辑：郑小燕　　特约编辑：徐　震
印　　刷：涿州市京南印刷厂
装　　订：涿州市京南印刷厂
出版发行：电子工业出版社
　　　　　北京市海淀区万寿路 173 信箱　邮编　100036
开　　本：880×1 230　1/16　印张：14.5　字数：281.6 千字
版　　次：2022 年 9 月第 1 版
印　　次：2023 年 2 月第 2 次印刷
定　　价：45.80 元（附试卷）

凡所购买电子工业出版社图书有缺损问题，请向购买书店调换。若书店售缺，请与本社发行部联系，联系及邮购电话：(010) 88254888，88258888。

质量投诉请发邮件至 zlts@phei.com.cn，盗版侵权举报请发邮件至 dbqq@phei.com.cn。

本书咨询联系方式：(010) 88254550，zhengxy@phei.com.cn。

前言

本书根据国家颁布的《中等职业学校信息技术课程标准》及《福建省教育厅关于印发福建省中等职业学校学业水平考试大纲（修订）的通知》（闽教考〔2021〕1号）中的相关要求组织编写。针对考试大纲中的考核知识目标，编者提炼了教材中的知识点，精选了典型的练习题，以巩固、加深学生对"信息技术"课程的理解。本书最后附赠了五套模拟测试卷，以帮助学生更好地进行考前复习。

本书特色：

紧扣考纲，精心编写：编写过程中，编者紧扣考试大纲组织内容，将本书分为八章：第一章信息技术应用基础，第二章网络应用，第三章图文编辑，第四章数据处理，第五章程序设计入门，第六章数字媒体技术应用，第七章信息安全基础，第八章人工智能初步。每个章节编者还精选了典型的练习题，以巩固、加深学生对本章知识点的理解。

知识精讲，重点突出：本书每章都列出了考试大纲中的学习目标，对照学习目标，编者对相应的考点进行了深入浅出的知识点精讲，不仅方便教师课上辅导学生，也降低了学生自学的难度，真正做到宜教易学。

学练结合，高效冲刺：本书在每章最后都设置了"单元测试"模块，题型涵盖选择题和操作题，能帮助学生学练结合，加深对"信息技术"基础知识的理解，做到复习有的放矢，高效冲刺。

仿真模拟，贴近考点：本书最后对照福建省中等职业学校学业水平考试"信息技术"考纲要求附赠了五套模拟测试卷，供学生自测，一方面帮助学生熟悉考试形式及考试题型，另一方面帮助师生了解对知识点的掌握情况，及时进行查漏补缺，有助于学生在福建省中等职业学校学业水平考试中取得优异成绩。

本书创作团队：

本书由程智宾担任主审，由罗伟强、余佩芳、黄吴毅藻担任主编，由严光壁、颜艺宾、朱惠芬、叶文涛担任副主编，同时还邀请了多个学校具有一线教学经验的专家及骨干教师共同编写，他们是陈海明、张喆俊、吴艺彬、帖俊生、周燕红、蔡少伟、吴秀端、董曲珍、赖小凤、李东妹、石艺玲。

教学资源下载：

本书配有丰富的教学资源，书中用到的全部素材和试题答案都已整理和打包，读者可以登录华信教育资源网注册后免费下载。

由于编者水平有限，书中难免存在不妥之处，敬请广大读者批评指正。

编　者

目录

第一章 信息技术应用基础 ... 001

- 学习目标 ... 001
- 知识点精讲 ... 002
  - 知识点1 认识信息技术与信息社会 ... 002
  - 知识点2 认识信息系统 ... 005
  - 知识点3 选用和连接信息技术设备 ... 008
  - 知识点4 使用 Windows 10 操作系统 ... 010
  - 知识点5 管理信息资源 ... 013
  - 知识点6 维护系统 ... 016
- 单元测试 ... 017

第二章 网络应用 ... 028

- 学习目标 ... 028
- 知识点精讲 ... 029
  - 知识点1 认识计算机网络 ... 029
  - 知识点2 配置网络 ... 032
  - 知识点3 获取网络资源 ... 035
  - 知识点4 网络交流与信息发布 ... 035
  - 知识点5 运用网络工具 ... 036
  - 知识点6 了解物联网 ... 037
- 单元测试 ... 038

第三章　图文编辑 ... 047

学习目标 ... 047
知识点精讲 ... 048

- 知识点 1　WPS Office 2019 之文字概述 ... 048
- 知识点 2　WPS Office 2019 之文字的基本操作 ... 048
- 知识点 3　设置文本的字体、段落和页面格式 ... 052
- 知识点 4　文本的查找与替换 ... 060
- 知识点 5　文档的类型转换与文档合并 ... 062
- 知识点 6　打印预览和打印文档内容 ... 063
- 知识点 7　对文档信息的加密和保护 ... 065
- 知识点 8　样式对文本格式的快捷设置 ... 066
- 知识点 9　插入和设置批注、页眉页脚和页码 ... 067
- 知识点 10　插入和设置文本框、艺术字和图片 ... 068
- 知识点 11　插入和编辑表格 ... 071
- 知识点 12　设置表格格式 ... 074
- 知识点 13　文本与表格的相互转换 ... 077
- 知识点 14　绘制简单图形 ... 078
- 知识点 15　图文版式设计基本规范 ... 079

单元测试 ... 080

第四章　数据处理 ... 086

学习目标 ... 086
知识点精讲 ... 087

- 知识点 1　WPS Office 2019 之表格概述 ... 087
- 知识点 2　工作簿、工作表、单元格等基本概念 ... 088
- 知识点 3　工作表的重命名、插入、移动、复制等基本操作 ... 090
- 知识点 4　输入、编辑和修改工作表中的数据 ... 092
- 知识点 5　导入和引用外部数据 ... 093
- 知识点 6　数据的类型转换及格式化处理 ... 096
- 知识点 7　单元格的地址 ... 100
- 知识点 8　公式和常用函数的使用 ... 101
- 知识点 9　数据的排序、筛选、分类汇总 ... 102

知识点 10　用图表制作简单数据图表 ··· 105

　　　知识点 11　初识大数据 ·· 108

　单元测试 ··· 109

第五章　程序设计入门 ·· 117

　学习目标 ··· 117

　知识点精讲 ··· 118

　　　知识点 1　程序设计语言基础 ··· 118

　　　知识点 2　Python 的数据类型 ·· 119

　　　知识点 3　Python 的常量与变量 ·· 119

　　　知识点 4　Python 的输入、输出语句 ·· 120

　　　知识点 5　Python 的运算符 ·· 121

　　　知识点 6　Python 的程序语句结构 ·· 123

　　　知识点 7　面向对象程序设计 ··· 124

　　　知识点 8　模块化程序设计 ··· 124

　　　知识点 9　Python 的 range()函数 ··· 124

　　　知识点 10　math 模块的使用 ··· 125

　　　知识点 11　turtle 模块的使用 ·· 126

　　　知识点 12　常用算法的实现实例 ··· 132

　单元测试 ··· 135

第六章　数字媒体技术应用 ·· 140

　学习目标 ··· 140

　知识点精讲 ··· 141

　　　知识点 1　获取加工数字媒体素材 ··· 141

　　　知识点 2　Photoshop 软件的基本操作 ·· 143

　　　知识点 3　演示文稿的制作 ··· 145

　　　知识点 4　虚拟现实与增强现实技术 ··· 163

　单元测试 ··· 166

第七章　信息安全基础 ·· 173

　学习目标 ··· 173

　知识点精讲 ··· 173

知识点1　了解信息安全常识 ··· 173

　　知识点2　防范信息系统恶意攻击 ·· 177

单元测试 ·· 180

第八章　人工智能初步 ··· 187

学习目标 ·· 187

知识点精讲 ·· 187

　　知识点1　初识人工智能 ··· 187

　　知识点2　了解机器人 ·· 191

单元测试 ·· 194

第一章　信息技术应用基础

学习目标

1. 认识信息技术与信息社会

（1）理解信息技术的概念；了解信息技术的发展历程。

（2）理解信息技术在当今社会的典型应用；了解信息技术对人类社会生产、生活方式的影响。

（3）了解信息社会的特征和相应的文化、道德和法律常识。

（4）了解信息社会的发展趋势。

2. 认识信息系统

（1）了解信息系统组成。

（2）了解二进制、八进制、十六进制的基本概念和特点；了解二进制、十进制整数的转换方法。

（3）了解存储单位的基本概念，掌握位、字节、字、KB、MB、GB、TB 的换算关系。

（4）了解 ASCII 码的基本概念；了解汉字的编码。

3. 选用和连接信息技术设备

（1）理解常用信息技术设备：计算机主机（CPU、主板、内存储器）、外存储设备（硬盘、U 盘、光盘）、输入设备（键盘、鼠标、扫描仪和数码影像）、输出设备（打印机、绘图仪、显示适配器和显示器），了解设备类型和特点。

（2）理解常用信息技术设备主要性能指标的含义，了解根据需要选用合适的设备。

（3）了解正确连接计算机、移动终端和常用外围设备。

（4）了解计算机和移动终端等常见信息技术设备基本设置的操作方法；了解常见信息技

术设备的设置。

4. 使用 Windows 7 或者 Windows 10 操作系统

（1）了解操作系统的基本概念，了解操作系统在计算机系统运行中的作用。

（2）了解操作系统的特点和功能；熟练掌握启动/关闭计算机系统的方法。

（3）了解操作系统图形界面的对象，熟练使用鼠标完成对窗口、菜单、工具栏、任务栏、对话框的操作；了解快捷键和快捷菜单的使用方法。

（4）了解常用中英文输入方法，熟练掌握中英文输入方法的切换；熟练掌握一种中文输入法进行文本和常用符号输入。

（5）了解操作系统自带的常用程序的功能和使用方法，如记事本、画图、截图工具、录音机；熟练掌握安装、卸载应用程序和驱动程序。

5. 管理信息资源

（1）理解文件和文件夹的概念和作用；了解常用文件的类型。

（2）熟练掌握使用"资源管理器"对文件与文件夹的管理操作（选取、新建、移动、复制、删除、重命名、搜索和属性设置等）实现对信息资源的管理。

（3）熟练掌握使用 WinRAR 压缩软件对信息资源进行压缩、加密和备份。

6. 维护系统

（1）了解计算机和移动终端等信息技术设备的安全设置；了解用户管理及权限设置。

（2）了解使用"帮助"等工具解决信息技术设备及系统使用过程中遇到的问题。

知 识 点 精 讲

知识点 1　认识信息技术与信息社会

1. 信息技术的概念

信息技术（Information Technology，IT），是用于管理和处理信息所采用的各种技术的总称，主要是应用计算机科学和通信技术来设计、开发、安装和实施信息系统及应用软件，也常被称为信息和通信技术（Information and Communication Technology，ICT），主要包括传感技术、计算机与智能技术、通信技术和控制技术。

2. 信息技术的发展历程

从古至今，信息技术共经历了五次重大变革。

1）第一次：语言的产生和使用。
2）第二次：文字的发明和使用。
3）第三次：印刷术和造纸术的发明和应用。
4）第四次：电报、电话、广播和电视等电信技术的发明和应用。
5）第五次：电子计算机和现代通信技术的发明和应用。

1946年，世界上第一台电子计算机（ENIAC）诞生了。按照计算机采用的电子元器件的不同，一般认为计算机的发展可分为四个阶段，见表1-1。

表1-1 计算机的发展阶段

发展阶段	主要元件	软件	应用范围
第一代 （1946—1957年）	电子管	机器语言和汇编语言	科学计算
第二代 （1958—1964年）	晶体管	高级语言和操作系统	科学计算、数据处理、工业控制
第三代 （1965—1970年）	中小规模集成电路	多种高级语言、完善的操作系统	科学计算、数据处理、工业控制、文字处理、图形处理
第四代 （1971年至今）	大规模或超大规模集成电路	网络操作系统、数据库管理系统、各种应用软件及系统	各个领域

3. 信息技术的分类

通常，按使用的信息设备不同，把信息技术分为电话技术、电报技术、广播技术、电视技术、复印技术、缩微技术、卫星技术、计算机技术、网络技术等。

4. 信息技术的应用

信息技术的应用包括计算机硬件和软件、网络和通信技术、应用软件开发工具等。目前，信息技术日益渗透到交通出行、商业、医疗、科技、教育教学、工业、农业、军事等社会的各个领域，不断推动着人类社会的发展。

5. 信息技术对人类社会生产、生活方式的影响

信息技术在全球的广泛使用，不仅深刻地影响着经济结构与经济效率，而且作为先进生产力的代表，对社会文化和精神文明也产生着深刻的影响。

信息技术正推动着传统教育方式发生着深刻变化。计算机仿真技术、多媒体技术、虚拟现实技术和远程教育技术及信息载体的多样性，使学习者可以克服时空障碍，更加主动地安排自己的学习时间和进度。远程教育的发展将在传统的教育领域引发一场革命，并促进人类

知识水平的普遍提高。

6. 信息社会的基本知识

1）信息社会的概述

信息社会也称信息化社会，是脱离工业化社会以后，信息起主要作用的社会。所谓信息社会，是以电子信息技术为基础，以信息资源为基本发展资源，以信息服务性产业为基本社会产业，以数字化和网络化为基本社会交往方式的新型社会。

2）信息社会的特征

（1）数字生活，数字化是信息社会的显著特征。在信息社会中，信息成为重要的生产力要素，和物质、能量一起构成社会赖以生存的三大资源。

（2）信息经济。

（3）网络社会，网络化是信息社会最为典型的社会特征。

（4）在线政府，政府是最大的公共信息的采集者、处理者和拥有者。

3）信息社会的问题

信息社会的问题主要有信息污染、信息犯罪、信息侵权、计算机病毒、信息侵略等。

7. 信息社会的发展趋势

1）信息社会的发展阶段

从工业社会向信息社会的转型必然是一个长期的、动态的和循序渐进的过程，依据发展水平的高低，可以将信息社会划分为不同的发展阶段，见表1-2。

表1-2 信息社会的发展阶段

发展阶段	起步期	转型期	初级阶段	中级阶段	高级阶段
ISI	0.3以下	0.3~0.6	0.6~0.8	0.8~0.9	0.9以上
基本表现	信息技术初步应用	信息技术应用加速，效果开始显现	信息技术的影响逐步深化	信息技术深刻改变了经济、社会的各个领域	基本实现了充分包容的社会
面临问题	基础设施跟不上需求	发展不平衡	互联互通问题，信息技术实际应用问题	社会包容性问题	进一步的技术突破与创新应用
主要任务	加快基础设施建设，宣传推广信息技术	调整与改革，消除信息社会发展的不利因素	改进体制机制	关注弱势群体，实施普遍服务	鼓励创新

2）智慧社会

智慧社会是指基于大数据、人工智能的基础设施和规则，社会各界积极参与，有效利用前沿科技，从而形成基于智能和数据的生产、生活、治理循环驱动的创新社会形态。

知识点 2　认识信息系统

1. 信息系统组成

信息系统（Information System，IS）是一种进行信息收集、传播、存储、加工、维护和使用的系统。从组织结构看，信息系统由硬件、软件、通信网络、数据和人员组成。

2. 常用的进制数

计算机常用的进制有十进制、二进制、八进制、十六进制等。

1）常用进制数及其特点

十进制（D）：基数有 0，1，2，3，4，5，6，7，8，9 十个，运算规则为"逢十进一"，书写格式为$(25.34)_{10}$或(25.34)D。

二进制（B）：基数有 0，1 两个，运算规则为"逢二进一"，书写格式为$(101.1101)_2$或(101.1101)B。

八进制（O）：基数有 0，1，…，7 八个，运算规则为"逢八进一"，书写格式为$(17253)_8$或(17253)O。

十六进制（H）：基数有 0，1，…，9，A，B，C，D，E，F 十六个，运算规则为"逢十六进一"，书写格式为$(14F)_{16}$或(14F)H。

2）数制之间的相互转换

任何一种进制数都可以转换成其他的进制数。

（1）非十进制转换为十进制

[例]

$(110011.101)_2 = 1\times2^5+1\times2^4+1\times2^1+1\times2^0+1\times2^{-1}+1\times2^{-3}=(51.625)_{10}$

$(364)_8 = 3\times8^2+6\times8^1+4\times8^0=(244)_{10}$

$(9BF.8)_{16} = 9\times16^2+11\times16^1+15\times16^0+8\times16^{-1}=(2495.5)_{10}$

如果二进制数的位数不多，可以通过二进制数对应的权值快速计算出十进制数的值。比如要把$(1111)_2$转换为十进制数的值，由于 1111 才 4 位，所以可以直接记住每一位的权值，并且从高位往低位记：8、4、2、1，即最高位的权值为$2^3=8$，然后依次是$2^2=4$，$2^1=2$，$2^0=1$。因此，8+4+2+1=15，$(1111)_2=(15)_{10}$。

记住权值 8、4、2、1，对于任意一个 4 位的二进制数，都可以快速算出它对应的十进制数的值。

（2）十进制转换为非十进制

整数部分与小数部分转换的方法不同。整数采用"除基取余法"，小数采用"乘基取整法"。

[例]

(101 001 000 011.100 100)₂ 转换成八进制数。

答案：(5103.44)₈

5　1　0　3　4　4

(1010 0100 0011.1001)₂ 转换成十六进制数。

答案：(A43.9)₁₆

A　4　3　9

3．存储单位的基本概念

存储器的主要性能指标是存取速度和容量。存取速度用对存储器进行一次读或写操作所花费的时间来描述，单位为纳秒，记为 ns。计算机中的数据是二进制数，常用的单位有：位、字节和字三种。

数位，简称位（bit：比特），是最小的数据单位。

1 字节=8 位，字节：Byte，简写为 B，它是计算机中用于衡量容量大小的最基本单位，容量一般用 KB、MB、GB、TB 来表示，它们之间的关系是：1KB=1024B，1MB=1024KB、1GB=1024MB、1TB=1024GB，其中 1024=2^{10}。

"字"是作为一个整体被存取和处理的运算单位，它是字节的整数倍。

4．ASCII 码的基本概念

标准 ASCII 码也叫基础 ASCII 码，使用 7 位二进制数（剩下的 1 位二进制为 0）来表示所有的大写和小写字母、数字 0~9、标点符号，以及在美式英语中使用的特殊控制字符，这些字符的个数不超过 128 个。

例如，字符 A 的编码表示如下：

b7	b6	b5	b4	b3	b2	b1	b0
0	1	0	0	0	0	0	1

ASCII 码见表 1-3。按照字符编码数值大小，控制字符、符号、十个阿拉伯数字、大写英文字母和小写英文字母由小到大依次排列。其中，码值为 0~31 及 127 的编码表示控制字符，码值为 32~47 的编码表示符号，码值为 48~57 的编码表示 0~9 十个阿拉伯数字，码值为

65～90 的编码表示大写英文字母，码值为 97～122 的编码表示小写英文字母。

表 1-3 ASCII 码对照表

b3-b0 \ b6-b4	000	001	010	011	100	101	110	111
0000	NUL	DLE	SP	0	@	P	`	p
0001	SOH	DC1	!	1	A	Q	a	q
0010	STX	DC2	"	2	B	R	b	r
0011	ETX	DC3	#	3	C	S	c	s
0100	EOT	DC4	$	4	D	T	d	t
0101	ENQ	NAK	%	5	E	U	e	u
0110	ACK	SYN	&	6	F	V	f	v
0111	BEL	ETB	'	7	G	W	g	w
1000	BS	CAN	(	8	H	X	h	x
1001	HT	EM	)	9	I	Y	i	y
1010	LF	SUB	*	:	J	Z	j	z
1011	VT	ESC	+	;	K	[	k	{
1100	FF	FS	,	<	L	\	l	|
1101	CR	GS	-	=	M	]	m	}
1110	SO	RS	.	>	N	^	n	~
1111	SI	US	/	?	O	_	o	Del

几个常见字母和数字的 ASCII 码值："A" 为 65，"a" 为 97，"0" 为 48。

5．汉字的编码

根据汉字处理过程中的不同要求，汉字的编码主要分为 4 类：汉字信息交换码（国标码）、汉字输入码、汉字内码、汉字字型码、汉字地址码。

我国的汉字编码规范采用的是 1981 年 5 月国家标准局颁布的 GB2312—1980 标准，称为国标码，包括按拼音排序的一级汉字库 3755 个，按部首排序的二级汉字库 3008 个，还有 682 个字母和图形符号，共计 7445 个汉字及符号。

各种汉字编码之间的关系如图 1-1 所示。

- 两字节存储一个国标码。
- 国标码=区位码（转成 16 进制数）+2020H。
- 汉字的内码=汉字的国标码+8080H。
- 点阵字形存储空间的计算方法：点阵/8（字节）。

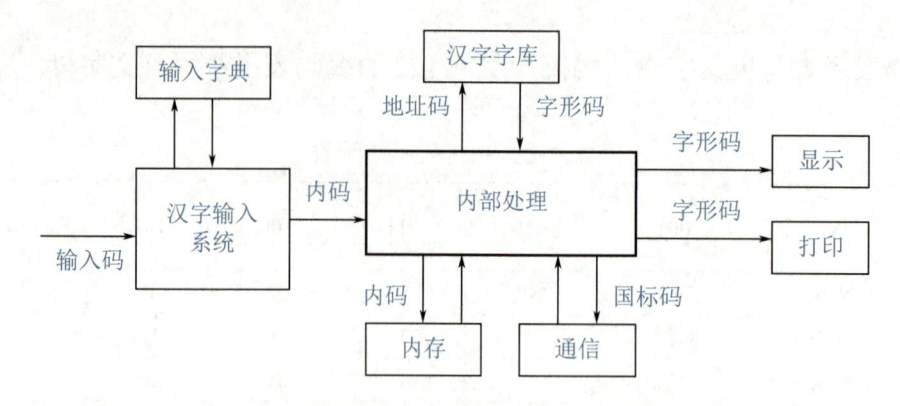

图 1-1 汉字编码之间的关系

知识点 3　选用和连接信息技术设备

1. 常用信息技术设备

1）信息技术设备的概念

信息技术设备（Information Technology Equipment，ITE）是指利用信息技术对信息进行处理过程中所用到的设备的总称，即在现代信息系统中获取、加工、存储、变换、显示、传输信息的物理装置和机械设备。

2）信息技术设备的分类

信息技术设备按组成结构可以分为计算机主机、外存储设备、输入设备、输出设备、通信网络设备和电源设备等 6 个组成部分，如图 1-2 所示。

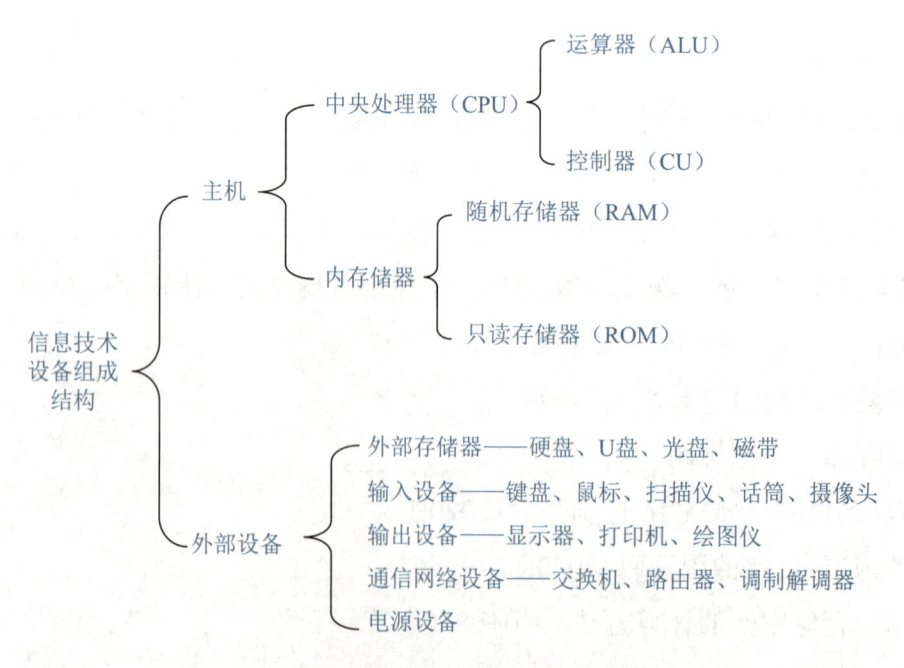

图 1-2　信息技术设备组成结构图

3）计算机在信息时代的广泛应用
- 科学研究：科学计算、计算机仿真、科技文献的存储与检索。
- 政府：办公自动化、电子政务。
- 医学：医学专家系统、远程医疗系统、数字化医疗仪器、病院监护与健康护理、医学研究。
- 商业：电子商务、电子数据交换（EDI）。
- 金融：电子货币、网上银行、移动银行、证券市场信息化。
- 交通运输：智能交通系统、地理信息系统、全球卫星定位系统、交通监控、车载 GPS 智能导航系统。
- 教育：远程教育、校园网络、计算机辅助教学、计算机教学管理。
- 艺术与娱乐：音乐与舞蹈、美术与摄影、电影与电视、多媒体娱乐与游戏。

4）计算机的应用领域

在信息时代，计算机的应用非常广泛，主要应用领域有科学计算（数值计算）、信息处理或数据处理、自动控制、计算机辅助设计（CAD）、计算机辅助制造（CAM）、人工智能、计算机仿真和现代教育（包括计算机辅助教学、计算机模拟、多媒体教室、网上教学等。

2. 常用信息技术设备的主要性能指标

1）计算机主机

字长、时钟频率（主频）、运算速度、存储容量、存取周期、可靠性。

2）中央处理器（Central Processing Unit，CPU）

中央处理器（CPU）主要包括运算器（ALU）和控制器（CU），是计算机的核心部件，它的主要性能指标有主频、外频、倍频、字长、缓存、多核心等。

3）常用存储设备

按照在计算机中的作用分类，存储器通常分为内存储器、外存储器、缓冲存储器。

（1）内存储器

内存储器分为随机存储器（RAM）和只读存储器（ROM）。内存储器又称为主存储器，简称内存，是计算机的记忆或暂存部件。通常所说的计算机内存指内存条。

（2）外存储器

外存储器又称为辅助存储器，不能被 CPU 直接访问，其中存储的信息必须调入内存后才能为 CPU 所使用。常见的有移动硬盘、光盘、U 盘等。

3. 微型计算机的输入/输出设备

1）常用输入设备

常用的输入设备有鼠标、键盘、扫描仪、摄像头、话筒、手写板、触摸屏、光笔、游戏杆等，其他输入设备还有光学字符阅读器、条码阅读器等。

2）常用输出设备

计算机的主机通过输出设备将处理结果显示、打印出来或存储到外存储器中，常用的输出设备有显示器、打印机、绘图仪、语音输出系统等。

4. 正确连接计算机、移动终端和常用外围设备

常用的外围设备接口有：PS/2 接口、串口（COM 口）、并口（LPT 口）、USB 接口、VGA 接口、HDMI 接口、DVI 接口、音频输出/输入口、RJ-45 接口等。

5. 信息技术设备基本设置

用户可以根据信息技术设备的操作规范对设备进行操作。通过操作系统可以对计算机硬件设备进行有效管理。

知识点 4　使用 Windows 10 操作系统

1. 操作系统的基本概念

操作系统（Operating System，OS）是计算机系统中的一个系统软件，是用户和计算机之间的接口，通过操作系统，用户能方便、有效地管理和使用计算机系统的各种资源。

常见的操作系统有：DOS 操作系统、UNIX 操作系统、Linux 操作系统、Mac OS（苹果电脑系统）、Windows 操作系统、中标麒麟操作系统、统信操作系统、华为鸿蒙操作系统（HarmonyOS）、Android 手机操作系统、iOS 手机操作系统。

2. 操作系统在计算机系统运行中的作用

操作系统是管理、控制和监督计算机软件、硬件资源协调运行的程序系统，由一系列具有不同控制和管理功能的程序组成。Windows 7、Windows 10 是桌面版单用户多任务的操作系统，采用图形用户界面（GUI）。

3. Windows 10 操作系统图形界面的对象

1）桌面布局

Windows 10 操作系统的桌面主要包含桌面背景、图标、任务栏等。

2）窗口组成

Windows 10 操作系统以"窗口"的形式来区分各个程序的工作区域，用户打开计算机、磁盘驱动器、文件夹或是一个应用程序，系统会打开一个窗口，用于执行相应的工作。

计算机窗口主要由标题栏、工作区、地址栏、搜索栏、菜单栏、工具栏、导航窗格、预览窗格、细节窗格、状态栏、滚动条构成。

3）窗口的基本操作

打开窗口、关闭窗口、移动窗口的位置、调整窗口的大小、切换当前活动窗口、排列窗口。

4）菜单的类型

Windows 10 操作系统中菜单的类型主要有开始菜单、控制菜单、快捷菜单、下拉菜单及级联菜单。

5）对话框组成

对话框与窗口很相似，但是不能最大化和最小化显示。一般包括选项按钮、复选框、列表框、文本框、下拉列表框、命令按钮、选项卡等。

4. Windows 10 操作系统的快捷键和快捷菜单

Windows 快捷键是指在 Windows 操作系统下，操作计算机使用的快捷方式，快捷菜单是右击操作对象时所打开的菜单。它们主要通过键盘和鼠标来完成操作。

1）Windows 10 操作系统的常用快捷键

Windows 10 操作系统的快捷键很多。键盘快捷键组合的使用可以提高工作效率。常用快捷键见表 1-4。

表 1-4 Windows 10 操作系统的常用快捷键及功能

快捷组合键	功能
Windows 键	打开"开始"菜单
Windows 键+E	打开资源管理器
Alt+F4	关闭窗口（关闭当前应用程序）
Ctrl+F4	关闭当前应用程序中的当前文本，不关闭整个窗口
Ctrl+Alt+Delete	打开一个安全窗口，供用户关机、重启、注销、切换用户、启动任务管理器等
Ctrl+S	保存当前文件或文档（多数程序中有效）

续表

快捷组合键	功能
Ctrl+C	复制选择项目
Ctrl+X	剪切选择项目
Ctrl+V	粘贴选择项目
Delete	删除光标后面的字符或选择的文本；在 Windows 中，删除选择的项目，并将其移入"回收站"
PrtSc	打印屏幕，获取当前整个屏幕的图像

2）鼠标的基本操作

鼠标的基本操作有五种：指向、单击、右击、双击和拖放。

5．Windows 10 操作系统的"控制面板"

使用"控制面板"可以更改 Windows 的设置。这些设置几乎控制了有关 Windows 外观和工作方式的所有设置，并允许用户对 Windows 进行设置，使其适合用户的需要。

控制面板的查看方式有三种：类别、大图标、小图标。

6．中文输入法

计算机的中文字符集中除汉字和中文标点符号外，还包括英文等各种文字符号。因而英文字符在计算机内部有两种表示方式：一种是用 ASCII 码表示，这种英文字符称为半角字符，占一个字符位；另外一种是用汉字内码表示，这种英文字符称为全角字符，占两个字符位。

通常，汉字输入方法可以分为两大类：键盘输入法和非键盘输入法。

常用中文输入法有：搜狗、微软拼音 ABC、五笔字型、全拼、双拼等输入法。

7．操作系统自带的常用程序

Windows 10 操作系统自带的常用程序有很多，如画图、记事本、截图工具、录音机、计算器、写字板、远程桌面连接、运行、Windows 资源管理器等；系统工具软件有计算机、控制面板、Edge 浏览器、磁盘清理、磁盘碎片整理、系统还原、系统信息、字符映射表、资源监视器等。

8．应用程序和驱动程序的安装、卸载

1）安装应用程序

方法一：从硬盘、U 盘、光盘、网盘、网络共享安装应用程序；

方法二：通过应用集成管理软件安装应用程序。

2）删除（卸载）或更改程序

在控制面板窗口中单击"程序和功能"图标，进入"卸载或更改程序"窗口。在该窗口中可以删除、更改或修复程序，如果需要删除（卸载）一个已经安装的应用程序，可先选中该程序，单击"卸载"按钮，按提示的步骤即可卸载该应用程序。

3）安装和使用打印机

打印机（Printer）是计算机的输出设备之一。直接连接到计算机的打印机称为"本地打印机"。一般情况下，作为独立设备直接连接到网络的打印机称为网络打印机。

从打印机的原理上划分，常见的打印机大致分为针式打印机、喷墨打印机、激光打印机和热敏打印机；从打印机的连接方式上划分，常见的打印机大致分为有线打印机、无线打印机。

知识点 5　管理信息资源

1. 文件和文件夹

Windows 10 操作系统通过文件和文件夹对信息进行组织和管理。一个文件夹既可以包含文档、程序、快捷方式等文件，也可以包含下一级文件夹（称为子文件夹）。通过文件夹可以将不同的文件进行分组、归类管理。

文件夹树：各级文件夹之间存在着相互包含的关系，所有文件夹构成了一个树状结构，称为文件夹树。

文件的基本属性：文件名、类型、大小等。

文件名格式为：〈主文件名〉[.〈扩展名〉]。主文件名是必须有的，而扩展名是可选的，扩展名代表文件的类型。

文件与文件夹的基本操作：创建、选定、复制、移动、删除、重命名、查看属性等。

2. 常用文件的类型

在 Windows 10 操作系统中，利用文件的扩展名识别文件是一种常用的重要方法。常见的文件类型如下。

1）文档文件

常见的文档文件格式包括以下九种。

- .txt：文本文件。
- .doc：Microsoft Word 97-2003 文档。
- .docx：Microsoft Word 文档。

- .xls：Microsoft Excel 97-2003 工作表。
- .xlsx：Microsoft Excel 工作表。
- .ppt：Microsoft PowerPoint 97-2003 演示文稿。
- .pptx：Microsoft PowerPoint 演示文稿。
- .pdf：PDF 全称 Portable Document Format，是一种电子文件格式。
- .wps：金山 WPS 办公软件的源文件。

2）系统文件

常见的系统文件格式包括以下三种。

- .sys：系统文件。
- .ini：配置文件，ini 文件格式适合程序记录一些基本的设置。
- .dll：动态链接库文件。

3）可执行文件

常见的可执行文件格式包括以下两种。

- .com：系统程序文件（可执行二进制码文件）。
- .exe：可执行程序文件。

4）图形文件

常见的图像文件格式包括以下六种。

- .jpeg：广泛使用的压缩图像文件格式，显示文件颜色没有限制，效果好，体积小。
- .psd：著名的图像软件 Photoshop 生成的文件，可保存各种 Photoshop 中的专用属性，如图层、通道等信息，体积较大。
- .gif：用于互联网的压缩文件格式，只能显示 256 种颜色，不过可以显示多帧动画。
- .bmp：位图文件，不压缩的文件格式，显示文件颜色没有限制，效果好，唯一的缺点就是文件体积大。
- .png：PNG 能够提供长度比 GIF 小 30%的无损压缩图像文件，是互联网上比较受欢迎的图片格式之一。
- .tiff：标签图像文件格式（TIFF），位图。

5）压缩文件

常见的压缩文件格式包括以下四种。

- .rar：通过 RAR 算法压缩的文件，目前使用较为广泛。
- .zip：使用 ZIP 算法压缩的文件，历史比较悠久。
- .jar：用于 Java 程序打包的压缩文件。
- .cab：Windows 的压缩格式。

6）音频文件

常见的音频文件格式包括以下四种。

- .wav：波形声音文件，通常通过直接录制采样生成，其体积比较大。
- .mp3：使用 MP3 格式压缩存储的声音文件，是使用最为广泛的声音文件格式。
- .wma：微软制定的声音文件格式，可被媒体播放机直接播放，体积小，便于传播。
- .ra：RealPlayer 声音文件。

7）视频/动画文件

常见的视频/动画文件格式包括以下八种。

- .mp4：视频和音频信息的压缩编码格式文件。
- .swf：Flash 视频文件，通过 Flash 软件制作并输出的视频文件。
- .avi：音频视频交错格式，用于存储高质量视频文件。
- .wmv：Windows 的视频文件格式，可被媒体播放机直接播放，体积小，便于传播。
- .rm：RealPlayer 视频文件。
- .mpg：MPG 格式的视频文件，包括 MPEG-1,MPEG-2 和 MPEG-4 格式。
- .mov：QuickTime 封装格式。
- .asf：Microsoft 高级流媒体格式文件。

8）语言文件

常见的语言文件格式包括以下六种。

- .c：C 代码文件。
- .cpp：C++代码文件。
- .java：Java 源文件。
- .asm：汇编语言源文件，Pro/E 装配文件。
- .bas：BASIC 语言编写的源程序。
- .obj：目标文件。

9）其他常见文件

其他常见的文件格式包括以下九种。

- .html：网页文件。
- .tmp：临时文件。
- .bat：批处理文件。
- .bak：备份文件。
- .dot：模板文件。
- .iso：镜像文件。

- .img：镜像文件。
- .hlp：帮助文件。
- .ico：Windows 图标。

3．WinRAR 压缩软件的使用

WinRAR 是一款功能非常强大的文件压缩、解压缩软件工具。WinRAR 包含强力压缩、分卷、加密和自解压模块。WinRAR 支持对目前绝大部分的压缩文件格式的解压。WinRAR 的优点在于压缩率大、速度快、有效减少 Email 附件的大小。

知识点 6　维护系统

1．计算机和移动终端等信息技术设备的安全设置

通过对计算机和移动终端等信息技术设备进行配置保证设备的安全，主要是保证信息技术设备硬件、软件的安全。通过设置系统或应用软件的访问控制、口令等，对用户的访问权限进行限制，安装杀毒软件等，确保系统的安全。

2．系统常用的工具软件

1）磁盘维护的方法

（1）磁盘清理

利用磁盘清理程序搜索计算机的驱动器，然后列出已下载的程序文件、临时文件、Internet 临时文件、回收站、Service Pack 备份文件和缩略图文件等，使用磁盘清理程序可以删除部分或全部这些文件，帮助硬盘驱动器释放空间。

（2）磁盘碎片整理

硬盘经过长时间使用后，如果经常存盘和删除文件，那么文件的存放位置就可能变得分散，而不是连续在一起，这就形成了磁盘碎片。对计算机磁盘在长期使用过程中产生的碎片和凌乱文件重新整理，可提高计算机的整体性能，提升计算机硬盘的使用效率，优化计算机的运行速度，提高硬盘的访问速度，从而延长硬盘的使用寿命。

2）病毒防范软件

计算机病毒（Computer Virus）是编制者在计算机程序中插入的能自我复制的一组计算机指令或者程序代码，它能够破坏计算机的功能或者数据，从而影响计算机的使用。

计算机病毒具有传播性、隐蔽性、感染性、潜伏性、可激发性、表现性和破坏性。计算

机病毒的生命周期包括：开发期→传染期→潜伏期→发作期→发现期→消化期→消亡期。

计算机病毒按依附的媒体类型分类可分为引导型病毒、文件型病毒和混合型病毒3种；按链接方式分类可分为源码型病毒、嵌入型病毒和操作系统型病毒3种。

常见的杀毒软件有360杀毒、金山毒霸、瑞星杀毒软件等。

单元测试

一、选择题

1. 信息技术主要包括传感技术、（　　）与智能技术、（　　）技术和控制技术等。
   A．计算机　通信　　　　　B．信息　网络
   C．网络　传输　　　　　　D．数据　计算机

2. 掌握信息技术、增强信息意识、提升信息素养、树立正确的信息社会价值观和责任感，已成为现代社会对高素质技术技能型人才的（　　）要求。
   A．特别　　　B．专业　　　C．基本　　　D．特殊

3. （　　）、物质和能量一起构成社会赖以生存的三大资源。
   A．技术　　　B．信息　　　C．网络　　　D．数据

4. 在信息社会中，信息、知识将成为（　　）的生产力要素。
   A．重要　　　B．基本　　　C．特殊　　　D．特别

5. 在人类历史上信息技术发展经历了（　　）阶段。
   A．3个　　　B．4个　　　C．5个　　　D．6个

6. 信息劳动者的快速增长是社会形态由工业社会向信息社会转变的（　　）特征。
   A．特别　　　B．基本　　　C．特殊　　　D．重要

7. （　　）是调整人与自然之间的行为规则，用以指导人们认识自然，并在自然规律的作用下取得有益的社会效果。
   A．法律规范　B．行为规范　C．社会规范　D．技术规范

8. 信息依赖可能带来的健康问题不包括（　　）。
   A．人际交往障碍　　　　　B．幽闭恐惧症
   C．双重人格　　　　　　　D．颈椎疼痛

9. 医院使用5G技术进行远程视频问诊，实现医疗资源的有效分配；部分医院亦使用5G机器人实现运输、消毒等服务，不仅能在病区查房，为病人送药、送饭及运送生活用品，而且还能协助护士运送医疗器械和设备、实验样品及处理病区垃圾等，在节省劳

动力的同时也避免了因人员接触而导致交叉传染的风险。这主要体现信息技术影响的是（ ）。

    A．对人们工作的影响　　　　B．对人们娱乐的影响

    C．对人们学习的影响　　　　D．以上都是

10．不少地区"互联网+政务服务"平台开通网上办理渠道，企业和群众可以通过网上申报、线下邮递材料的方式办理政务服务事项，减少来往大厅次数，这主要体现的信息社会特征是（ ）。

    A．在线政府　　B．网络社会　　C．信息经济　　D．数字生活

11．目前信息社会最典型的社会特征是（ ）。

    A．智能化　　　B．网络化　　　C．数字化　　　D．虚拟化

12．信息技术指的是（ ）。

    A．获取信息的技术

    B．利用信息的技术

    C．生产信息的技术

    D．能够提高或扩展人类信息能力的方法和手段的总称

13．（ ）年，贝尔发明了电话，实现了人类的远距离通话，使信息传播技术有了更大的发展。

    A．1837　　　　B．1873　　　　C．1867　　　　D．1876

14．现在我们常常听到（或在报纸、电视上看到）IT行业各种各样的消息，这里所提到的"IT"指的是（ ）。

    A．信息　　　　B．信息技术　　C．通信技术　　D．感测技术

15．下列选项不属于信息的是（ ）。

    A．报上登载的举办商品展销会的消息

    B．计算机

    C．电视中的食品广告

    D．历史学科成绩

16．下列选项中属于信息的是（ ）。

    A．智能手机　　　　　　　　B．十字路口的红绿灯

    C．红灯停、绿灯行　　　　　D．电视机

17．下列选项中不属于信息的是（ ）。

    A．广播里播放的天气预报　　B．电视里播放的新闻

    C．收到的手机短信　　　　　D．存有照片的高清数码相机

18. 信息技术的根本目标是（　　）。

　　A．获取信息　　　　　　　　B．利用信息

　　C．生产信息　　　　　　　　D．提高或扩展人类的信息能力

19. 下列技术不属于信息获取技术的是（　　）。

　　A．传感技术　　B．遥测技术　　C．遥感技术　　D．机器人技术

20. 信息社会最典型的特征是（　　）。

　　A．数字生活　　　　　　　　B．网络化

　　C．基础设施完备　　　　　　D．社会发展协调

21. 信息社会发展高级阶段面临的问题是（　　）。

　　A．发展不平衡

　　B．社会包容性问题

　　C．互联互通问题，信息技术实际应用问题

　　D．进一步的技术突破与创新应用

22. ISI 为 0.6~0.8 的信息社会发展阶段是（　　）。

　　A．起步阶段　　B．初级阶段　　C．中级阶段　　D．高级阶段

23. 下列关于信息系统组成的说法中，错误的是（　　）。

　　A．硬件为信息系统的正常运行提供物质基础

　　B．软件为信息系统正确、高效地运行提供支持

　　C．通信网络可以将信息系统中分布在不同地理位置的多台计算机连接起来

　　D．在信息系统中，一个人只具有一种身份

24. 信息化社会不仅包括社会的信息化，同时还包括（　　）。

　　A．工厂自动化　　　　　　　B．办公自动化

　　C．家庭自动化　　　　　　　D．上述三项

25. 信息技术的发展趋势是（　　）。

　　A．大众化、人性化　　　　　B．微型化

　　C．网络化、巨型化　　　　　D．多媒体化

26. 天气预报、市场信息都会随时间的推移而变化，这体现了信息的（　　）。

　　A．载体依附性　　　　　　　B．共享性

　　C．时效性　　　　　　　　　D．必要性

27. 所有信息在计算机内部的存储形式为（　　）。

　　A．二进制形式　　　　　　　B．文本形式

　　C．模拟信号　　　　　　　　D．地址形式

28. 下列不属于信息传递方式的是（　　）。
    A．听音乐　　B．谈话　　C．看书　　D．思考

29. 银行使用计算机实现通存通兑，是属于计算机在哪个方面的应用（　　）。
    A．辅助设计　　B．数值计算　　C．数据处理　　D．自动控制

30. 利用计算机完成网络课程的学习是属于（　　）。
    A．办公自动化　　　　　　B．计算机仿真
    C．远程教育　　　　　　　D．多媒体娱乐

31. 网购活动是计算机系统支持下的（　　）。
    A．数据交换　　　　　　　B．电子商务
    C．网上银行　　　　　　　D．电子政务

32. 世界上第一台电子计算机的名称是（　　）。
    A．ENIAC　　B．IBM　　C．INTEL　　D．APPLE

33. 计算机硬件系统中最核心的部件是（　　）。
    A．主板　　B．CPU　　C．RAM　　D．I/O 设备

34. 十进制数 19 转换成二进制数是（　　）。
    A．10011　　B．11011　　C．10101　　D．10001

35. 将二进制数 $(11001)_2$ 转换为十进制数等于（　　）。
    A．23　　B．24　　C．25　　D．26

36. 以下各种进制数中最大的是（　　）。
    A．$(10)_{16}$　　B．$(10)_{10}$　　C．$(10)_2$　　D．$(10)_8$

37. 在计算机中，一个字节的二进制码位数为（　　）。
    A．8 位　　B．16 位　　C．32 位　　D．根据机器不同而异

38. 二进制数 1100011 转换成十六进制数是（　　）。
    A．33　　B．63　　C．71　　D．51

39. 将十进制 257 转换为十六进制数为（　　）。
    A．11　　B．101　　C．F1　　D．FF

40. 标准 ASCII 码字符集共有编码（　　）。
    A．128 个　　B．256 个　　C．62 个　　D．94 个

41. 下列字符中，ASCII 码值最小的是（　　）。
    A．a　　B．A　　C．x　　D．Y

42. 已知字符"D"的 ASCII 码是十进制的 68，则字符"F"的 ASCII 码是十进制的（　　）。
    A．44　　B．102　　C．70　　D．75

43．通常计算机中一个英文字符用（　　）字节表示。
   A．1个　　　B．2个　　　C．3个　　　D．4个

44．存储一个16×16点阵的汉字需要占用几个字节（　　）。
   A．256字节　　B．16字节　　C．32字节　　D．64字节

45．在下列存储设备中，存取速度最快的是（　　）。
   A．内存　　　B．硬盘　　　C．U盘　　　D．光盘

46．断电后存储的信息会丢失的是（　　）。
   A．硬盘　　　B．ROM　　　C．光盘　　　D．RAM

47．下列不属于微型计算机输入设备的是（　　）。
   A．键盘　　　B．鼠标　　　C．扫描仪　　D．打印机

48．在下列设备中，哪种不能作为微型计算机的输出设备（　　）。
   A．显示器　　B．打印机　　C．键盘　　　D．绘图仪

49．下列设备中属于输出设备的是（　　）。
   A．图形扫描仪　　　　　　B．光笔
   C．打印机　　　　　　　　D．条形码阅读器

50．若要在计算机中输入"我是中职学生"，以下可以实现的设备是（　　）。
   A．绘图仪　　B．投影仪　　C．音箱　　　D．手写板

51．将计算机能识别的信息转换成人能识别的信息的设备是（　　）设备。
   A．信息　　　B．输入　　　C．输出　　　D．处理

52．基于击打式工作原理的打印机是（　　）。
   A．针式打印机　　　　　　B．喷墨打印机
   C．激光打印机　　　　　　D．3D打印机

53．U盘属于（　　）设备。
   A．输入　　　B．输出　　　C．输入和输出　　D．电磁

54．某华南虎生活习性研究学习小组，要到动物园采集有关华南虎的信息，适合他们携带的工具有（　　）。
   A．笔记本电脑、录音机、纸和笔
   B．智能手机、扫描仪、数码相机
   C．上网本、打印机、普通相机
   D．数码相机、数码摄像机、录音笔

55．以下属于数字图像采集工具的一组设备是（　　）。
   A．扫描仪、显卡　　　　　B．摄像头、键盘

C．键盘、显卡 D．扫描仪、数码相机

56．条形码阅读仪是一种（　　）。
　　A．光输出设备　　　　　　B．光输入设备
　　C．手写识别设备　　　　　D．语音输入设备

57．以下不属于现代通信技术应用的是（　　）。
　　A．电子邮件　B．飞鸽传信　C．可视电话　D．手机微信

58．信息社会的发展趋势不包括（　　）。
　　A．智能制造　B．数字生活　C．信息依赖　D．智慧社会

59．使用键盘不能向计算机输入的信息是（　　）。
　　A．数字　　　B．英文　　　C．汉字　　　D．声音

60．操作系统是（　　）的接口。
　　A．用户与软件　　　　　　B．用户与硬件
　　C．主机与外设　　　　　　D．系统软件与应用软件

61．在Windows 7或10操作系统中，单击任务栏上的"开始"按钮，再单击开始菜单上的"关机"按钮，结果是（　　）。
　　A．重启系统　　　　　　　B．关闭计算机
　　C．切换用户　　　　　　　D．锁定系统

62．在Windows 7或10操作系统使用过程中，因短暂离开计算机，想让计算机小憩一会，以降低功耗，又不想关机，可以选择让系统进入什么状态？（　　）
　　A．注销　　　　　　　　　B．睡眠
　　C．切换用户　　　　　　　D．锁定

63．计算机文件的目录结构是（　　）。
　　A．树形　　　B．星型　　　C．线型　　　D．网状

64．按住（　　）键的同时可选定多个相邻的文件或文件夹。
　　A．Ctrl　　　B．Shift　　　C．Tab　　　D．Alt

65．按住（　　）键的同时可选定多个不相邻的文件或文件夹。
　　A．Ctrl　　　B．Shift　　　C．Tab　　　D．Alt

66．不属于图形文件名后缀的是（　　）。
　　A．.pic　　　B．.png　　　C．.tif　　　D．.rtf

67．不属于压缩文件名后缀的是（　　）。
　　A．.rar　　　B．.avi　　　C．.zip　　　D．.ar

68．在windows中，下列文件名正确的是（　　）。

A．ok file1.txt　　　　　　　　B．file1/
C．A<B.C　　　　　　　　　D．A>B.DOC

69．在 Windows 中，在文件搜索框中输入"C?E.*"，则可搜索到（　　）。

A．CASE.wma　　　　　　　B．CAD.aui
C．CRE.txt　　　　　　　　D．CORE.mpg

70．以下不属于文件压缩解压缩软件的是（　　）。

A．WinRAR　　　　　　　　B．好压（HaoZip）
C．360 杀毒　　　　　　　　D．WinZip

71．计算机软件系统包括应用软件和（　　）。

A．操作系统　　　　　　　　B．文字处理软件
C．程序设计语言　　　　　　D．系统软件

72．某学校的办公自动化软件属于（　　）。

A．系统软件　　B．专家系统　　C．应用软件　　D．编译程序

73．"记事本"另存文件时的默认扩展名为（　　）。

A．.doc　　　　　　　　　　B．.com
C．.txt　　　　　　　　　　D．.xls

74．下列关于移动终端的说法中，错误的是（　　）。

A．移动终端不具备操作系统
B．移动终端具备中央处理器、存储器、输入部件和输出部件
C．移动终端具有灵活的接入方式和高带宽通信性能
D．移动终端更加注重人性化、个性化和多功能化

75．下列关于智能手机的说法中，错误的是（　　）。

A．CPU 是智能手机的核心部件之一
B．CPU 主频和核心数越高，智能手机的程序运行表现越流畅，多任务处理能力越强悍
C．目前，市场上主流智能手机的运行内存是 4 GB、6 GB、8 GB、12 GB 等
D．手机运行内存越大，可以安装的应用程序就越多

76．计算机需要定期清理垃圾文件，可以使用的软件是（　　）。

A．360 驱动大师　　　　　　B．一键还原
C．电脑管家　　　　　　　　D．360 杀毒软件

77．对计算机的安全设置包括（　　）。

A．打开防火墙　　　　　　　B．设置安全级别

C．设置账户密码和权限　　　　D．以上均可

78．在 Windows 附件的"系统工具"菜单下，可以把一些临时文件、已下载的文件等进行清理以释放磁盘空间的程序是（　　）。

A．磁盘碎片整理　　　　　　　B．系统还原

C．磁盘清理　　　　　　　　　D．系统信息

79．Windows 7 操作系统中的"磁盘碎片整理"可以（　　）。

A．删除临时文件，整理文件、文件夹的顺序

B．整理许多位置不连续的空间，提高磁盘文件读写速度

C．检查并修复磁盘的错误

D．会大大减小文件占用磁盘的空间，节约磁盘空间

80．完全备份就是对（　　）进行完全备份，包括系统和数据。

A．部分网络　　B．整个网络　　C．部分系统　　D．整个系统

二、操作题

1．Windows 操作题

（1）在"D:\Windows 操作题 1 套\win3\ABC"下创建 HKT 文件夹和 XINXI.pptx 文件。

（2）在"D:\Windows 操作题 1 套\win3"下搜索文件名中以 U 开头的文件，将搜索到的文件属性设为隐藏。

（3）将"D:\Windows 操作题 1 套\win3\LLO"文件夹中的 YUS.pptx 文件移动到"D:\Windows 操作题 1 套\win3\ABC"文件夹下。

（4）将"D:\Windows 操作题 1 套\win3\IOP"文件夹下的文件压缩为 KIOP.zip。

（5）删除"D:\Windows 操作题 1 套\win3\REL"文件夹中的 MHE.bak 文件。

（6）为"D:\Windows 操作题 1 套\win3\LINK"下的 WENJIAN.exe 文件创建桌面快捷方式。

（7）将"D:\Windows 操作题 1 套\win3\JYTE"文件夹中的 QWQ 文件夹重命名为 ZUE。

2．Windows 操作题

（1）将"D:\Windows 操作题 2 套\win3"文件夹下的 DIER.rar 文件解压到当前文件夹下。

（2）将"D:\Windows 操作题 2 套\win3"文件夹下的 PCU.avi 文件重命名为 CPU.avi。

（3）将"D:\Windows 操作题 2 套\win3"文件夹下的 MEM.txt 移动到 GHZ 文件夹下。

（4）将"D:\Windows 操作题 2 套\win3\MPU"文件夹下的 ADW.htm 文件删除。

（5）将"D:\Windows 操作题 2 套\win3"文件夹下的 ROM.xsd 复制到"RAM"文件夹下。

（6）将"D:\Windows 操作题 2 套\win3"文件夹下的 ROM.xsd 文件的属性设置为隐藏。

（7）为"D:\Windows 操作题 2 套\win3"文件夹下的 GHZ 文件夹创建快捷方式，并将其放置在当前文件夹下。

3．Windows 操作题

（1）在"D:\Windows 操作题 3 套\win3"下的 XUECE 文件夹中创建 BOY 文件夹。

（2）将"D:\Windows 操作题 3 套\win3\JICHU"文件夹下的 ALU.pptx 文件重命名为 CUAL.pptx。

（3）将"D:\Windows 操作题 3 套\win3"文件夹下的 SONG 文件夹设置为隐藏属性。

（4）将"D:\Windows 操作题 3 套\win3"文件夹下的 YINGJIAN 文件夹移动到"D:\Windows 操作题 3 套\win3\WANG"文件夹下。

（5）为"D:\Windows 操作题 3 套\win3"文件夹下的 XINXI 文件夹创建快捷方式到"D:\Windows 操作题 3 套\win3"下。

（6）将"D:\Windows 操作题 3 套\win3"文件夹下的 TEXT.bat 压缩为 TXT.zip。

（7）将"D:\Windows 操作题 3 套\win3"文件夹下的 JIAOYU.epm 删除。

4．Windows 操作题

（1）在"D:\Windows 操作题 4 套\win3"下搜索文件名第一个字符是 P 的文件，并将其删除。

（2）将"D:\Windows 操作题 4 套\win3\BIG"文件夹下的 ATI.xsd 文件移动到 ATT 文件夹下。

（3）将"D:\Windows 操作题 4 套\win3"文件夹下的 UDP.html 文件属性设置为只读。

（4）将"D:\Windows 操作题 4 套\win3"文件夹下的 TCP.xlsx 复制到"D:\Windows 操作题 4 套\win3\BIG"文件夹下。

（5）在"D:\Windows 操作题 4 套\win3"文件夹下新建文本文档 ASCII.txt。

（6）将"D:\Windows 操作题 4 套\win3"文件夹下的 ADD.rar 解压到"D:\win3"文件夹下。

（7）为"D:\Windows 操作题 4 套\win3"文件夹下的文件 HUAWEI.txt 创建快捷方式，并将其移动到 ATT 文件夹下。

5．Windows 操作题

（1）在"D:\Windows 操作题 5 套\win3"下创建"QQT"和"福建"两个文件夹。

（2）将"D:\Windows 操作题 5 套\win3"下的 UUT 文件夹设置为只读和隐藏属性。

（3）将"D:\Windows 操作题 5 套\win3\DDFS"文件夹下的 SER.txt 重命名为 SHOW.txt，并移动该文件到 BOP 文件夹。

（4）将"D:\Windows 操作题 5 套\win3\EAL"文件夹下的 YUS.rar 解压。

（5）将上题解压后的 RRT.txt 文件的属性设置为只读。

（6）将"D:\Windows 操作题 5 套\win3\EAL"文件夹下的 YUS.rar 文件删除。

（7）将"D:\Windows 操作题 5 套\win3\EAL"文件夹下的 BSW.rtf 文件移动到 QQT 文件夹。

6．Windows 操作题

（1）在"D:\Windows 操作题 6 套\win3"文件夹下新建文件夹 GOU。

（2）将"D:\Windows 操作题 6 套\win3"文件夹下的 WOW.jpg 复制到 GOU 文件夹下。

（3）将"D:\Windows 操作题 6 套\win3"文件夹下的 ESE.psd 文件属性设置为隐藏。

（4）将"D:\Windows 操作题 6 套\win3"文件夹下的 PDF 文件夹中的 WAY.xml 重命名为 WAY.html。

（5）将"D:\Windows 操作题 6 套\win3"文件夹下 HOST 文件夹中的 MON.sys 文件删除。

（6）将"D:\Windows 操作题 6 套\win3"文件夹下的 KPI.rar 解压到"D:\Windows 操作题 6 套\win3"文件夹下。

（7）为"D:\Windows 操作题 6 套\win3"文件夹下的 PPT 文件夹创建快捷方式，并将其放在当前路径下。

7．Windows 操作题

（1）将"D:\Windows 操作题 7 套\win3"文件夹下 LAN 文件夹删除。

（2）在"D:\Windows 操作题 7 套\win3\DHCP"文件夹下新建 DNS.bat 文件。

（3）将"D:\Windows 操作题 7 套\win3"文件夹下的 IP 和 SMTP 两个文件夹压缩为 TCP.rar。

（4）将"D:\Windows 操作题 7 套\win3"文件夹下的 MAN 文件夹属性设置为只读。

（5）将"D:\Windows 操作题 7 套\win3\FTP"文件夹下的 RARP.docx 重命名为 ARP.doc。

（6）将"D:\Windows 操作题 7 套\win3"文件夹下的 ARP.zip 移动到 MAN 文件夹下。

（7）为"D:\Windows 操作题 7 套\win3"文件夹下的 CNIIC.xls 创建快捷方式，并将其放置在 DHCP 文件夹下。

8．Windows 操作题

（1）在"D:\Windows 操作题 8 套\win3"下创建 LQW 文件夹。

（2）为"D:\Windows 操作题 8 套\win3\HYQ"文件夹下的 NNF.bak 创建快捷方式，并将快捷方式命名为 SDS.lnk 保存在 LQW 文件夹下。

（3）将"D:\Windows 操作题 8 套\win3\MNT"文件夹下 GNT.exe 文件的属性设置为隐藏。

（4）将"D:\Windows 操作题 8 套\win3\MNT"文件夹下的 ALL.bmp 和 JKD.txt 文件压缩为 DCE.zip。

（5）将"D:\Windows 操作题 8 套\win3\KKO"文件夹下的 PQP.bak 文件重命名为 WAK.bak。

（6）将"D:\Windows 操作题 8 套\win3\ZSD"文件夹下的 XSW.xls 文件删除。

（7）将"D:\Windows 操作题 8 套\win3\ZSD"文件夹下的 ZSD.zip 解压。

9．Windows 操作题

（1）在"D:\Windows 操作题 9 套\win3"文件夹下搜索扩展名为 ppt 的文件，并将其删除。

（2）将"D:\Windows 操作题 9 套\win3\GOV"文件夹下的 LST.xsd 重命名为 LST.psd。

（3）将"D:\Windows 操作题 9 套\win3"文件夹下的 SW.swf 文件的属性改为隐藏。

（4）将"D:\Windows 操作题 9 套\win3"文件夹下的 LIT.mti 和 SHT.mov 两个文件移动到 ISP 文件夹下。

（5）在"D:\Windows 操作题 9 套\win3\ADSL"文件夹下创建名为 ADSL.exe 的文件。

（6）将"D:\Windows 操作题 9 套\win3"文件夹下的 SINO.ocx 文件复制到 COM 文件夹下。

（7）为"D:\Windows 操作题 9 套\win3"文件夹下的 TOY.asp 创建快捷方式，并放置在当前文件夹下。

10．Windows 操作题

（1）在"D:\Windows 操作题 10 套\win3"下创建"YMT"和"考试"两个文件夹。

（2）将"D:\Windows 操作题 10 套\win3\MJI"文件夹的只读属性取消。

（3）在"D:\Windows 操作题 10 套\win3\HHMM"文件夹下创建 OOPP.txt 文件。

（4）将"D:\Windows 操作题 10 套\win3\HHMM"文件夹下的 CESHI.txt 文件只读属性取消，并在文档中输入"学业水平考试"并保存。

（5）将"D:\Windows 操作题 10 套\win3\XSD"文件夹删除。

（6）将"D:\Windows 操作题 10 套\win3\VWQ"文件夹下的 TTK.dat 和 WQ.xlsx 两个文件压缩，压缩文件名为 OPK.rar。

（7）将"D:\Windows 操作题 10 套\win3\IAP"下的 GFT.ppt 文件移动到 MJI 文件夹下。

第二章　网络应用

学习目标

1. 认识网络

（1）了解网络的基础概念、功能及应用。

（2）了解网络的产生、分类与发展。

（3）了解网络体系结构。

（4）了解局域网络的拓扑结构。

2. 配置网络

（1）了解常见网络设备(服务器、调制解调器、交换机和路由器)的类型和功能。

（2）了解 TCP/IP 协议在网络中的作用。

（3）了解 IP 地址和域名的概念。

（4）了解 DNS、WWW、E-mail、FTP 等互联网服务的工作机制。

3. 获取网络资源

（1）掌握浏览器浏览和下载相关信息的方法。

（2）掌握常用搜索引擎的使用，如百度搜索、搜狗搜索、360 搜索等。

4. 网络交流与信息发布

（1）熟练掌握电子邮箱的申请。

（2）熟练掌握电子邮件的收发。

（3）熟练掌握即时通信软件，如 QQ、微信等。

（4）了解常见的发布网络信息的方式，如论坛、网络调查、个人网页、求职等。

（5）了解远程桌面的概念和使用。

5. 运用网络工具

（1）了解多终端资料上传、下载、信息同步和资料分享的网络工具，如云笔记、云存储等。

（2）了解网络学习的类型与途径，掌握数字化学习能力，如网络视频、课件学习、社区学习等。

（3）了解网络购物、网络支付等互联网生活情境中不同终端及平台下网络工具的运用技能，如使用淘宝网、京东、支付宝、微信支付等。

（4）了解借助网络工具多人协作完成任务，如使用腾讯文档等。

6. 了解物联网

（1）了解物联网技术的现状与发展。

（2）了解智慧城市相关知识。

（3）了解典型的物联网系统并体验应用，如智能监控、智能物流等。

知 识 点 精 讲

知识点 1　认识计算机网络

1. 计算机网络的基本概念、功能及应用

1）计算机网络的基本概念、功能

计算机网络是指将地理位置不同的具有独立功能的多台计算机及其外部设备，通过通信线路连接起来，在网络操作系统、网络管理软件及网络通信协议的管理和协调下，实现资源共享和信息传递的计算机系统。

计算机网络的主要功能是数据通信和资源共享。

2）网络的应用

信息时代的重要特征就是数字化、网络化和信息化。通常，普通用户所使用的网络是指"三网"，即电信网络、有线电视网络和计算机网络。

常见的网络应用主要体现在商业、家庭和移动通信等方面。

2. 计算机网络的发展历程

从计算机网络的发展过程看，其大致经历了四个阶段，见表2-1。

表 2-1 计算机网络的发展阶段

阶段	时间	应用
诞生阶段	20 世纪 60 年代中期之前	以单个计算机为中心的远程联机系统
形成阶段	20 世纪 60 年代中期至 70 年代	以多个主机通过通信线路互联起来，为用户提供服务；典型代表是美国国防部的 ARPANET
互联互通阶段	20 世纪 70 年代末至 90 年代	具有统一的网络体系结构并遵守国际标准的开放式和标准化的网络，产生 TCP/IP 体系结构和国际标准化组织的 OSI 体系结构
高速网络技术阶段	20 世纪 90 年代至今	以因特网（Internet）为代表的互联网

3．计算机网络的分类

常见计算机网络分类如图 2-1 所示。

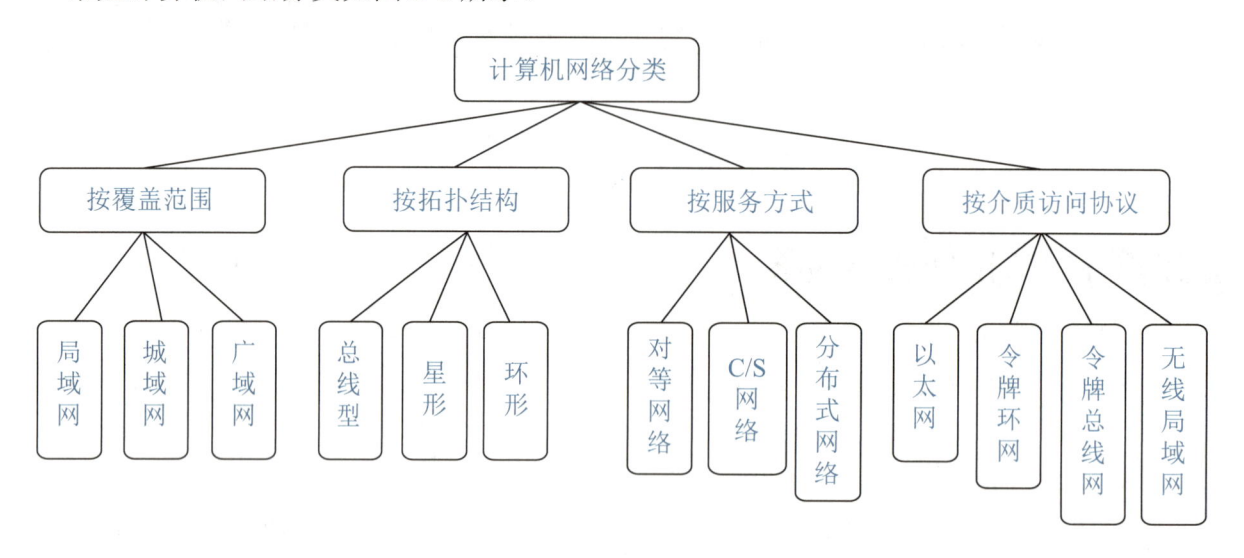

图 2-1 计算机网络分类

4．计算机网络体系结构

1）ISO/OSI 七层参考模型

计算机网络体系结构是指计算机网络层次结构模型，它是各层的协议及层次之间端口的集合。在计算机网络中实现通信必须依靠网络通信协议。国际标准化组织（ISO）的开放系统互连参考模型 OSI/RM（Open Systems Interconnection Reference Model）为开放式互连信息系统提供了一种功能结构的框架，习惯上称为 ISO/OSI 参考模型。它从低到高分别是：物理层、数据链路层、网络层、传输层、会话层、表示层和应用层，如图 2-2 所示。

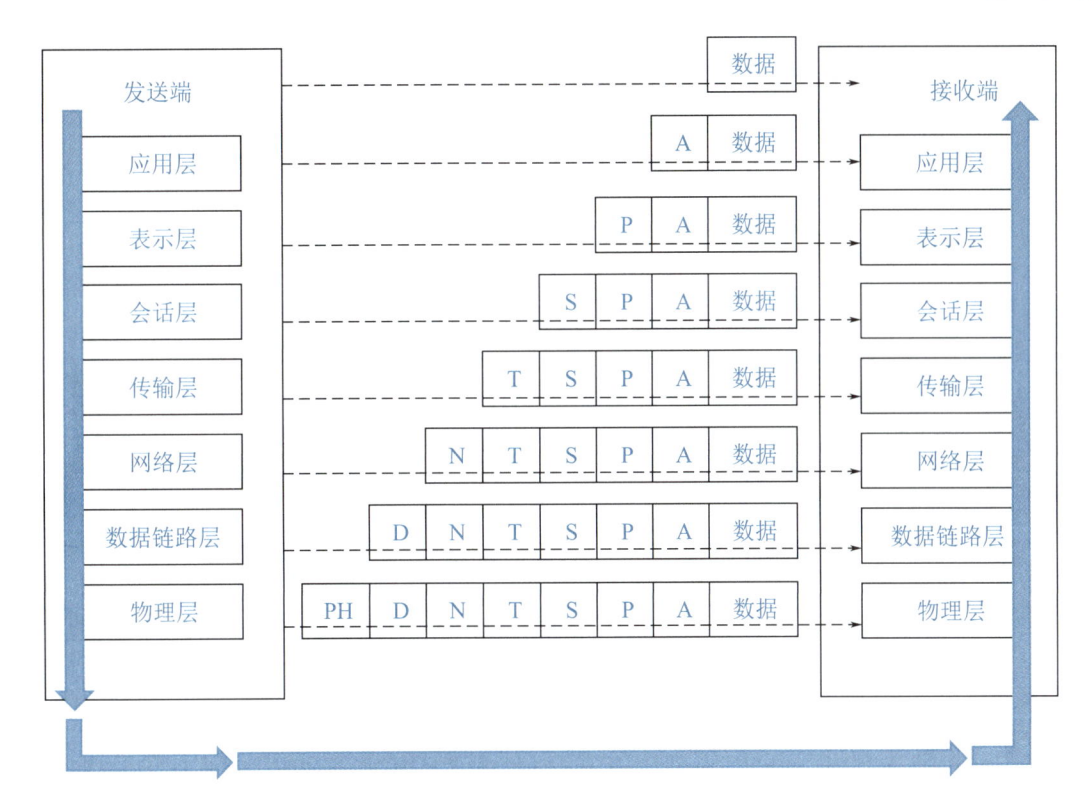

图 2-2　ISO/OSI 七层参考模型

2）TCP/IP 参考模型

传输控制协议/网际协议（Transmission Control Protocol/Internet Protocol，TCP/IP）由它的两个主要协议即 TCP 协议和 IP 协议而得名。TCP/IP 是 Internet 上所有网络和主机之间进行交流时所使用的共同"语言"，是 Internet 上使用的一组完整的标准网络连接协议。

TCP/IP 共有 4 个层次，分别是网络接口层、网络层、传输层和应用层。

TCP/IP 层次结构与 OSI 层次结构的对照关系，见表 2-2。

表 2-2　TCP/IP 层次结构与 OSI 层次结构的关系对照表

OSI 参考模型	TCP/IP 参考模型
应用层	应用层
表示层	
会话层	
传输层	传输层
网络层	网络层
数据链路层	网络接口层
物理层	

5. 无线网络

无线网络是指无需布线就能实现各种通信设备互联的网络。

根据网络覆盖范围的不同，可以将无线网络划分为无线广域网、无线局域网、无线城域网和无线个人局域网。

无线局域网指应用无线通信技术将计算机设备互联起来，构成可以互相通信和实现资源共享的网络体系。常用的 IEEE 802.11 标准见表 2-3。

表 2-3　IEEE 802.11 标准

标准名称	工作频率	最大传输速率
IEEE 802.11a	5 GHz	54 Mbps
IEEE 802.11b	2.4 GHz	11 Mbps
IEEE 802.11g	2.4 GHz	54 Mbps
IEEE 802.11n	2.4 GHz 或 5 GHz	600 Mbps
IEEE 802.11ac	5 GHz	1 Gbps

知识点 2　配置网络

1. 常见网络设备

常见网络设备有调制解调器、网卡、中继器、集线器（Hub）、交换机（Switch）、路由器（Router）、无线路由器、防火墙。

2. TCP/IP 协议在网络中的作用

传输控制协议/网际协议（TCP/IP）是指能够在多个不同网络间实现信息传输的协议簇。TCP/IP 模型层次与常用协议见表 2-4。

表 2-4　TCP/IP 模型层次与常用协议

名称	分层	功能	常用协议
应用层	第四层	规定运行在不同主机上的应用程序之间如何通过互联网络通信	FTP、Telnet、HTTP、DNS、SMTP、POP3、TFTP
传输层	第三层	规定如何进行端到端的数据传输	TCP、UDP
网络层	第二层	规定如何进行网络中数据包的传送	IP、ICMP、IGMP、ARP、RARP
网络接口层	第一层	规定如何在不同网络接口间转换数据帧格式	Ethernet 802.3（以太网）、Token Ring 802.5（令牌环）、X.25、Frame Relay（帧中继）、HDLC、PPP、ATM、FDDI

3．IP 地址和域名的概念

1）IP 地址

（1）IP 地址的概念

IP 地址用来识别网络上的设备，是每台计算机在网络上的唯一标识符。IP 地址由网络地址（网络号）与主机地址（主机号）两部分组成，网络地址用于识别主机所在的网络，主机地址用于识别该网络中的主机。

IP 地址有两个标准：IP 版本 4（IPv4）和 IP 版本 6（IPv6）。

（2）IP 地址的分类（以 IPv4 为例）

IP 地址可分为 5 类：A 类、B 类、C 类、D 类、E 类，见表 2-5。

表 2-5 IP 地址分类

类　别	首字节					第二字节	第三字节	第四字节
A 类	0		网络地址			主机地址		
B 类	1	0		网络地址			主机地址	
C 类	1	1	0		网络地址			主机地址
D 类	1	1	1	0		组播地址		
E 类	1	1	1	1	0	留待后用		

IPv4 地址的第一个字节数值分别为：A 类 0~127，B 类 128~191，C 类 192~223，D 类 224~239，E 类 240~254。

根据用途和安全级别的不同，IP 地址还可大致分为公共地址和私有地址两类。

2）域名系统

域名系统（Domain Name System，DNS）是 Internet 上解决计算机命名的一种系统。域名可将一个 IP 地址关联到一组有意义的字符上去。

（1）域名系统的名字空间

域名系统的名字空间是树型层次结构的，一个节点的域名是由从该节点到根的所有节点的标记连接组成的，中间以点分隔。最上层节点的域名称为顶级域名，第二层节点的域名称为二级域名，依此类推。域名的一般格式为：主机名.子域名.二级域名.顶级域名，如图 2-3 所示。

国家的顶级域名通常由两个英文字母组成。例如，.cn 代表中国，.us 代表美国，.uk 代表英国，.fr 代表法国，.jp 代表日本。

除了代表各个国家的顶级域名外，ICANN 还定义了代表类别的域名，见表 2-6。

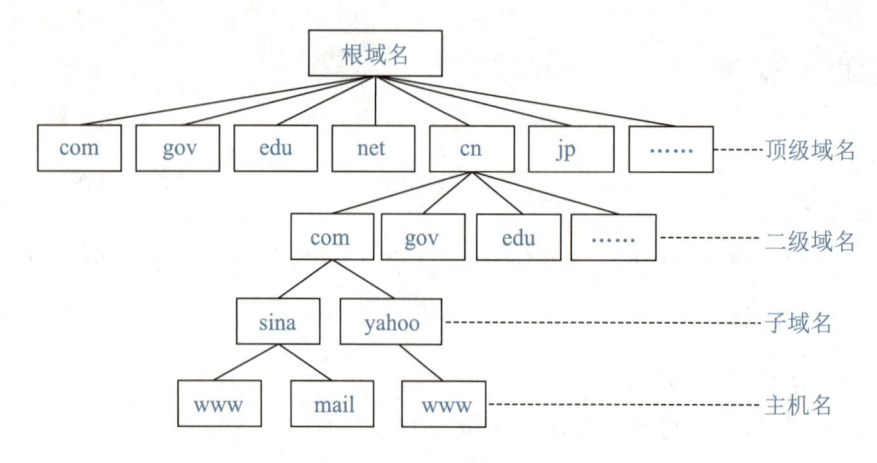

图 2-3 域名的层次结构

表 2-6 常见域名分配表

域名	对应类别	域名	对应类别
.com	商业性的机构或公司	.org	非营利的组织、团体
.gov	政府部门	.mil	军事部门
.net	网络运营服务机构	.top	商业性的机构或公司
.edu	教育机构	.ac	科研机构
.int	国际组织	.info	提供信息服务的企业
.name	适用于个人注册的通用顶级域名	国家或地区代码	代表相应国家或地区

（2）域名解析

在 Internet 上，识别主机的唯一依据是 IP 地址。计算机不能直接使用域名进行通信，需要通过域名查找到对应的 IP 地址，这个过程就是域名解析。承担域名解析任务的计算机叫域名服务器（DNS 服务器）。

4．配置 TCP/IP 协议的参数

按分配方式的不同，IP 地址可以分为静态地址和动态地址两种。静态地址是由网络管理员预先分配的固定 IP 地址；动态地址是由网络中的 DHCP 服务器随机分配的一个地址，每次上网都可能改变。

5．DNS、WWW、Email、FTP 等互联网服务的工作机制

1）DNS 的工作机制

域名系统（DNS）是互联网的一项服务。它作为将域名和 IP 地址相互映射的一个分布式数据库，能够让人更方便地访问互联网。DNS 使用 UDP 端口 53。

2）WWW 的工作机制

万维网（World Wide Web，WWW）是存储在 Internet 计算机中、数量巨大的文档的集合。

这些文档称为页面，它是一种超文本（Hypertext）信息，可以用于描述超媒体（Hypermedia）。文本、图形、视频、音频等多媒体，称为超媒体。

3）Email 的工作机制

电子邮件（Email）是一种用电子手段提供信息交换的通信方式，是互联网应用最广的服务。

4）FTP 的工作机制

文件传输协议（FTP）是 Internet 中用于访问远程机器的一个协议，它使用户可以在本地机和远程机之间进行有关文件的操作。FTP 协议允许传输任意文件并且允许文件具有所有权与访问权限。

知识点 3　获取网络资源

1. 浏览器

1）浏览器的使用

通过浏览器可以浏览网页、收藏网页、保存网页、保存网页上的图片、下载文件资源等。

通常，人们将 Internet 上提供信息服务的服务器称为网站，网站中含有图片和文字等信息的文件称为网页。

网址称为统一资源定位符（URL），它是对可以从 Internet 上得到的资源位置和访问方法的一种简洁表示。基本格式为"<协议>://<服务器类型>.<域名>[:<端口>]/<目录>/<文件名>"。

2）浏览器参数的配置

浏览器的基本配置主要有设置主页、删除历史记录、进行安全设置等。

2. 搜索引擎

搜索引擎是根据用户需求与一定算法，运用特定策略从 Internet 中检索出特定信息反馈给用户的一门检索技术。搜索引擎大致可分为全文搜索引擎、元搜索引擎、垂直搜索引擎和目录搜索引擎。常用的搜索引擎有百度、360 搜索、搜狗搜索等。

知识点 4　网络交流与信息发布

1. 电子邮箱的基本知识

电子邮箱是指通过网络为用户提供交流的电子信息空间。电子邮件地址由两部分组成，格式为：<用户名>@<主机名或域名>。

接收电子邮件的常用协议是 POP3（邮局 3 协议）和 IMAP（交互邮件访问协议），发送电子邮件的常用协议是 SMTP（简单邮件传输协议）。

2. 电子邮箱的申请

邮件服务商主要分为两类，一类主要针对个人用户提供个人免费电子邮箱服务，另外一类针对企业提供付费企业电子邮箱服务。

常见的免费个人电子邮箱有 163 邮箱、QQ 邮箱、新浪邮箱、搜狐邮箱、139 邮箱等。

3. 电子邮件的收发

登录电子邮箱后，可以接收电子邮件或发送电子邮件。

4. 即时通信软件

即时通信软件是通过即时通信技术实现在线聊天、交流的软件。目前有两种架构形式，一种是客户端/服务器（C/S）架构，用户使用时需要下载安装客户端软件，典型的代表有 QQ、微信等；另一种是浏览器/服务端（B/S）架构，直接借助浏览器，无需安装软件即可与服务端沟通对话，典型的代表有 53KF 客服系统、Live800 等。

5. 常见的发布网络信息的方式

常见的发布网络信息的方式有论坛、网络调查、个人网页、网络求职等。

6. 远程桌面与远程协助

远程桌面是 Windows 系统提供的一种远程控制功能（在 Windows Server 2003 操作系统中称为"终端服务"）。通过远程桌面功能，用户能够连接远程计算机，访问它的所有应用程序、文件和网络资源，实现实时操作远程计算机，如安装软件、运行程序、排查故障等。

远程协助是利用远程控制技术来实现对远程计算机的控制，是一种简单的远程控制方法，通常需要第三方软件来实现，如 QQ。

远程桌面与远程协助的区别在于，远程桌面的连接无需用户邀请就可以完成连接操作；远程协助必须由受控方提出邀请，才能进行远程控制。

知识点 5　运用网络工具

1. 常用的网络工具

常用的多终端资料上传、下载、信息同步和资料分享的网络工具有云笔记、云存储、网盘、共享文档等。

2. 网络学习的类型与途径

网络学习，就是指通过计算机网络进行的一种学习活动，它主要采用自主学习和协商学习的方式进行。常见的网络学习应用有网络视频、课件学习、社区学习等。

3. 网络工具在生活中的应用

网络工具在生活中常见的应用有网络学习、网络办公、网络求职、网络新闻、网络营销、网络就医、网络交友、网上购物、网上银行等。

知识点 6　了解物联网

1. 物联网基础

物联网（Internet of Things，IOT）简单理解就是万物互联，是指通过各种信息传感器、射频识别技术、全球定位系统、红外感应器、激光扫描仪等各种装置与技术，实时采集任何需要监控、连接、互动的物体或过程，采集其声、光、热、电、力学、化学、生物、位置等各种需要的信息，通过各类可能的网络接入，实现物与物、物与人的泛在连接，实现对物品和过程的智能化感知、识别和管理。

物联网的关键技术主要有通信技术、射频识别技术（Radio Frequency Identification，RFID）、传感技术、嵌入式技术、云计算技术。

标准物联网系统架构大致分为三层：应用层、网络层、感知层。

2. 智慧城市

智慧城市（Smart City）是指在城市中利用物联网及移动互联网、云计算、大数据等先进的信息与通信技术（Information and Communications Technology，ICT）实现智能协同、资源共享、互联互通和全面感知，让城市管理变得更加简单、有效，为城市居民提供一个人和人、人和物、人和社会和谐共处的环境。

3. 典型的物联网技术应用

目前，物联网技术的应用日益渗透到交通、物流、汽车、医疗、农业、工业等各个行业。典型的物联网技术应用领域包括智能交通、智慧物流、智能监控、智慧能源环保、智能家居、智能医疗、智慧建筑、智能制造、智慧零售、智慧农业等。

单元测试

一、选择题

1. 计算机网络最突出的优点是（　　）。
   A．共享软、硬件资源　　　　B．运算速度快
   C．可以相互通信　　　　　　D．内存容量大

2. 计算机网络是计算机技术和（　　）相结合的产物。
   A．系统集成技术　　　　　　B．网络技术
   C．微电子技术　　　　　　　D．通信技术

3. 以下关于计算机网络的描述，正确的是（　　）。
   A．组建计算机网络的目的是实现局域网的互联
   B．接入网络的计算机都必须使用同样的操作系统
   C．网络必须采用具有全局资源调度能力的分布式操作系统
   D．互联的计算机是分布在不同地理位置的多台独立的自治计算机系统

4. 一般情况下，计算机网络可以提供的功能有（　　）。
   A．资源共享、综合信息服务　　B．信息传输与集中处理
   C．均衡负荷与分布处理　　　　D．以上都是

5. 计算机网络的 IP 地址分为（　　）类。
   A．3　　　　B．4　　　　C．5　　　　D．6

6. TCP/IP 协议结构按其功能分为（　　）层。
   A．三　　　　B．四　　　　C．五　　　　D．六

7. 网络扩展相对较难的网络结构是（　　）。
   A．总线型　　B．环形　　　C．网状结构　　D．星形

8. 对于网上的谣言信息应采取的态度是（　　）。
   A．不信、不传　　　　　　　B．告诉朋友
   C．继续关注　　　　　　　　D．交流讨论

9. 能标识互联网主机的是（　　）。
   A．用户名　　B．IP 地址　　C．用户密码　　D．使用权限

10. 网络适配器又称（　　），是一块插在计算机扩展槽中的插件板。
    A．网卡　　B．调制解调器　　C．网桥　　D．网点

11. 计算机局域网常用的数据传输介质有光缆、同轴电缆和（　　）。

    A．光纤　　　B．微波　　　C．双绞线　　　D．红外线

12. 在有线网络传输介质中，具有传输距离远、速率高、电子设备不易监听特点的是（　　）。

    A．光纤　　　B．同轴电缆　　　C．双绞线　　　D．电话电缆

13. 下列选项中不属于二层交换机功能的是（　　）。

    A．物理编制　　　B．数据转发　　　C．路由控制　　　D．差错检测

14. 下列选项中不属于网络硬件故障的是（　　）。

    A．设备损坏　　　B．设备冲突　　　C．网络拥塞　　　D．设备未驱动

15. 互联网采用的协议类型是（　　）。

    A．TCP/IP　　　B．X.25　　　C．IEEE802.2　　　D．IPX/SPX

16. TCP/IP 的含义是（　　）。

    A．局域网传输协议　　　B．拨号入网传输协议
    C．传输控制协议和网际协议　　　D．OSI 协议集

17. 互联网上的服务都是基于某种协议，WWW 服务基于（　　）协议。

    A．SMTP　　　B．HTTP　　　C．SNMP　　　D．TELNET

18. 下列有关网络资源特征描述不正确的选项是（　　）。

    A．存储数字化，传输网络化
    B．表现形式多样化，内容丰富
    C．传播速度快、范围广，具有交互性
    D．以上都不是

19. 浏览互联网的网页，需要知道（　　）。

    A．网页设计原则　　　B．网页制作过程
    C．网页地址　　　D．网页作者

20. 互联网为人们提供许多服务项目，最常用的是浏览文本、图形和声音等各种信息，这项服务称为（　　）。

    A．电子邮件　　　B．WWW　　　C．文件传输　　　D．网络新闻组

21. 以下关于进入 Web 站点的说法正确的是（　　）。

    A．只能输入域名　　　B．需要同时输入 IP 地址和域名
    C．只能输入 IP 地址　　　D．可以通过输入 IP 地址或者域名

22. 使用浏览器访问网站时，网站上希望第一个被访问的网页称为（　　）。

    A．网页　　　B．网站

C．html 语言 D．主页

23．在局域网内，最简单的网络资料共享方法是（　　）。
　　A．使用云盘　　　　　　　　B．使用系统自带的共享功能
　　C．使用文件传输软件　　　　D．使用隔空投递功能

24．下列选项错误的是（　　）。
　　A．电子邮件是互联网提供的一项最基本的服务
　　B．电子邮件具有快速、高效、方便、价廉等特点
　　C．通过电子邮件，可以向世界上任何一个角落的网上用户发送信息
　　D．可发送的多媒体类型只有文字和图像

25．电子邮件地址的一般格式是（　　）。
　　A．用户名@域名　　　　　　B．域名@用户名
　　C．IP 地址@域名　　　　　　D．域名@IP 地址名<mailto:域名@IP 地址名>

26．以下选项中（　　）不是设置电子信箱所必需的。
　　A．电子邮箱的空间大小　　　B．账户名
　　C．密码　　　　　　　　　　D．接收邮件服务器

27．收发电子邮件，首先必须拥有（　　）。
　　A．电子邮箱　　　　　　　　B．上网账号
　　C．个人主页　　　　　　　　D．个人密码

28．同学们进行网上聊天时最可能使用的软件是（　　）。
　　A．IE　　　　B．QQ　　　　C．Word　　　　D．NetAnts

29．计算机操作系统提供用户共享（　　）资源功能。
　　A．软件　　　　　　　　　　B．硬件
　　C．软件、硬件　　　　　　　D．网络

30．百度网盘不支持（　　）。
　　A．文件预览　　B．视频播放　　C．快速上传　　D．免密获取

31．注册网络商城合法用户不需要的信息是（　　）。
　　A．手机　　　　B．用户名　　　C．密码　　　　D．住址

32．下列选项中不属于标准物联网系统层次架构的是（　　）。
　　A．感知层　　　B．网络层　　　C．传输层　　　D．应用层

33．标准物联网系统架构由 3 层组成，用于解决数据如何存储的是（　　）层。
　　A．感知识别层　　　　　　　B．网络管理服务层
　　C．网络构建层　　　　　　　D．综合应用层

34．智能灯泡属于（　　）智能设备。
  A．智能安防　　　　　　　　B．智能医疗
  C．智能制造　　　　　　　　D．智能家居

35．以下不属于智慧物流应用场景的是（　　）。
  A．仓储　　　　　　　　　　B．运输监测
  C．快递终端　　　　　　　　D．智慧停车

36．Internet 起源于美国国防部，于 1969 年正式启用，被称为（　　）。
  A．教育科研网　　　　　　　B．国际互联网
  C．阿帕网（ARPANET）　　　D．美国科技网

37．计算机网络通信系统是（　　）。
  A．电信号传输系统　　　　　B．文字通信系统
  C．信号通信系统　　　　　　D．数据通信系统

38．一座大楼内的一个计算机网络系统，属于（　　）。
  A．PAN　　B．LAN　　C．MAN　　D．WAN

39．按网络覆盖范围划分，因特网（Internet）属于（　　）。
  A．局域网　　B．城域网　　C．无线网　　D．广域网

40．ISO/OSI 网络体系结构共分为（　　）。
  A．三层　　B．四层　　C．五层　　D．七层

41．在 OSI 层次体系结构中，实际的通信是在（　　）实体间进行的。
  A．物理层　　B．数据链路层　　C．网络层　　D．传输层

42．TCP/IP 的网络接口层对应 OSI 的（　　）。
  A．物理层　　B．链路层　　C．网络层　　D．物理层和链路层

43．下列选项中只能简单再生信号的设备是（　　）。
  A．网卡　　B．网桥　　C．中继器　　D．路由器

44．网卡是完成哪些层次的功能（　　）。
  A．物理层　　　　　　　　　B．数据链路层
  C．物理层和数据链路层　　　D．数据链路层和网络层

45．TCP 和 UDP 协议的相似之处是（　　）。
  A．面向连接的协议　　　　　B．面向非连接的协议
  C．传输层协议　　　　　　　D．以上均不对

46．以下属于物理层的设备是（　　）。
  A．中继器　　B．交换机　　C．网桥　　D．网关

47．路由选择协议位于（　　）。
　　A．物理层　　B．数据链路层　　C．网络层　　D．应用层
48．在 OSI 的七层参考模型中，工作在第三层以上的网间连接设备是（　　）。
　　A．集线器　　B．网关　　C．网桥　　D．中继器
49．在计算机网络中，所有的计算机均连接到一条通信传输线路上，在线路两端连有防止信号反射的装置。这种连接结构被称为（　　）。
　　A．总线型结构　　　　　　B．环形结构
　　C．星形结构　　　　　　　D．网状结构
50．若网络形状是由站点和连接站点的链路组成的一个闭合环，则称这种拓扑结构为（　　）。
　　A．星形拓扑　　B．总线型拓扑　　C．环形拓扑　　D．树形拓扑
51．在计算机网络中，所有的计算机均连接到一个中央节点上。这种连接结构被称为（　　）。
　　A．总线型结构　　　　　　B．环形结构
　　C．星形结构　　　　　　　D．网状结构
52．以下不是常见的网络互联设备的是（　　）。
　　A．集线器　　B．路由器　　C．交换机　　D．网关
53．以下不属于无线连接方式的是（　　）。
　　A．卫星接入　　　　　　　B．GPRS 接入技术
　　C．蓝牙技术　　　　　　　D．DDN 专线
54．以下不属于有线传输介质的是（　　）。
　　A．卫星　　B．双绞线　　C．光纤　　D．同轴电缆
55．以下不属于无线网络的是（　　）。
　　A．无线广域网　　　　　　B．无线局域网
　　C．无线城域网　　　　　　D．光纤网络
56．TCP/IP 协议是 Internet 中计算机之间通信所必须共同遵循的一种（　　）。
　　A．信息资源　　B．通信规定　　C．软件　　D．硬件
57．在 Internet 中，用于文件传输的协议是（　　）。
　　A．HTML　　B．SMTP　　C．FTP　　D．POP
58．Internet 中的 IPv4 地址由 4 个字节组成，每个字节间的分隔符号是（　　）。
　　A．,　　B．.　　C．:　　D．*
59．用户可以通过以下哪两种地址访问 Internet 上的计算机（　　）。

A．IP 地址和域名　　　　　　　B．IP 地址和中文住址
C．IP 地址和网络　　　　　　　D．网络和域名

60．从网址"www.phei.com.cn"中，可以判断该网站属于（　　）。
A．政府机构　　B．商业机构　　C．教育机构　　D．军事机构

61．下面属于 C 类 IP 地址的是（　　）。
A．18.10.192.168　　　　　　　B．202.101.100.99
C．180.191.1.2　　　　　　　　D．240.10.172.16

62．DNS 的作用是（　　）。
A．域名解析　　B．划分子网　　C．设置网关　　D．拨号上网

63．下列 URL 格式正确的是（　　）。
A．协议://主机名:端口号/文件路径/文件名
B．主机名://协议:端口号/文件路径/文件名
C．协议://主机名:端口号/文件名/文件路径
D．协议://端口号:主机名/文件路径/文件名

64．在浏览器中浏览网页时不能实现的是（　　）。
A．打开网页　　　　　　　　　B．下载资料
C．收藏网页　　　　　　　　　D．删除网页上的图片

65．打开浏览器时看到的第一个网页称为（　　）。
A．HTTP　　　B．网页　　　C．主页　　　D．网站

66．下列网站属于搜索引擎的是（　　）。
A．新浪　　　　　　　　　　　B．教育部网站
C．华信教育资源网　　　　　　D．百度

67．用户使用搜索引擎查找有关狮子生活习性的资料，最佳的搜索关键词是（　　）。
A．狮子　资料　　　　　　　　B．狮子　生活习性
C．狮子　　　　　　　　　　　D．习性

68．学生在家上网课，这属于网络应用中的（　　）。
A．电子商务应用　　　　　　　B．电子政务应用
C．远程医疗应用　　　　　　　D．网络教育应用

69．想要将自己暑假出游的照片分享给大家欣赏，不合适的发布平台是（　　）。
A．QQ 空间　　B．微信朋友圈　　C．电子邮箱　　D．微博

70．以下关于电子邮件的描述正确的是（　　）。
A．发件人不需要上网就可以发送电子邮件

B. 不可以自己给自己发电子邮件

C. 不能将收到的邮件转发给其他人

D. 可以将邮件同时发送给多个人

71. 电子邮箱名"zzedu_student@163.com"中，zzedu_student 属于电子邮箱的（　　）。

  A. 主机名   B. 用户名

  C. 邮件服务器名   D. 网站域名

72. 下列 Email 地址正确的是（　　）。

  A. first#126.com   B. first&126.com

  C. first@126.com   D. first$126.com

73. QQ 软件属于（　　）。

  A. 下载工具软件   B. 即时通信软件

  C. 网络购物软件   D. 数据传输软件

74. 下列软件不属于即时通信软件的是（　　）。

  A. 微信   B. QQ   C. Outlook   D. MSN

75. 关于远程桌面，以下说法不正确的是（　　）。

  A. Windows 7 操作系统默认情况下不开启计算机的远程桌面连接功能

  B. 开启了计算机的远程桌面连接功能，用户通过远程桌面功能可以实时操作这台计算机

  C. 利用远程桌面提供的服务，用户可以使自己的计算机暂时成为远程计算机的一个仿真终端

  D. Windows 7 操作系统远程桌面不需要设置就可以正常使用

76. 关于远程桌面，以下说法不正确的是（　　）。

  A. 远程桌面的连接无需用户邀请就可以完成连接操作

  B. 远程协助必须由受控方提出邀请

  C. 远程桌面和远程协助完全相同

  D. Windows 7 操作系统可以启动远程桌面服务

77. 以下可以存储网络文件的是（　　）。

  ① 百度云盘　② U盘　③ 网络硬盘　④ 网页　⑤ FTP 服务器

  A. ①②③   B. ②③⑤   C. ①③④   D. ①③⑤

78. 与移动硬盘相比，网络硬盘的主要优点是（　　）。

  A. 便于携带   B. 便于保管   C. 便于共享   D. 长期可用

79. 下列不属于网络相册优点的是（　　）。

A．占用本地硬盘空间 　　　　　　B．可以分享精彩照片

C．节约本地硬盘空间 　　　　　　D．永久保存，不会因本地硬盘故障丢失

80．以下属于电商网站的是（　　）。

A．当当网　　B．阿里巴巴　　C．京东　　D．以上全是

81．支付宝属于（　　）。

A．网上学习 　　　　　　B．网络聊天工具

C．网络硬盘 　　　　　　D．第三方支付平台

82．小明想把自己的照片、生活视频、学习资料等内容存放在网络上，以便随时随地的通过网络与好友分享，下列具有这种功能的是（　　）。

A．云盘　　B．U盘　　C．光盘　　D．移动硬盘

83．下列软件中，不属于即时聊天软件的是（　　）

A．QQ　　B．微信　　C．钉钉　　D．美团

84．网上学习属于（　　）。

A．网络聊天　　B．远程教育　　C．数据下载　　D．网络交易

85．实现多终端信息资料的传送、同步与共享的技术是（　　）。

A．云端同步技术 　　　　　　B．大数据分析技术

C．物联网技术 　　　　　　D．人工智能技术

86．下列不属于网络协作工具的是（　　）。

A．腾讯文档 　　　　　　B．金山文档

C．有道云协作 　　　　　　D．有道词典

87．传感器是一种（　　）。

A．软件系统 　　　　　　B．信息采集设备

C．信号发射设备 　　　　　　D．智能分析设备

88．下列关于智慧城市的说法中，错误的是（　　）。

A．智慧城市是先进信息技术与城市管理相融合的产物

B．物联网技术是智慧城市的关键技术之一

C．智慧城市的建设只需要物联网技术

D．智慧城市的发展目标是形成一个系统的、庞大的物联网

89．下列不属于典型的物联网系统的是（　　）。

A．智能客服系统 　　　　　　B．智能交通系统

C．智慧物流系统 　　　　　　D．智能监控系统

90．下列关于智能家居的说法中，错误的是（　　）。

A．智能家居是一个小型物联网系统

B．智能家居中的各设施通过互联网实现互联互通

C．智能家居无须与外界进行信息交换

D．运动手环、智能音箱、智能冰箱、智能门锁都属于智能家居产品

二、操作题

1．登录自己的 163 邮箱，完成下面的操作：给王明同学编写一封邮件，并抄送给刘江同学，完成后将邮件保存到草稿箱中。收件人邮箱地址：wangming123@163.com；抄送地址：liujiang@qq.com；邮件主题：活动计划；邮件内容：周六上午参加志愿者活动，9:00 准时在中山公园入口会面。

2．登录自己的 163 邮箱，发送一封邮件到 xiaopin@163.com，主题是"专业技能测试"，正文内容是"这是一封测试邮件"。在 163 邮箱通讯录中新建联系人，姓名为"张三"，邮件地址为"zhangsan@sina.com"。

3．发送电子邮件。向部门经理发一个 Email，同时抄送给总经理。具体如下：

收件人：zhangjingli@163.com，抄送：wangzhe@126.com；主题："销售计划演示"；内容："发去全年季度销售计划文档，请审阅。"

4．用浏览器打开"电子工业出版社"首页页面，将首页设置为浏览器默认主页，将首页上任意一张图片以.jpg 的图片格式保存到考生目录下，命名为：电子工业出版社首页的图片.jpg，并把主页内容以文本文件另存到考生文件夹下，文件名为：电子工业出版社首页的内容.txt。

第三章　图文编辑

学习目标

1. 理解图文编辑软件（WPS Office 2019 之文字）的功能和特点。
2. 熟练掌握文档的创建、编辑、保存，以及打开、关闭的方法。
3. 熟练掌握文档的类型转换与文档合并。
4. 掌握打印预览和打印文档内容。
5. 熟练掌握文本的查找与替换。
6. 掌握对文档信息的加密和保护。
7. 熟练掌握设置文本的字体、段落和页面格式。
8. 掌握使用样式对文本格式的快捷设置。
9. 掌握对文档插入和设置批注、页眉页脚和页码。
10. 掌握对文档插入和设置文本框、艺术字和图片。
11. 熟练掌握插入和编辑表格。
12. 熟练掌握设置表格格式。
13. 熟练掌握文本与表格的相互转换。
14. 掌握绘制简单图形。
15. 了解图文版式设计基本规范。
16. 掌握图、文、表混合排版和美化处理。

知识点精讲

知识点 1　WPS Office 2019 之文字概述

　　WPS Office 是由金山软件股份有限公司自主研发的一款办公软件套装,可以实现办公软件最常用的文字(W)、表格(S)、演示(P)等多种功能,具有内存占用低、运行速度快、体积小巧、强大插件平台支持、免费提供海量在线存储空间及文档模板、支持阅读和输出 PDF 文件、全面兼容 Microsoft Office 格式(doc/docx/xls/xlsx/ppt/pptx)等独特优势,可以覆盖 Windows、Linux、Android、iOS 等多个平台。

　　WPS 文字是一个文字处理软件,具有丰富的文字处理功能,利用它可以将图、文、表格混排,编写出专业的报告、报纸、书籍、报表和网页等。

知识点 2　WPS Office 2019 之文字的基本操作

1. WPS Office 2019 的启动与退出

1)启动 WPS Office 2019

启动 WPS Office 2019 的常用方法有以下三种。

方法一:单击"开始"按钮,在开始菜单中选择"所有程序"→"WPS Office"。

方法二:双击桌面上的 WPS Office 2019 快捷方式图标。

方法三:找到计算机中的文档图标,双击可打开关联的 WPS Office 程序。

2)退出 WPS Office 2019

退出 WPS Office 2019 的常用方法有以下两种。

方法一:单击 WPS Office 2019 窗口右侧的"关闭" ✕ 按钮。

方法二:按"Alt+F4"组合键关闭 WPS Office 2019 窗口。

2. WPS Office 2019 之文字的创建、打开、保存和关闭

　　WPS Office 2019 创建的文字文稿,保存时文档的默认名称为"文字文稿 1.docx"。在实际应用中,用户可以根据需要创建一个或多个新文档。

1)新建空白文档

新建空白文档的常用方法有以下三种。

方法一：启动程序后，在首页单击"新建"按钮。

方法二：打开"文件"菜单，选择"文件"→"新建"选项（或按 N 键）。

方法三：直接按"Ctrl+N"组合键→"新建空白文字"按钮。

2）打开文档

打开文档的常用方法有以下两种。

方法一：双击 WPS Office 2019，启动后在首页单击"打开"按钮，在打开的对话框中选择文件然后单击"打开"按钮，或按"Ctrl+O"组合键，打开"打开"对话框。

方法二：双击或右击所要打开的文档，在弹出的快捷菜单中选择"打开"命令。

3）保存文档

在快速访问工具栏中单击"保存"按钮，或按 Ctrl+S 组合键，或单击"文件"选项卡标签，在打开的界面中选择"保存"或"另存为"，打开"另存为"对话框。

4）关闭文档

关闭文档的常用方法有以下三种。

方法一：单击"文件"选项卡标签，在打开的界面中选择"退出"。

方法二：单击 WPS Office 2019 之文字窗口右侧的"关闭"按钮。

方法三：按"Alt+F4"组合键。

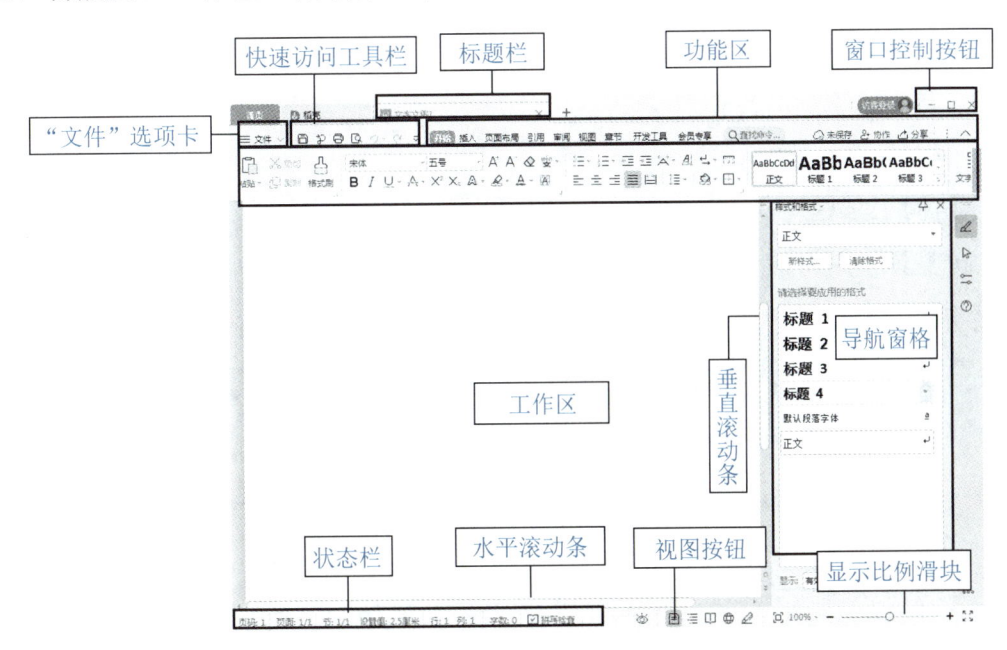

3．WPS Office 2019 之文字的操作界面

WPS Office 2019 之文字具有窗口化的操作界面，包括标题栏、"文件"选项卡、快速访问工具栏、功能区、工作区、滚动条、状态栏等，具体如图 3-1 所示。

图 3-1　WPS Office 2019 之文字的操作界面

1）标题栏

标题栏位于 WPS Office 2019 用户界面的顶端，其中显示了当前编辑的文档名称及程序名称。文档名称旁边的"+"标签可新建空白文档或在线文档、文字（W）、表格（S）、演示（P）、金山海报、流程图、思维导图、PDF、表单、共享文件夹等。标题栏的最右侧有 3 个窗口控制按钮，分别用于对 WPS Office 2019 的窗口执行最小化、最大化/向下还原和关闭操作。

2）"文件"选项卡与"文件"菜单

"文件"选项卡含有"文件""编辑""视图""插入""格式""工具""表格""窗口"等。"文件"选项卡中的"文件"菜单可在打开的界面中选择"新建""打开""关闭""保存""另存为""打印""输出为PDF""分享文档""属性""文件加密"等，如图3-2所示。展示最近打开的文档相关信息、查看当前文档的信息，以及提供帮助功能，为用户解决遇到的问题等。

图 3-2 "文件"选项卡与"文件"菜单

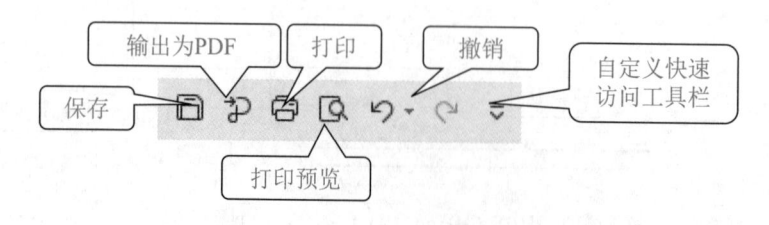

3）快速访问工具栏

快速访问工具栏用于放置一些使用频率较高的工具。默认情况下，该工具栏包含了"保存"、"撤销"等按钮，若用户要自定义快速访问工具栏中的工具按钮，可单击"自定义快速访问工具栏"按钮，在展开的列表中选择要向其中添加或删除的工具按钮，如图 3-3 所示。

图 3-3 快速访问工具栏

4）功能区

功能区位于标题栏下方，以选项卡的形式分类排列着编排文档时需要的工具。单击功能区中的选项卡标签，可切换功能区中显示的工具。在每一个选项卡中，工具又被分类放置在不同功能组中。用户单击功能区右上角的"隐藏功能区"按钮^可将功能区最小化，单击"显示功能区"按钮∨可将功能区展开。

5）工作区

工作区也称编辑区，主要用来显示正在编辑的文档。在 WPS Office 中新建一个空白文档时就像在工作区打开一张白纸，在其中输入字符、绘制表格和插入图形、图像，以及编辑和排版的结果都会显示在该区域。

6）插入点

在工作区中不断闪烁的黑色竖线称为光标，其所在的位置称为插入点，用于提示用户当前输入字符或插入对象的位置。在输入文字时，文字会从插入点开始，每输入到一行末尾，插入点会自动转到下一行，若要另起一行（换行）或插入一行空行，可以按 Enter 键（回车键）。

在适当位置单击可以改变插入点的位置，通过方向键移动光标的位置也可以改变插入点的位置，见表 3-1。

表 3-1　通过键盘改变插入点位置

按　键	功　能
←/→/↑/↓	将插入点左、右、上、下移动一个字符的位置
Home/End	将插入点移至行首/行尾
Ctrl+←/Ctrl+→	将插入点向左/向右移动一个单词
Ctrl+↑/Ctrl+↓	将插入点移至上一段/下一段
Page Up/Page Down	将插入点移至上一屏/下一屏
Ctrl+Page Up/Ctrl+Page Down	将插入点移至上一页/下一页的起始位置
Ctrl+Home/Ctrl+End	将插入点移至文档开头/结尾

7）滚动条

滚动条分为水平滚动条和垂直滚动条，当文档内容过长不能完全显示在窗口中时，在文档编辑区的右侧和下方会显示垂直滚动条和水平滚动条，通过拖动滚动条上的滚动滑块，可查看隐藏的内容。

8）显示比例滑块

显示比例滑块用于设置文档的显示比例。

9）标尺

标尺分为水平标尺和垂直标尺，主要用于指示字符在页面中的位置和设置段落缩进等。若文档未显示标尺，可单击文档编辑区右上角的"标尺"按钮将其显示出来，再次单击该按钮可将其隐藏，也可通过"视图"选项卡"显示"功能组中的"标尺"复选框来显示或隐藏标尺。在视图中还可以设置网格线、表格虚框、标记、任务窗格的显示或隐藏，如图 3-4 所示。

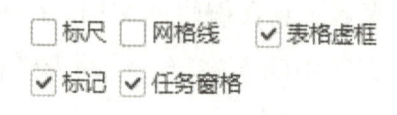

图 3-4　设置标尺

10）状态栏

状态栏位于窗口最底部，用于显示当前文档的基本信息，如当前的页码、文档的总页数、文档包含的字数等。

11）视图

视图用于设置文档的显示模式。WPS Office 2019 提供了 5 种视图模式，分别是"页面视图""大纲视图""阅读版式""Web 版式"和"写作模式"，如图 3-5 所示。

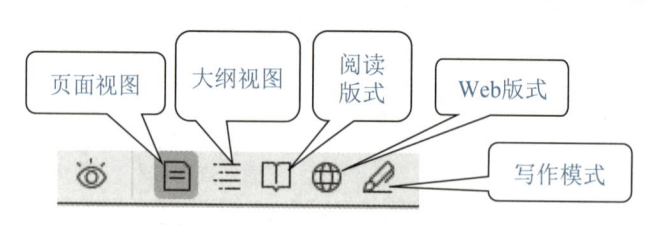

图 3-5　视图模式

知识点 3　设置文本的字体、段落和页面格式

1. 输入文本

将光标置于要插入字符的位置，依次输入内容。

2. 输入字符

单击"插入"选项卡，选择"符号"→"其他符号"，在弹出的对话框中选中需要的符号，单击"插入"按钮，如图 3-6 所示。

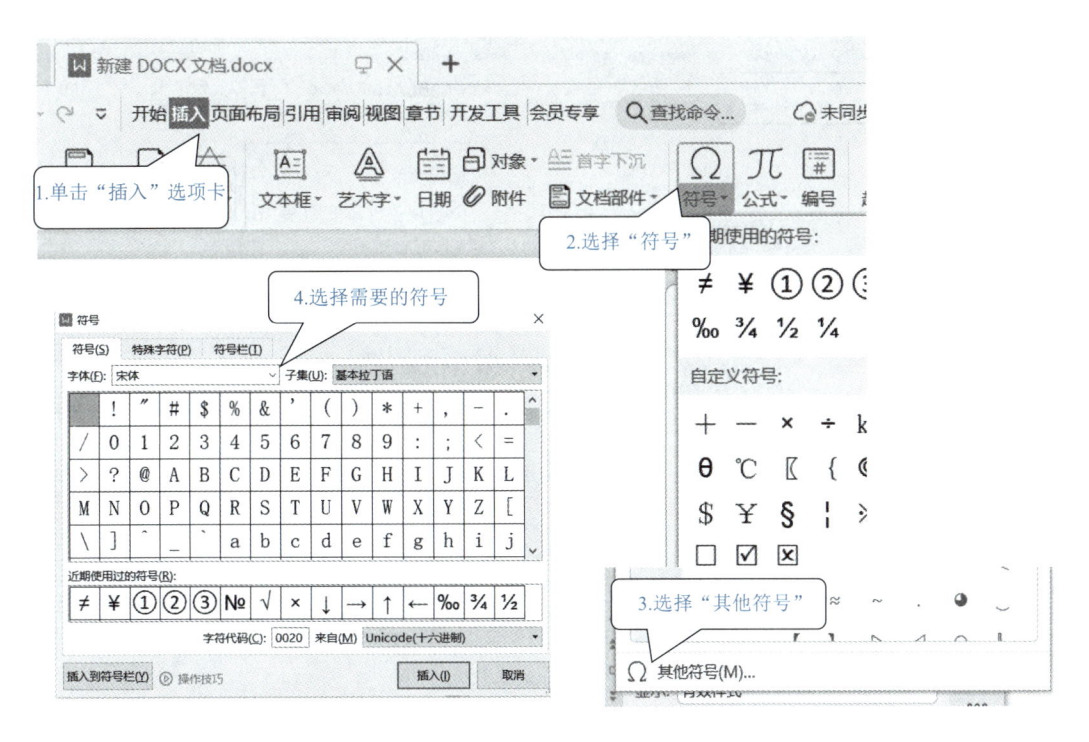

图 3-6　插入符号

3．选择文本

在对文本进行移动、复制或设置格式等操作时，通常需要先选择相应的文本。常用选择文本的操作如下。

- 选择连续的文本区域：将鼠标移动到要选择文本的开始处，按住鼠标左键，拖动鼠标到要选择文本的结尾处，松开鼠标。或者按住 Shift 键依次单击要选择文本的开头和结尾处。
- 选择不连续的文本区域：选择一个文本区域后，按住 Ctrl 键再选择其他文本区域。
- 选择矩形文本区域：将鼠标指针置于要选择的文本一角，按住 Alt 键，拖动鼠标到要选择文本的对角位置。
- 选择一个句子：按住 Ctrl 键，在所要选择的句子的任意位置单击。
- 选择一个段落：将鼠标指针移至文档左侧，当鼠标指针变为 形状时双击即可。
- 选择整篇文档：将鼠标指针移至文档左侧，当鼠标指针变为 形状时三击，或按"Ctrl+A"组合键，或按住 Ctrl 键的同时在文档选定区单击。

4．设置字符格式

1）利用"字体"功能组或浮动工具栏设置字符格式

利用"开始"选项卡中的"字体"功能组或浮动工具栏可以设置字符的字体、字号、字形、下划线、字体颜色、文本效果等格式，如图 3-7 所示。

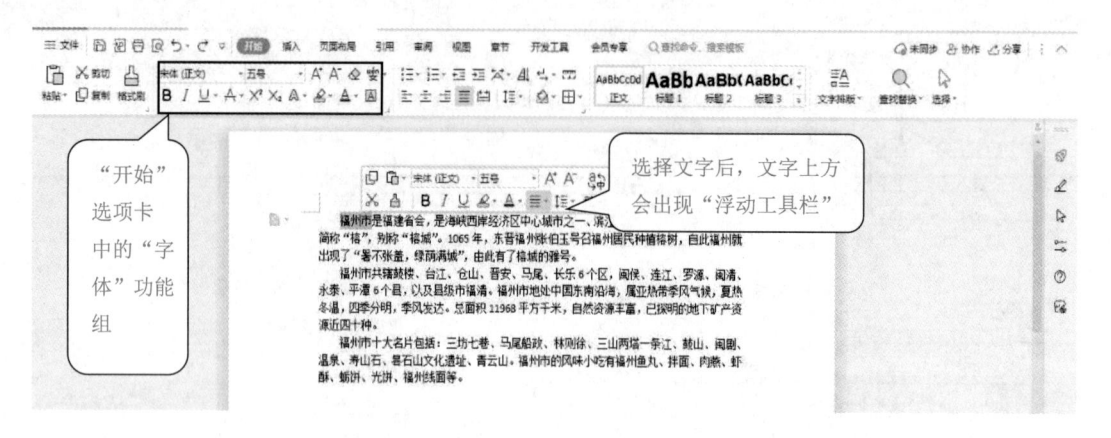

图 3-7 "字体"功能组和浮动工具栏

"字体"功能组中各按钮的含义及举例如图 3-8 所示。

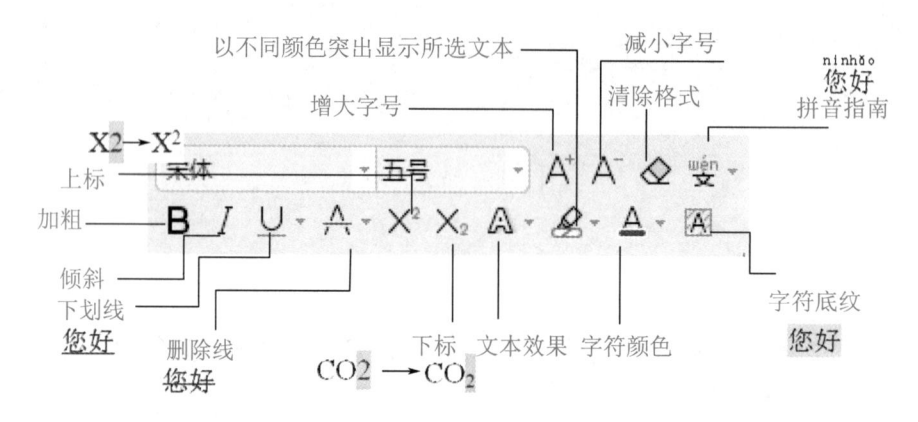

图 3-8 "字体"功能组中各按钮的含义及举例

2）利用"字体"对话框设置字符格式

单击"字体"功能组右下角的按钮 ⌐，或在文本中单击鼠标右键选择"字体"，都可以打开"字体"对话框，该对话框中有"字体"和"字符间距"两个选项卡，如图 3-9 所示。

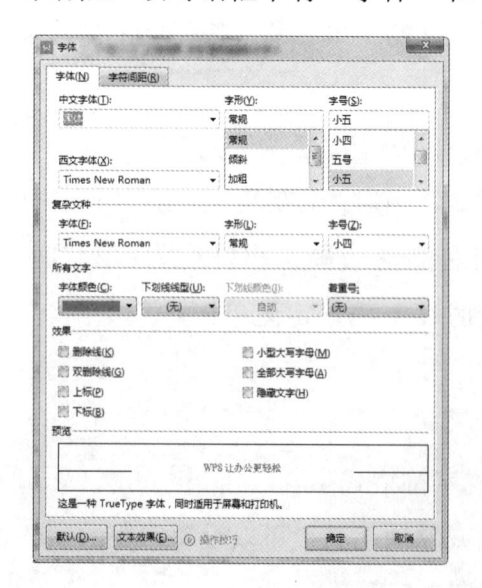

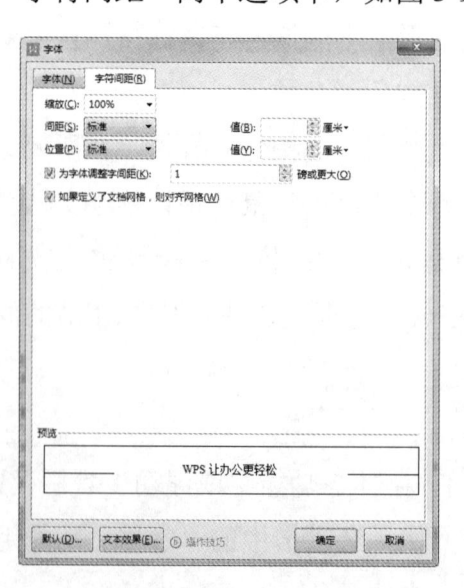

图 3-9 "字体"对话框

3）使用"格式刷"设置字符格式

使用"格式刷"可以将文档中已有的字符格式快速应用于其他字符。双击"格式刷"按钮，可以连续多次应用该格式于其他字符。要取消格式刷可以单击"格式刷"按钮或按 Esc 键。

5．设置段落格式

1）利用"段落"功能组设置段落格式

利用"开始"选项卡"段落"功能组中的按钮可以设置段落的对齐方式、缩进、行间距、边框和底纹、项目符号等，如图 3-10 所示。

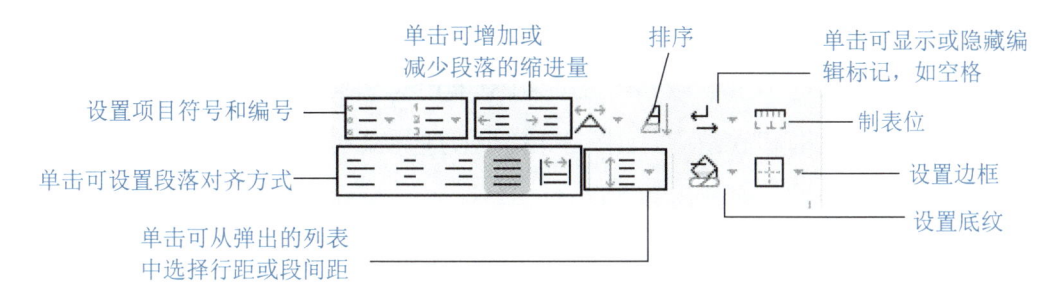

图 3-10　"段落"功能组中各按钮的意义

2）利用"段落"对话框设置段落格式

利用"段落"对话框可以精确地设置段落的缩进方式、段落间距和行距等，如图 3-11 所示。用户可以单击"段落"功能组右下角的按钮，也可选择右键菜单中的"段落"，打开"段落"对话框进行设置。

图 3-11　"段落"对话框

3）利用标尺设置段落格式

默认情况下，WPS 文字不打开标尺视图，打开方式是在"视图"→"标尺"前的方框内打钩，或者单击功能区右上角的标尺按钮。用户可将鼠标指针移至标尺的相应滑块上，然后按住鼠标左键不放并向右或向左拖动，如图 3-12 所示。

图 3-12　利用标尺设置段落格式

4）设置边框和底纹

方法一：在"开始"选项卡"段落"功能组中单击"所有框线"按钮右侧的下拉按钮，在其下拉列表中选择"边框和底纹"，如图 3-13 所示打开"边框和底纹"对话框。

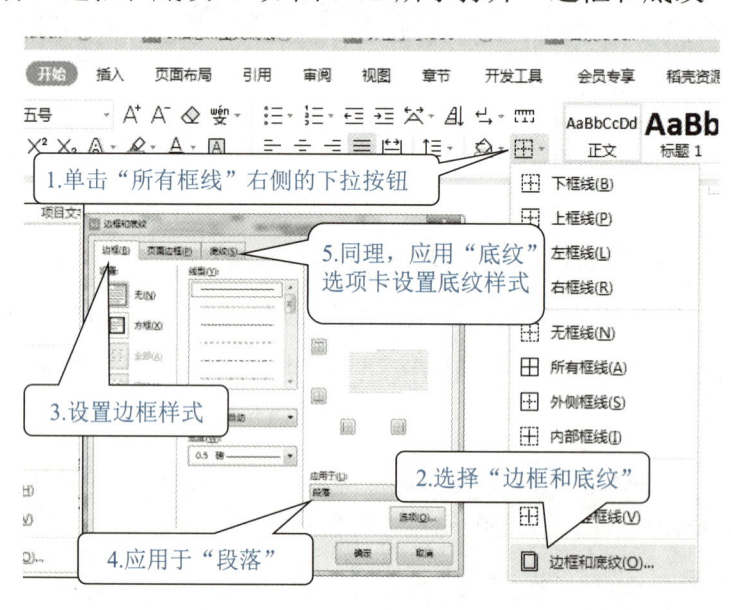

图 3-13　选择"边框和底纹"

方法二：在"页面布局"选项卡的"页面背景"功能组中单击"页面边框"按钮，打开"边框和底纹"对话框。

5）应用项目符号和编号

在"开始"选项卡的"段落"功能组中单击"项目符号"按钮或"编号"按钮。

若默认的样式不符合要求，则单击"项目符号"或"编号"按钮右侧的下拉按钮，在其下拉列表中选择"自定义项目符号"或"自定义编号"，如图 3-14 所示。

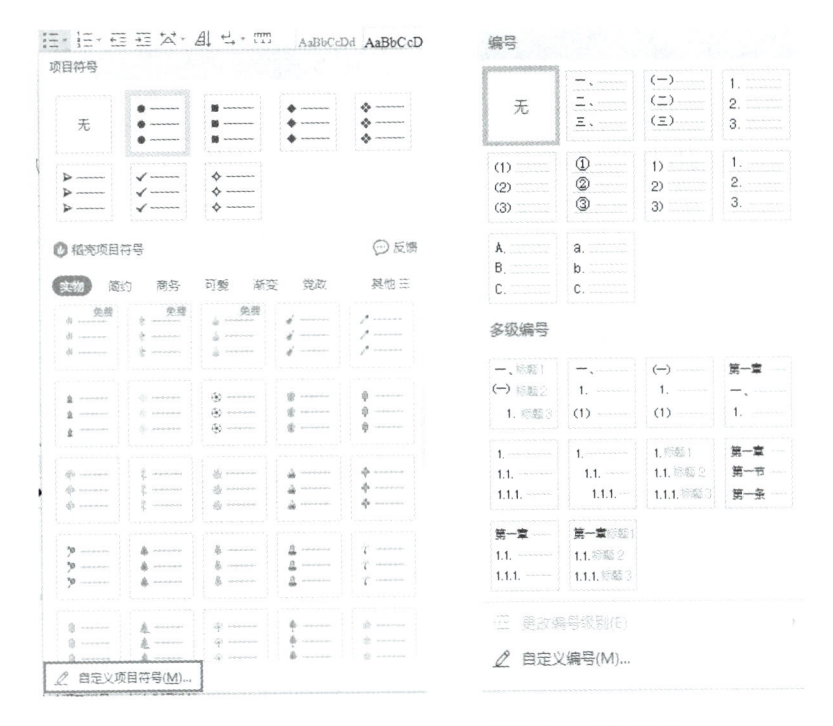

图 3-14 "项目符号"和"编号"下拉列表

6)分栏

在文档中选中需要设置分栏的内容（如果选择的文本在文章最末尾，必须最少保留一个回车符不被选中），选择"页面布局"选项卡→"分栏"→"更多分栏"命令，打开"分栏"对话框，如图 3-15 所示。

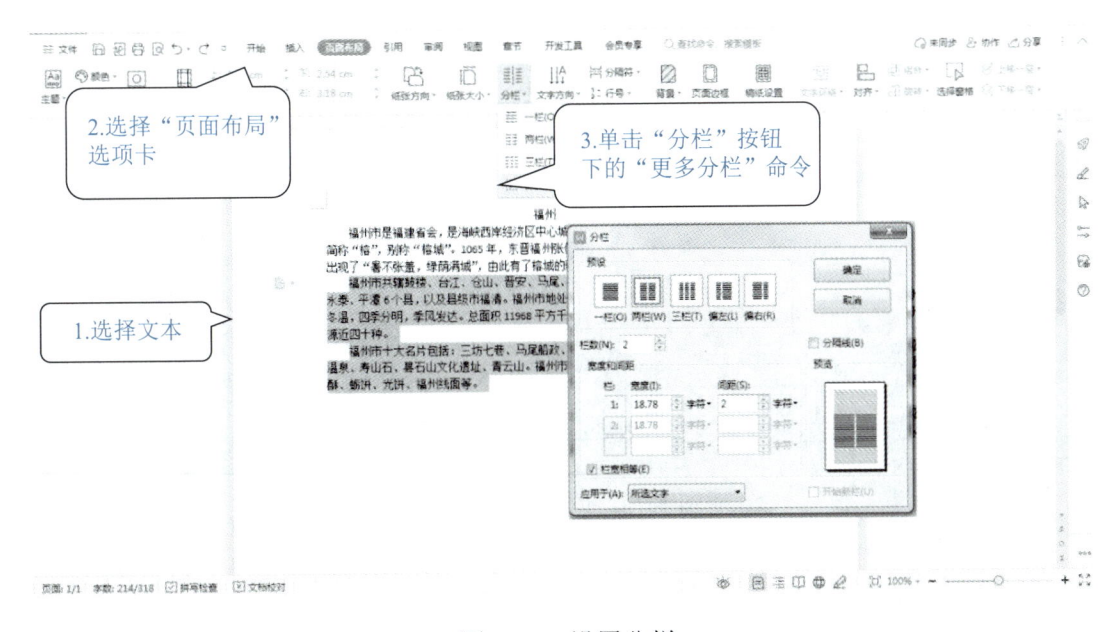

图 3-15 设置分栏

7)设置首字下沉

选择首字下沉的文字，选择"插入"选项卡，单击"首字下沉"按钮 首字下沉，弹出"首字下沉"对话框，选择"下沉"，设置参数，如图 3-16 所示。

8）设置文字方向

选择"页面布局"选项卡，单击"文字方向"按钮，然后在其下拉列表中选择合适的文字方向，也可以打开"文字方向"对话框进行设置，如图 3-17 所示。

图 3-16 　"首字下沉"对话框

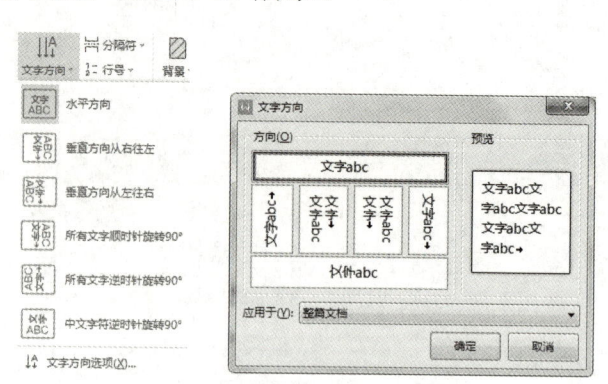

图 3-17 　设置文字方向

6. 设置页面格式

1）设置文档的页面格式

设置纸张大小、纸张方向、页边距的方法如图 3-18 所示。

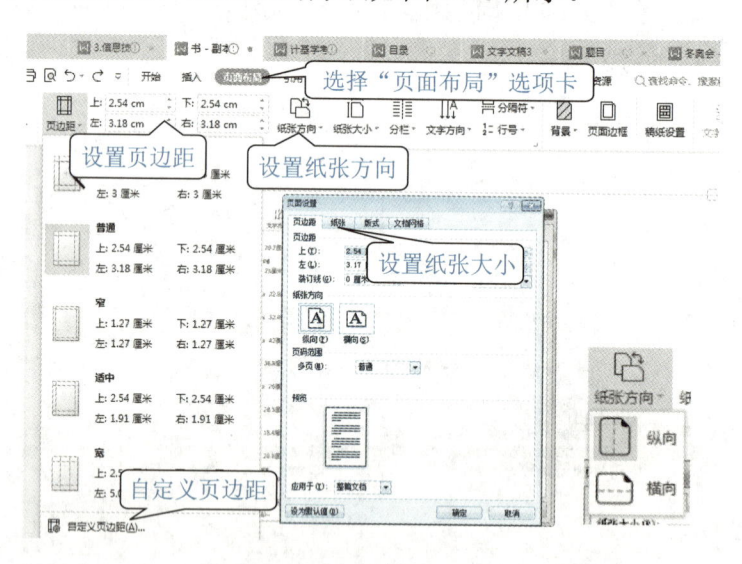

图 3-18 　设置页面格式

2）设置页面背景

选择"页面布局"选项卡，单击"背景"图标按钮旁的下三角号，根据需求进行设置，如图 3-19 所示。

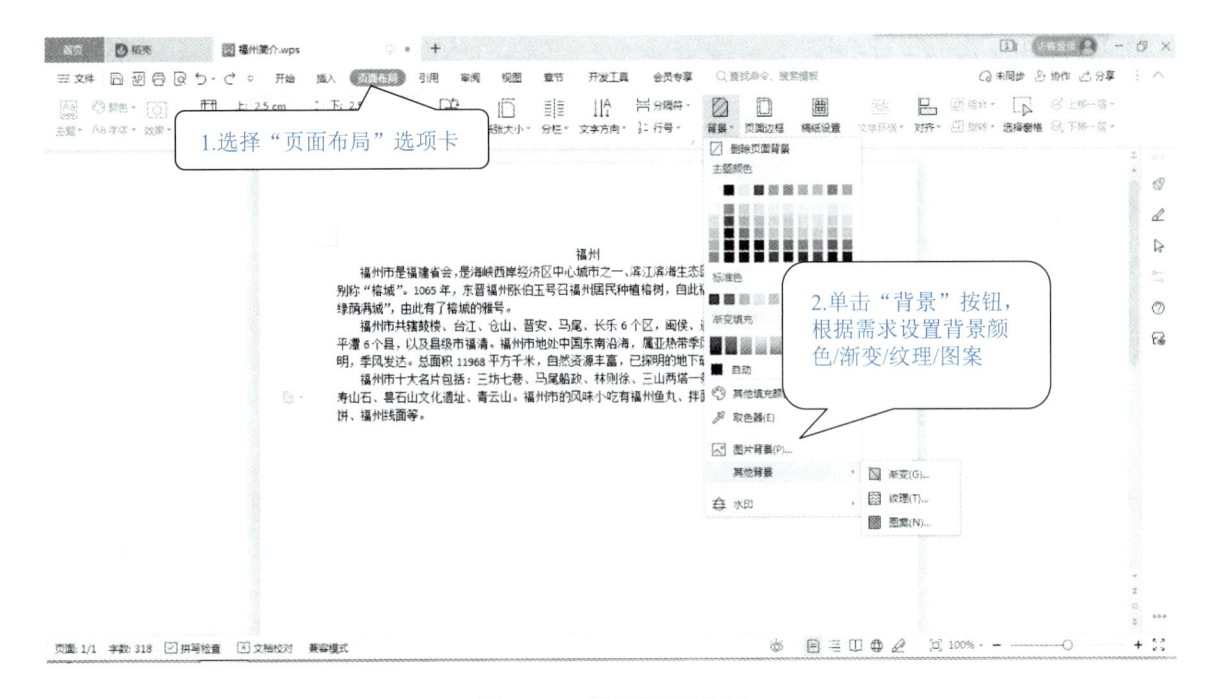

图 3-19　设置页面背景

3）设置水印

选择"页面布局"选项卡，选择"背景"按钮下的"水印"→"插入水印"命令，如图 3-20 所示。

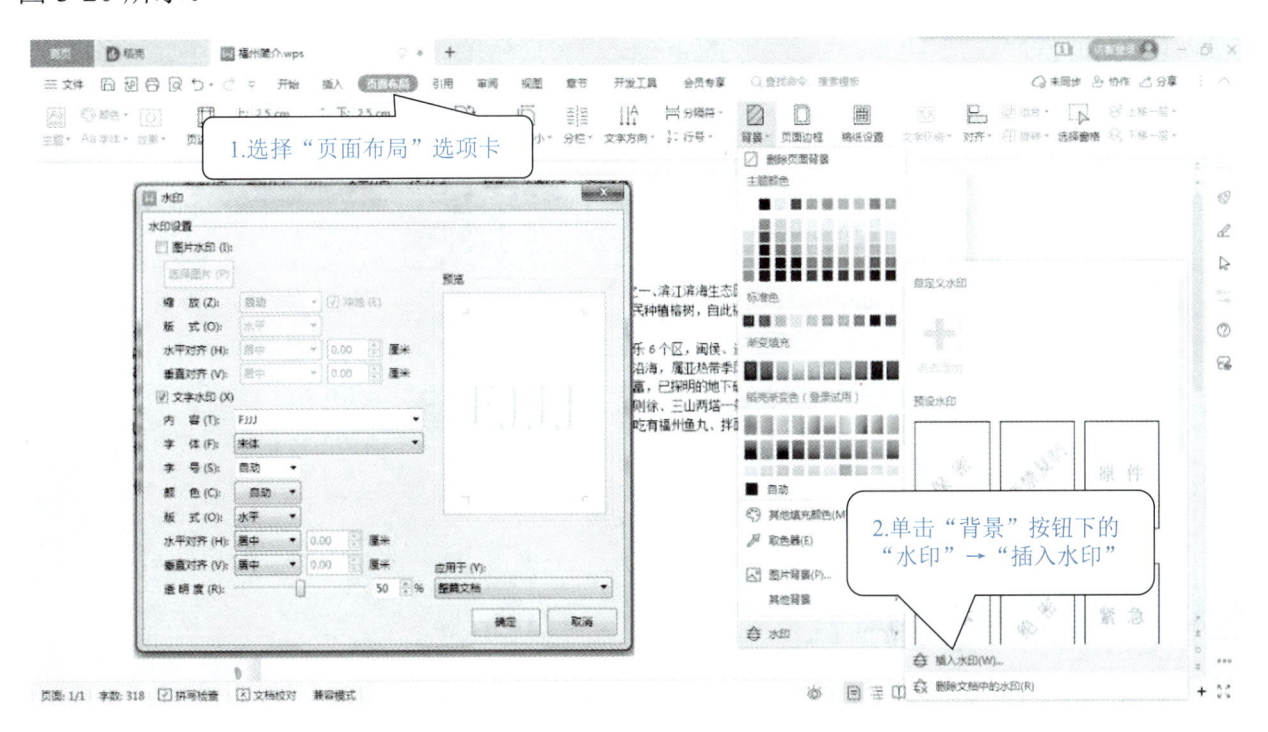

图 3-20　设置水印

为文档设置背景为"金山"纹理，如图 3-21 所示；并设置水印文本"严禁复制"，如图 3-22 所示。

操作步骤：选择"页面布局"选项卡，选择"背景"按钮下的"其他背景"→"纹理"命令，打开对话框选择相应纹理。

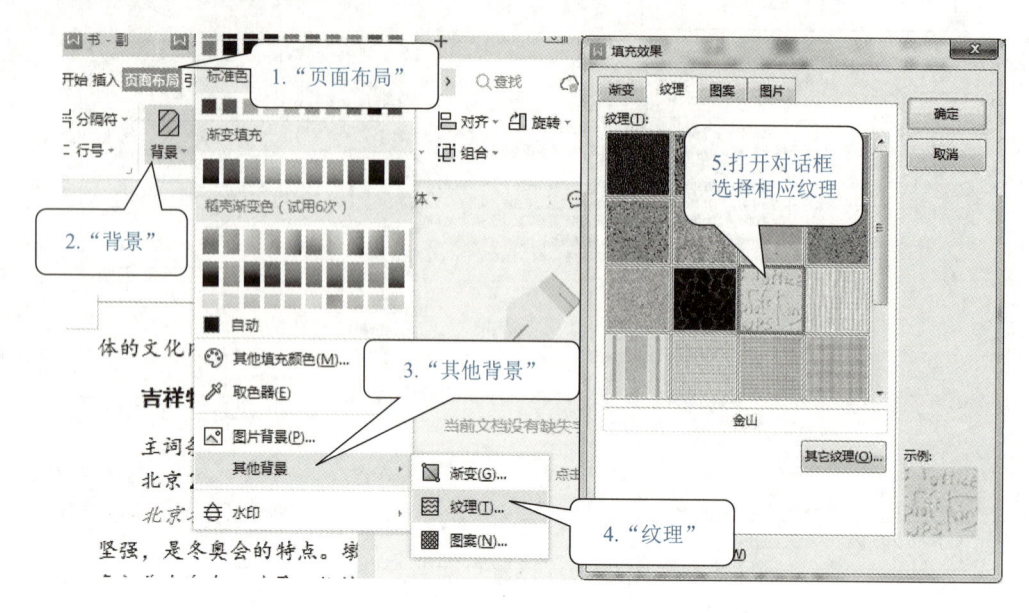

图 3-21　设置纹理

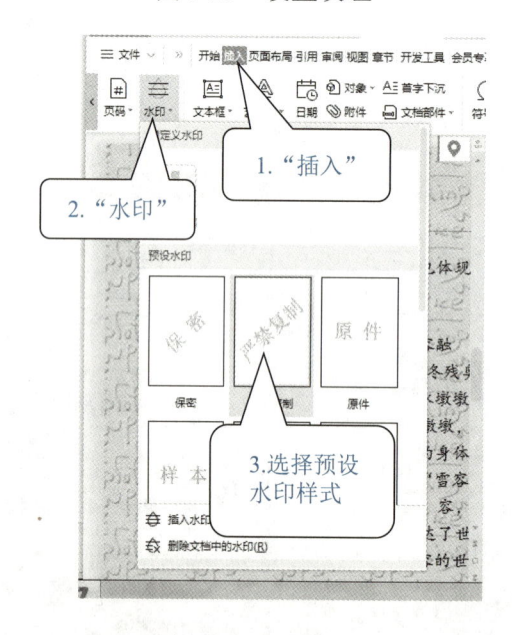

图 3-22　设置水印

知识点 4　文本的查找与替换

1. 文本的查找

文本的查找有两种方法。一般查找："开始"→"查找替换"按钮；高级查找：按"Ctrl+F"组合键打开"查找和替换"对话框，如图 3-23 所示。

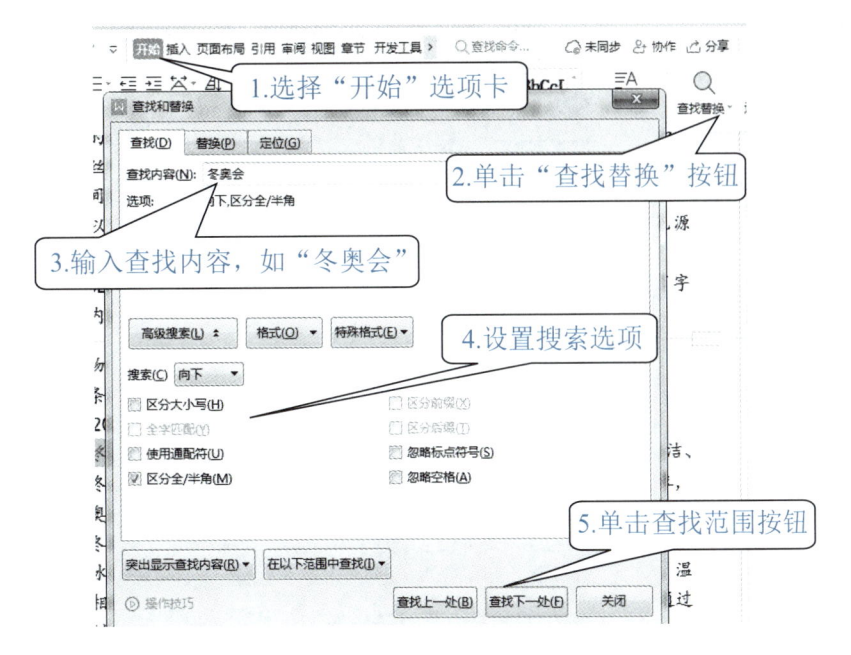

图 3-23　设置文本的查找

2．文本的替换

替换是指将文档中指定的字符或文本替换为另一个字符或文本，可以替换文字，也可以替换字体格式。在"开始"选项卡中单击"查找替换"下拉列表中的"替换"按钮，或按"Ctrl+H"组合键，打开"查找和替换"对话框的"替换"选项卡，如图 3-24 所示。

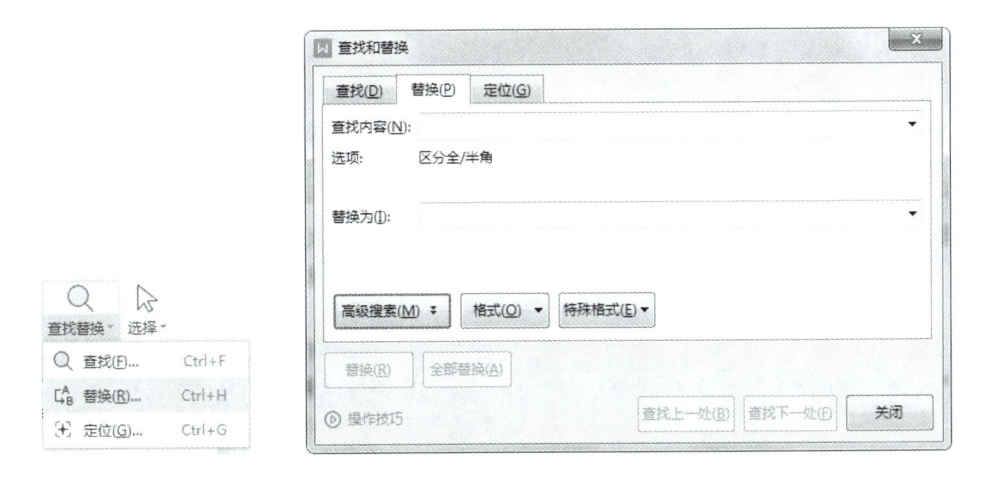

图 3-24　"查找和替换"对话框"替换"选项卡

用户可以运用"替换"选项卡中的"格式""特殊格式"按钮，设置替换的范围、格式和特殊字符等，具体操作方法如下。

将文档中的所有"北京冬奥会"替换成红色斜体，操作步骤如图 3-25 所示。

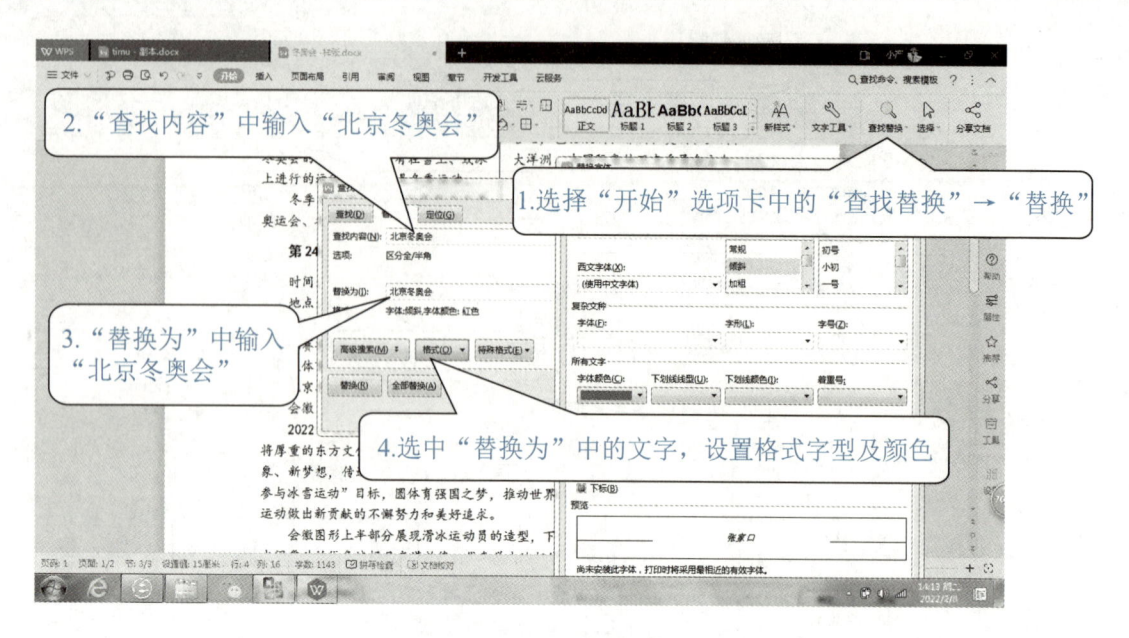

图 3-25　替换字体格式

3. 文本的定位

在编辑长文档时，可利用"定位"命令将插入符快速定位到指定的行、节或页等位置。在"开始"选项卡中单击"查找替换"按钮，在下拉列表中选择"定位"，打开"查找和替换"对话框的"定位"选项卡，如图 3-26 所示。

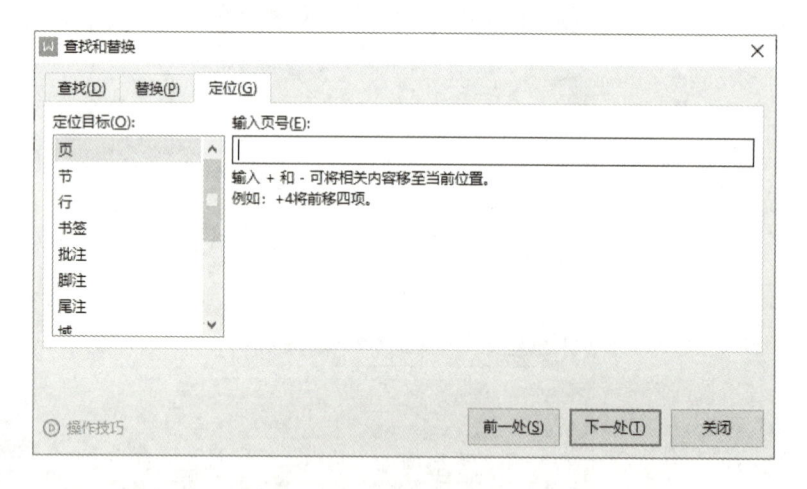

图 3-26　"查找和替换"对话框"定位"选项卡

知识点 5　文档的类型转换与文档合并

1. WPS 文档转换成 PDF

在快速启动工具栏中单击"输出为 PDF"按钮，可以将 WPS 文档转换成 PDF 格式。

2. WPS 文档转换成图片

WPS 也可将文档转换成图片，输出方式有逐页输出、合成长图两种，并可为图片设置水印等效果。选择"文件"→"输出为图片"→设置参数→"输出"命令，设置 WPS 文档输出为图片。

3. PDF 转换成 Word 文档

在会员专享区域，提供了 PDF 转换成 Word 的功能，在联网状态下可以使用。打开金山 PDF 转换可实现 PDF 文档转为 Word、转为 Excel、转为 PPT、PDF 拆分、PDF 合并等。

4. 图片转换成文字

图片转换成文字，可以支持批量转换、图片旋转、保留原版式等选项。支持三种提取方式：提取文字、转换文档、转换表格。右侧窗口可以预览转换结果，但要保存转换结果文档需要开通 WPS 会员专享。

5. 文档拆分合并

在 WPS Office 2019 会员专享区域，单击"输出转换"按钮可将多个文档自由拆分合并。

如果要简单地对文件中文字进行合并，也可以用"插入"选项卡中的"对象"按钮。操作步骤：打开需要合并的文档，在"插入"选项卡中单击"对象"按钮旁的下三角号，选择"文件中的文字"，选择需要合并的文档，单击"打开"按钮。

知识点 6 打印预览和打印文档内容

1. 文档的打印预览

为防止出错，在打印文档前应先进行打印预览，以便及时修改文档中出现的问题，避免因版面不符合要求而浪费打印时间和纸张，如图 3-27 所示。

方法一：单击"文件"选项卡中的"打印预览"按钮，可以打开打印预览界面。

方法二：单击快速访问工具栏中的"打印预览"按钮，也可打开打印预览界面。

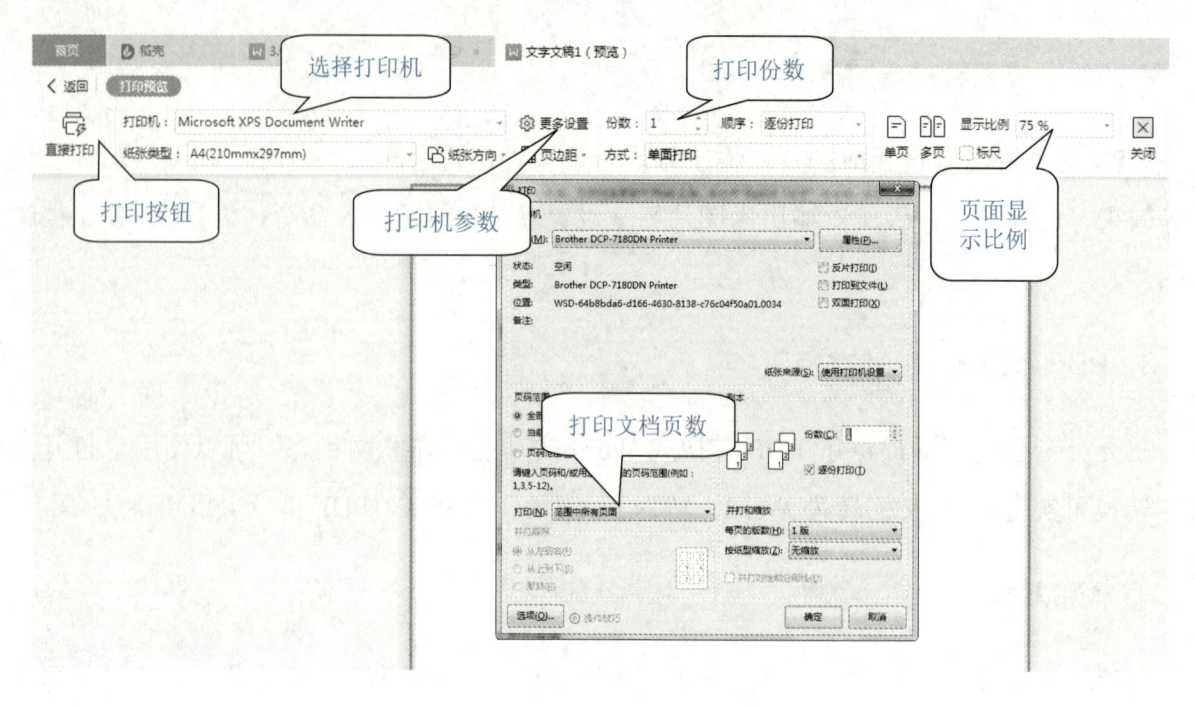

图 3-27　设置打印预览

2．文档的打印

WPS 2019 提供了多种打印功能，打印文档须连接有打印机。

方法一：选择"文件"→"打印"→"打印"命令。

方法二：直接单击快速访问工具栏中的"打印"按钮 🖨。

打开"打印"对话框，可以打印整个文档，也可以打印自定义范围，设置参数如图 3-28 所示。

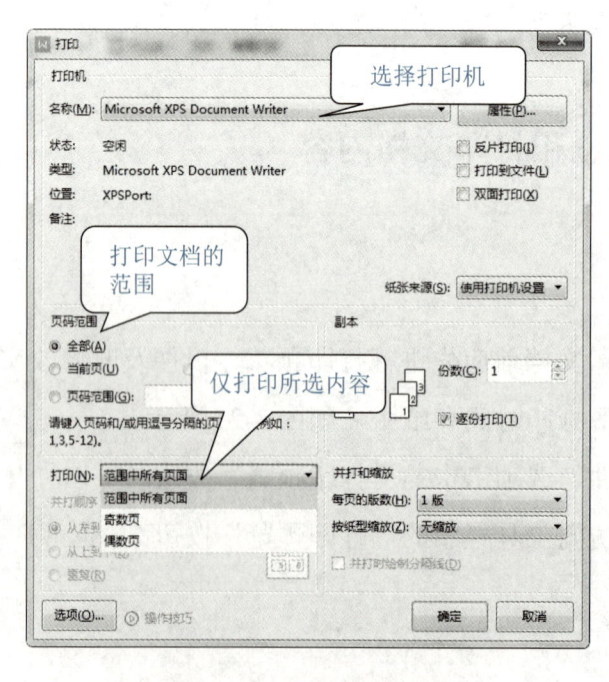

图 3-28　设置文档打印

知识点 7　对文档信息的加密和保护

1. 文档信息的加密和保护

在文件打开页面中，选择"文件"菜单中的"文件"→"文件加密"命令，打开"文档权限"设置对话框，可以设置文档的"打开权限"和"编辑权限"，分别设置文件打开密码和修改文件密码，如图 3-29 所示。

图 3-29　文档信息的加密和保护

2. 设置文档权限

WPS Office 2019 之文字可以将文档权限设置为"私密文档保护"，即登录自己的账号后才可查看、编辑文档。也可以设置"指定人"，添加的指定人才可查看、编辑文档，如图 3-30 所示。

单击菜单栏"审阅"选项卡中的"文档权限"按钮进行设置。

图 3-30　设置文档权限

知识点 8　样式对文本格式的快捷设置

1. 使用预设样式

利用样式设置文本格式，需要对文本预设样式。预设好的样式在预设样式列表框中出现。选择文本，在"开始"选项卡中展开"预设样式"列表框，选择样式，如图 3-31 所示。

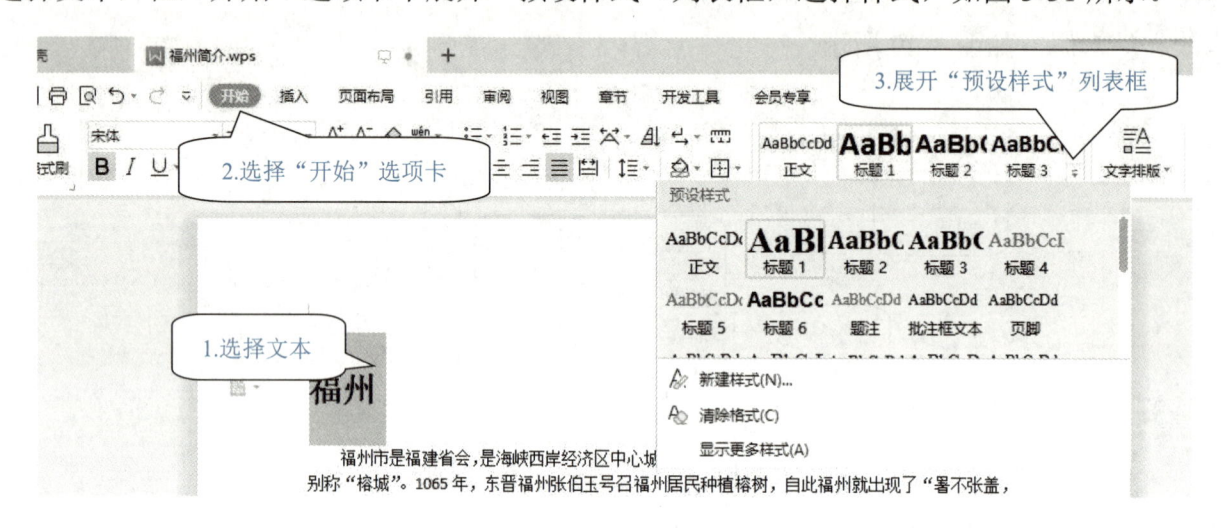

图 3-31　设置预设样式

2. 创建"新样式"

选择文本，在"开始"选项卡中展开"预设样式"列表框，选择"新建样式"命令，根据需求进行设置，单击"确定"按钮，如图 3-32 所示。

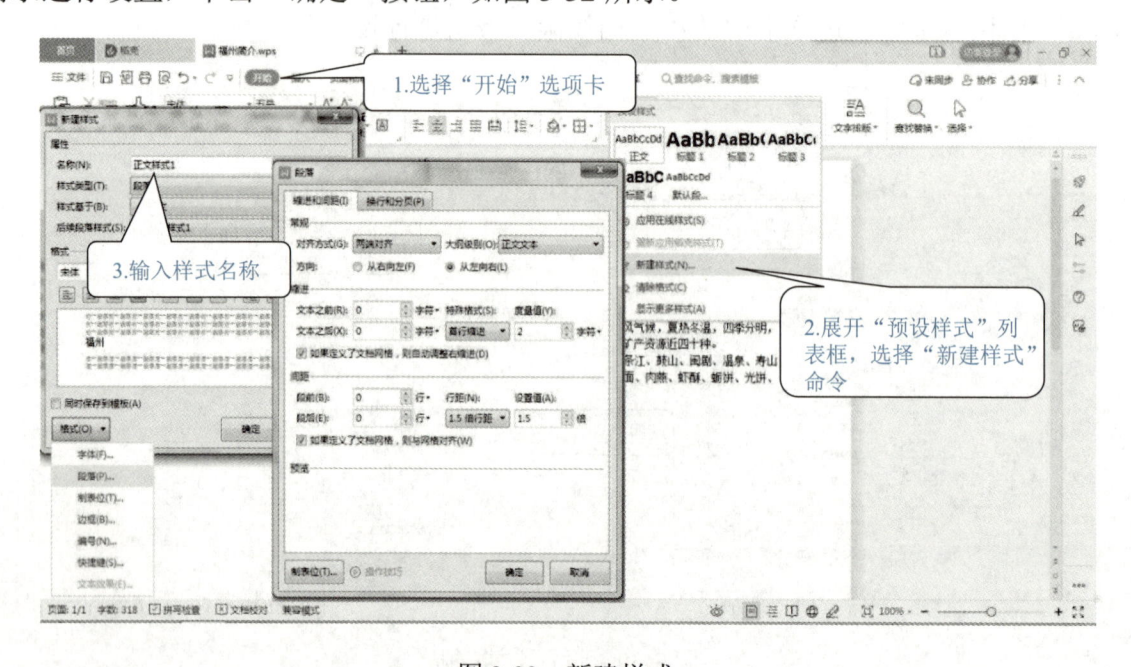

图 3-32　新建样式

知识点 9　插入和设置批注、页眉页脚和页码

1. 插入和设置批注

设置批注前，首先选择所有需要设置批注的内容，然后可用以下两种方法插入批注。

方法一：单击"文件"菜单→"插入"→"批注"按钮，输入批注内容，如图 3-33 所示。

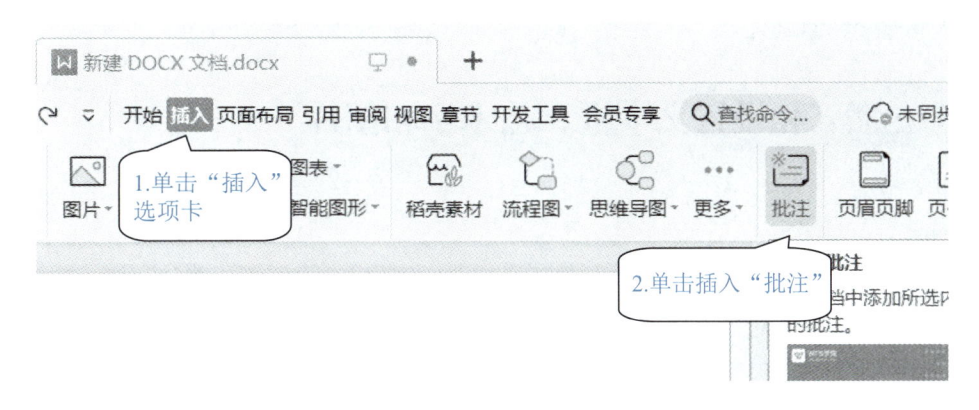

图 3-33　设置批注

方法二：用鼠标右键单击所选内容，在弹出的快捷菜单中选择"插入批注"命令，输入批注内容。

2. 设置页眉和页脚

在"插入"选项卡中单击"页眉页脚"按钮，或者在文档中双击页眉/页脚位置，打开"页眉页脚"选项卡，对"页眉"或"页脚"进行进一步编辑，如图 3-34 所示。

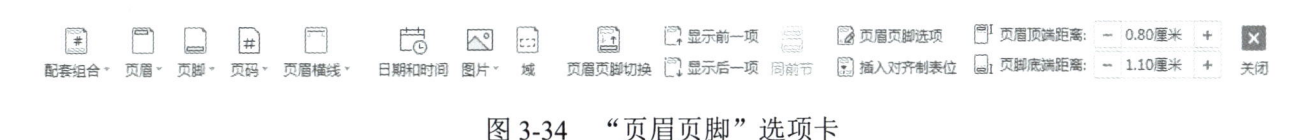

图 3-34　"页眉页脚"选项卡

3. 插入分隔符和页码

1）插入分隔符

分隔符包括分页符和分节符，如图 3-35 所示。

2）插入页码

在"插入"选项卡中单击"页码"按钮，选择页码类型。

在页码旁边单击"页码设置"按钮，可以打开"页码"对话框，如图 3-36 所示。

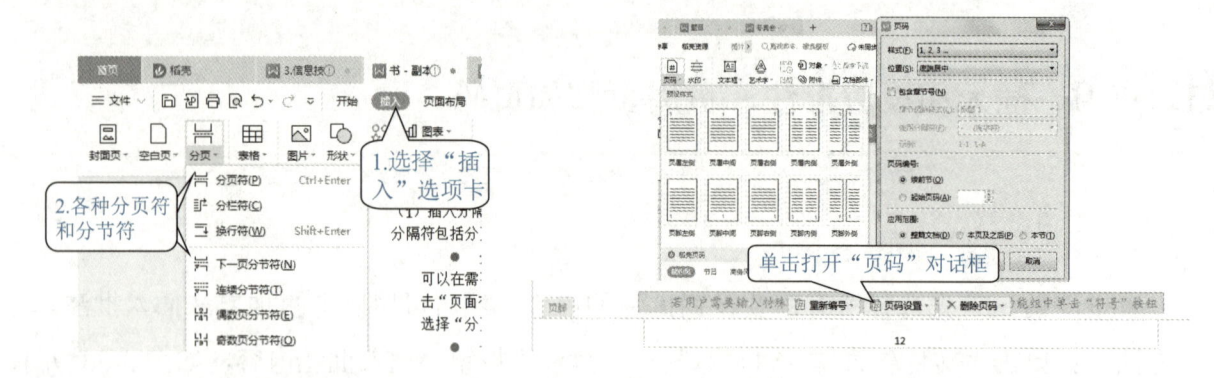

图 3-35　插入分隔符　　　　　　　　　　图 3-36　设置页码

知识点 10　插入和设置文本框、艺术字和图片

1．文本框

文本框是一种独立的对象，框中的文字和图片可随文本框移动。

1）插入文本框

在"插入"选项卡中单击"文本框"按钮，选择"横向"或"竖向"，然后拖动鼠标绘制，如图 3-37 所示。

图 3-37　插入文本框

2）复制文本框

按住 Ctrl 键，拖动文本框至合适位置，然后释放鼠标左键可复制文本框。另外，选中文本框后，按"Ctrl+C"组合键将其复制，然后按"Ctrl+V"组合键将其粘贴，也可以复制文本框。

3）设置文本框的位置、文字环绕方式和大小

（1）设置文本框的位置

用户可用鼠标指针指向文本框的边框线，当指针形状变成✥时，按住鼠标左键并拖动可移动文本框的位置。此外，用户还可选中文本框，通过键盘方向键小幅移动文本框的位置。

（2）设置文本框的文字环绕方式和大小

选中文本框，在快捷工具栏中单击"布局选项"按钮，在"布局选项"下方单击"查看更多"，打开"布局"对话框，设置文本框的文字环绕方式和大小，如图 3-38 所示。

用户也可单击选中文本框，此时文本框的四周会出现 8 个控制点，拖动任意控制点可改变文本框的大小。

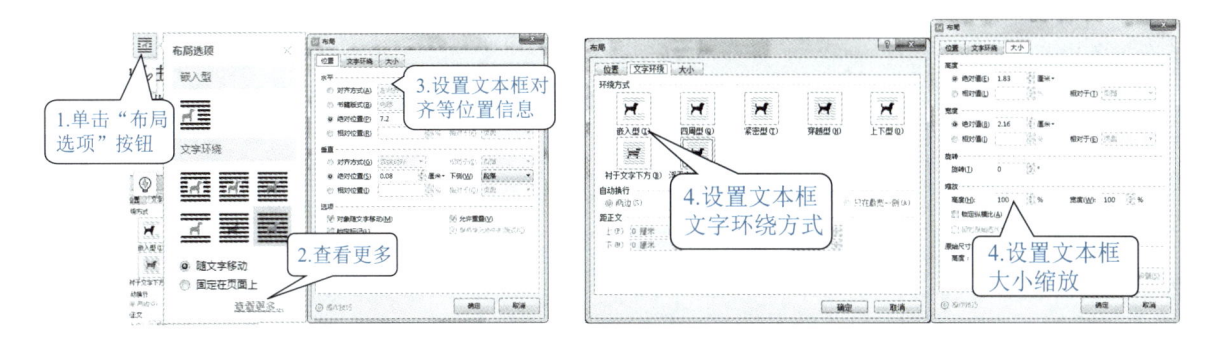

图 3-38　设置文本框的文字环绕方式和大小

4）设置文本框格式

设置文本框的格式，可改变文本框的边框线、填充颜色等。

选中文本框，在"文本工具"选项卡中可以设置文本框中文字的格式及样式，如图 3-39 所示。

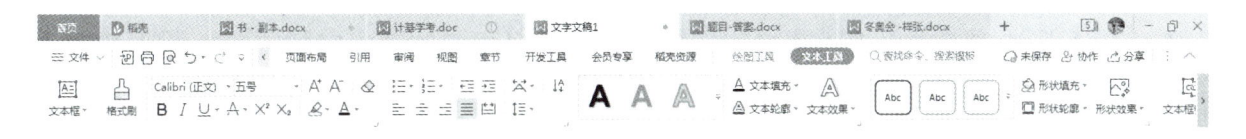

图 3-39　"文本工具"选项卡

选中文本框，在"绘图工具"选项卡的"形状样式"功能组中单击"轮廓"按钮，可以改变文本框边框的颜色；单击"填充"按钮，可以改变文本框的填充颜色。另外，还可以单击"形状样式"功能组右下角的按钮，打开"设置文本框格式"属性面板设置更多参数，其中包括形状选项和文本选项，如图 3-40 所示。

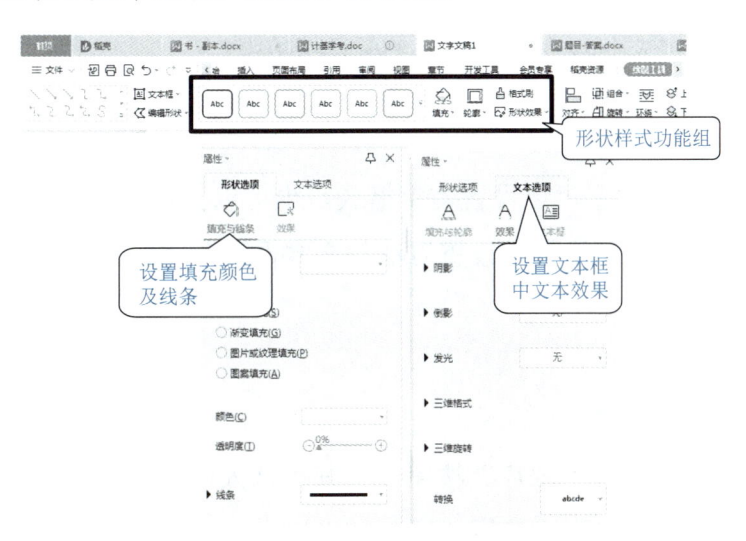

图 3-40　设置文本框格式

单击文本框，在文本框右侧会出现快捷工具栏，如图 3-41 所示。

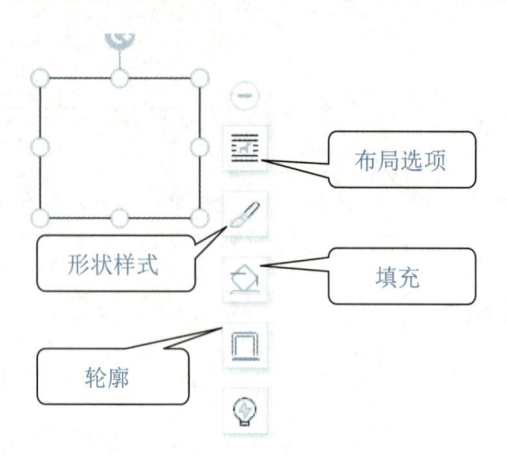

图 3-41　快捷工具栏

2. 艺术字

1）插入艺术字

在编辑排版中，插入艺术字可以提升文档的视觉美感。

在"插入"选项卡中单击"艺术字"按钮，选择相应的艺术字样式，如图 3-42 所示。

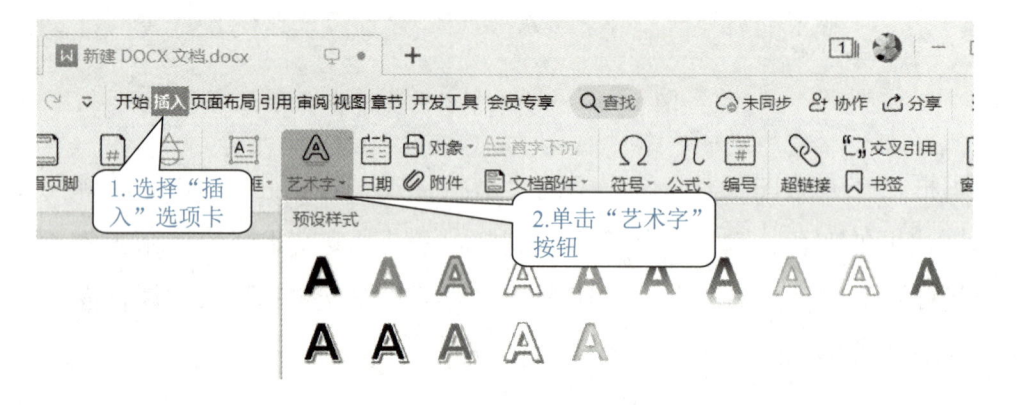

图 3-42　插入艺术字

2）编辑艺术字

WPS 文字中插入的艺术字可以设置文字格式，也可以把艺术字当作图形对象进行编辑，包括设置位置与大小、文字环绕等。设置方法与文本框设置类似。

3. 图片

1）插入图片

在"插入"选项卡中单击"图片"按钮，打开"插入图片"对话框，可以将本地图片、来自扫描仪、手机传图、稻壳图片等图片嵌入到文档中，如图 3-43 所示。

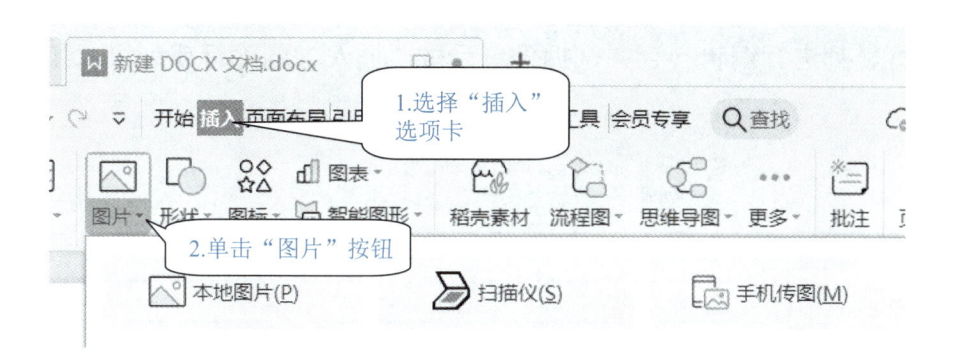

图 3-43　插入图片

2）编辑图片

选定图片后，图片四周会出现 8 个控制点，拖动这些控制点可改变图片的大小。

使用"图片工具"选项卡可调整图片的颜色、艺术效果、边框、大小、位置、压缩图片等，"图片工具"选项卡如图 3-44 所示。

图 3-44　"图片工具"选项卡

单击图片，在图片右侧会出现快捷工具栏，包含布局选项、图片预览、裁剪图片等多个按钮，可快速编辑图片，如图 3-45 所示。

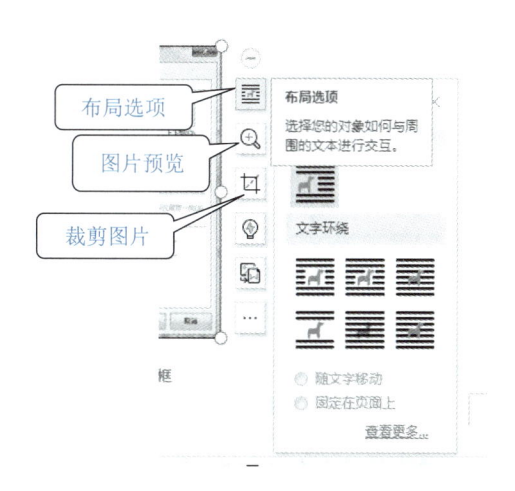

图 3-45　图片快捷工具栏

知识点 11　插入和编辑表格

1. 表格

表格是由水平的行和垂直的列组成的，行与列交叉形成的方框称为单元格。根据需要可以对单元格或行、列进行编辑（合并、拆分单元格，插入、删除行或列等）和格式化操作，如图 3-46 所示。

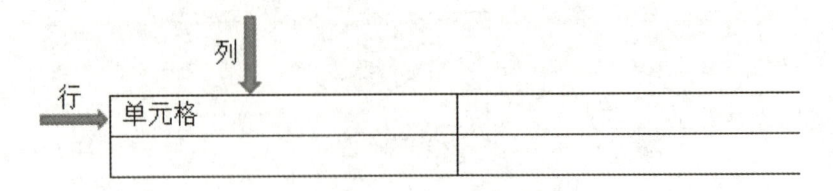

图 3-46　表格的行、列和单元格

2. 插入表格

简单表格是指由多行和多列构成的表格，这种表格中只有横线和竖线，没有斜线。

方法一：单击"插入"→"表格"按钮，选定所需绘制表格的行数和列数，松开鼠标左键。

方法二：选择"插入"→"表格"→"插入表格"命令，打开"插入表格"对话框，如图 3-47 所示。

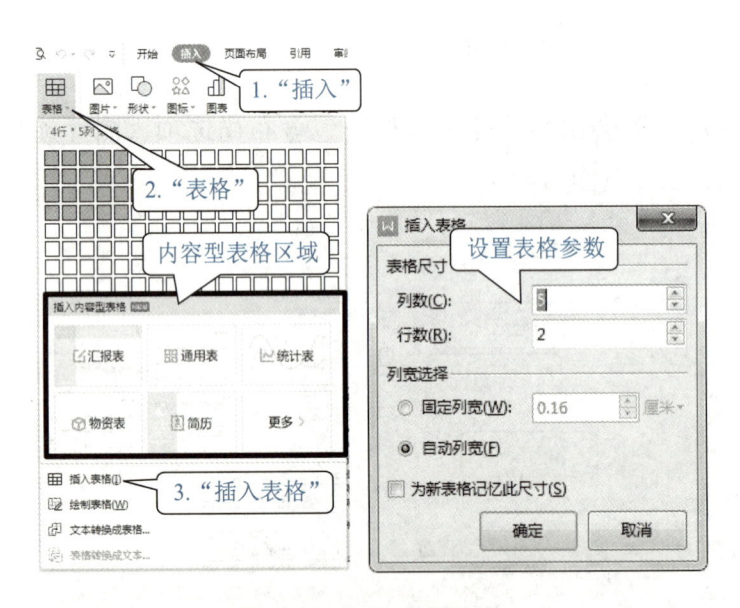

图 3-47　插入简单表格

方法三：插入内容型表格。

单击"插入"→"表格"按钮，在"插入内容型表格"区域可以选择汇报表、通用表等预设类型的表格，如图 3-47 所示。

3. 在表格中输入文本

创建表格后，可以在单元格中输入文本。按 Tab 键或单击鼠标可切换在单元格中的输入位置。

4．编辑表格

1）选定表格

（1）选定一行或多行

方法一：将鼠标指针移至表格左侧，当指针变成向右的箭头时，单击可选定当前行，向上或向下拖动可选定连续多行。

方法二：先将插入点移至某行第一个单元格，然后按住 Shift 键，单击本行或其他行的行尾，可选定一行或多行。

（2）选定一列或多列

将鼠标指针移至表格某列的顶端，当指针变成向下的黑色箭头时，单击可选定该列，向左或向右拖动鼠标，可选定连续多列。

（3）选定一个或多个单元格

将鼠标指针移至单元格内侧，当指针变成向右上方的黑色箭头时，单击可选定该单元格，拖动鼠标可选定连续多个单元格。先将插入点移至某一单元格内，然后按住 Shift 键单击另一个单元格，可选定以这两个单元格为对角点的多个单元格。按 Ctrl 键可以选择不连续区域的单元格。

（4）选定整个表格

单击表格内任意单元格后，表格左上角外会出现一个内有十字形的图标，单击该图标可选中整个表格。

2）编辑表格行、列和单元格

（1）插入表格行或列

先选定需要插入行或列的位置，然后在"表格工具"选项卡的"行和列"功能组中单击相应按钮，插入行或列，如图 3-48 所示。

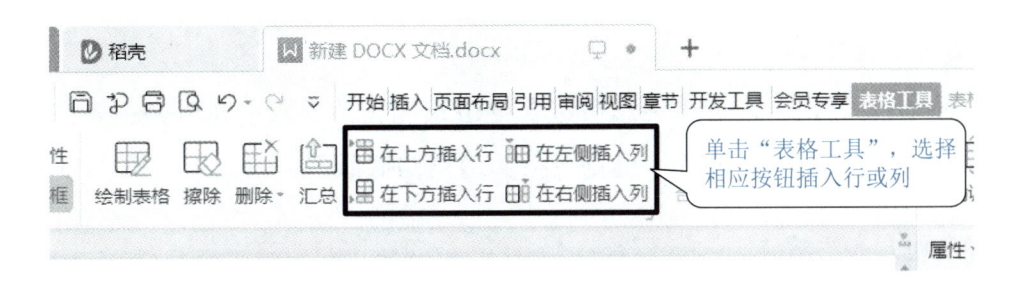

图 3-48　插入表格行或列

（2）删除表格行、列或单元格

先选定要删除的行或列，然后在"表格工具"选项卡的"行和列"功能组中单击"删除"按钮，在其下拉列表中选择"行"、"列"或"单元格"，如图 3-49 所示。另外，在选中行或列后，按 Backspace 键也可将其删除。

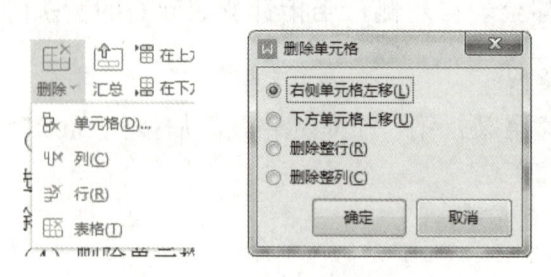

图 3-49 删除表格行或列

（3）删除整个表格

选中整个表格，在"表格工具"选项卡的"行和列"功能组中单击"删除"按钮，在其下拉列表中选择"删除表格"，或按"Ctrl+X"组合键（将表格剪切），或按 Backspace 键删除整个表格。

（4）拆分单元格

方法一：右击要拆分的单元格，在弹出的快捷菜单中选择"拆分单元格"。

方法二：在"表格工具"选项卡的"合并"功能组中单击"拆分单元格"按钮，打开"拆分单元格"对话框，设置行数和列数后单击"确定"按钮。

（5）合并单元格

方法一：选定要合并的单元格，右击，在弹出的快捷菜单中选择"合并单元格"。

方法二：在"表格工具"选项卡的"合并"功能组中单击"合并单元格"按钮。

知识点 12　设置表格格式

表格格式化主要是为了修饰美化表格，表格格式化包括设置单元格文字属性、设置表格对齐方式、调整表格的行高与列宽、设置表格的边框与底纹等。

1. 设置表格对齐方式

选定表格，在"表格工具"选项卡的"对齐方式"功能组中单击相应的对齐按钮，或右击，在弹出的快捷菜单中选择"单元格对齐方式"，也可设置表格的对齐方式，如图 3-50 所示。

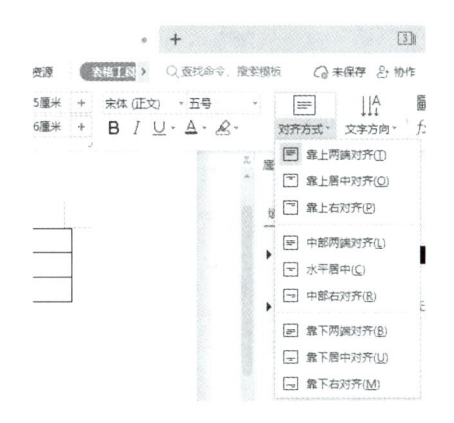

图 3-50　设置表格对齐方式

2．调整表格的尺寸

1）精确调整表格的行高、列宽

在"表格工具"选项卡的"表"功能组中单击"表格属性"按钮，打开"表格属性"对话框，在该对话框的"表格""行""列"选项卡中可以设置表格的尺寸、对齐方式和文字环绕等，在"单元格"选项卡中可以设置单元格的字号和垂直对齐方式等，如图 3-51 所示。

图 3-51　"表格属性"对话框

2）表格的自动调整

右击表格，在弹出的快捷菜单中选择"自动调整"，然后在其子菜单中选择相应项可自动调整表格，如图 3-52 所示。

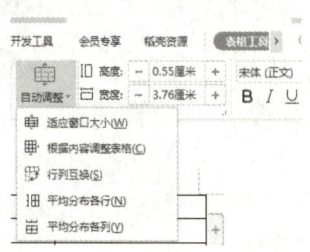

图 3-52　表格的自动调整

3．自动套用表格样式

将插入点置于表格内，在"表格样式"选项卡中可以选择对表格应用的相应样式，如图 3-53 所示。

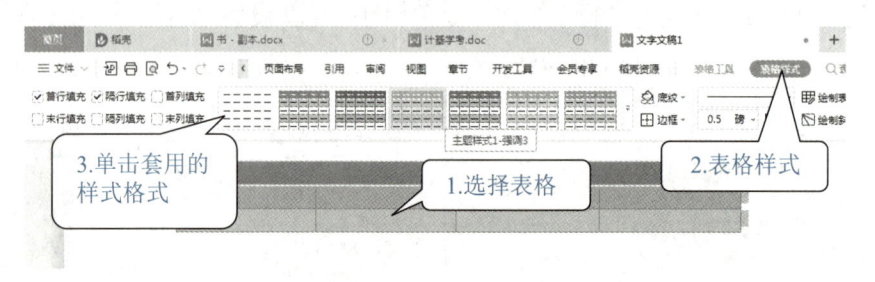

图 3-53　自动套用表格样式

4．设置表格边框和底纹

选择表格右击，在弹出的快捷菜单中选择"边框和底纹"，打开"边框和底纹"对话框，在其中可设置单元格的边框和底纹，如图 3-54 所示。另外，在"表格样式"选项卡中单击"边框"按钮 或"底纹"按钮 ，在其下拉列表中同样可设置单元格的边框和底纹。

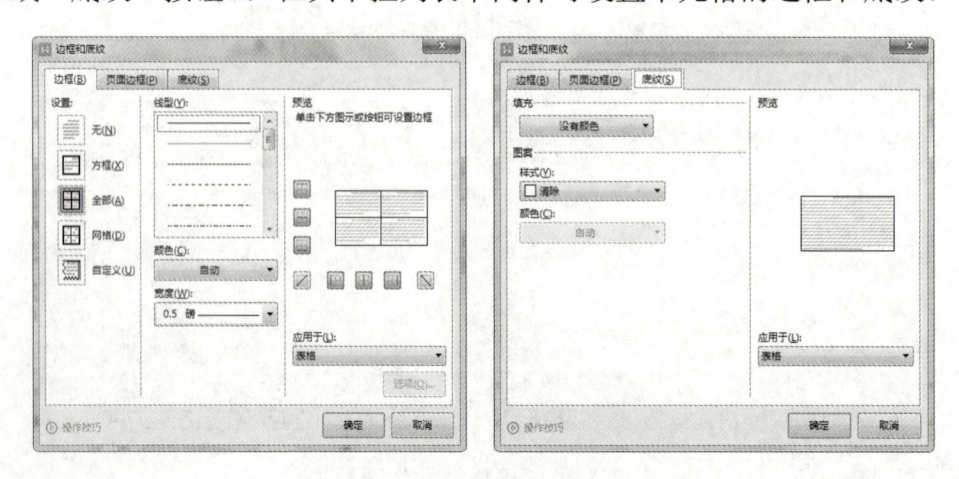

图 3-54　"边框和底纹"对话框

知识点 13　文本与表格的相互转换

1. 将文本转换成表格

选定文本，选择"插入"选项卡中的"表格"→"文本转换成表格"，打开"将文字转换成表格"对话框，注意设置文字分隔位置类型，如图 3-55 所示。

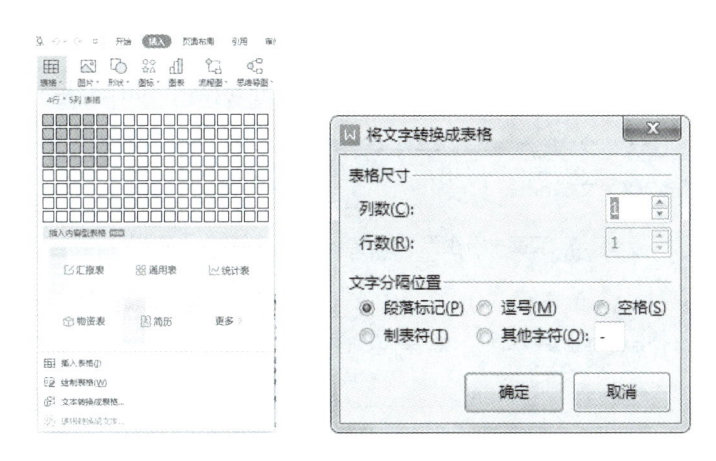

图 3-55　文本转换成表格

2. 将表格转换成文本

方法一：选择表格，选择"插入"选项卡中的"表格"→"表格转换成文本"，打开"表格转换成文本"对话框。

方法二：选择表格，选择"表格工具"选项卡中的"转换成文本"，打开"表格转换成文本"对话框，如图 3-56 所示。

图 3-56　表格转换成文本

知识点 14　绘制简单图形

1. 插入图形

WPS Office 2019 形状工具组中提供了许多预设的图形工具，可以绘制形状、图表、流程图、思维导图等多种图形，可以放置在页面的任意位置，利用它可以把文档编排得更加丰富多彩。

在"插入"选项卡中单击"形状"按钮，选择相应的形状，按住鼠标左键拖动绘制图形，如线条、基本形状、箭头、流程图、标注、星与旗帜等，如图 3-57 所示。

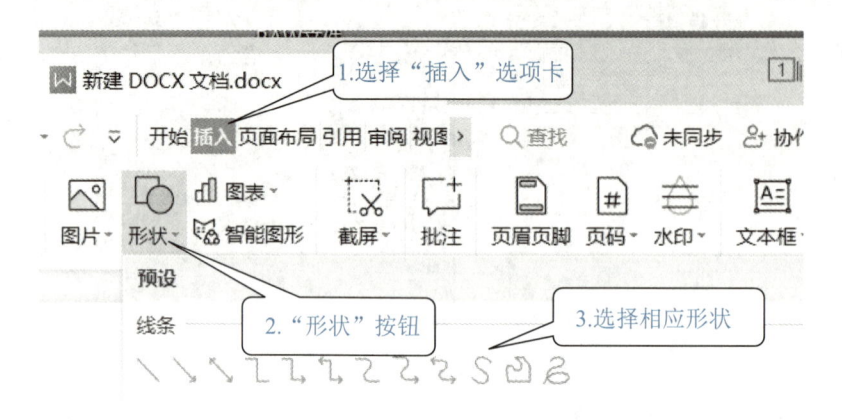

图 3-57　插入形状

2. 编辑图形

选中对象，形状右侧将出现快捷工具栏，同时会打开"绘图工具"选项卡，可为图形设置边框线、填充等效果。双击选定图形，在文档右侧打开属性面板，可以设置形状的"填充与线条""效果"等。设置方法与图片编辑类似，如图 3-58 所示。

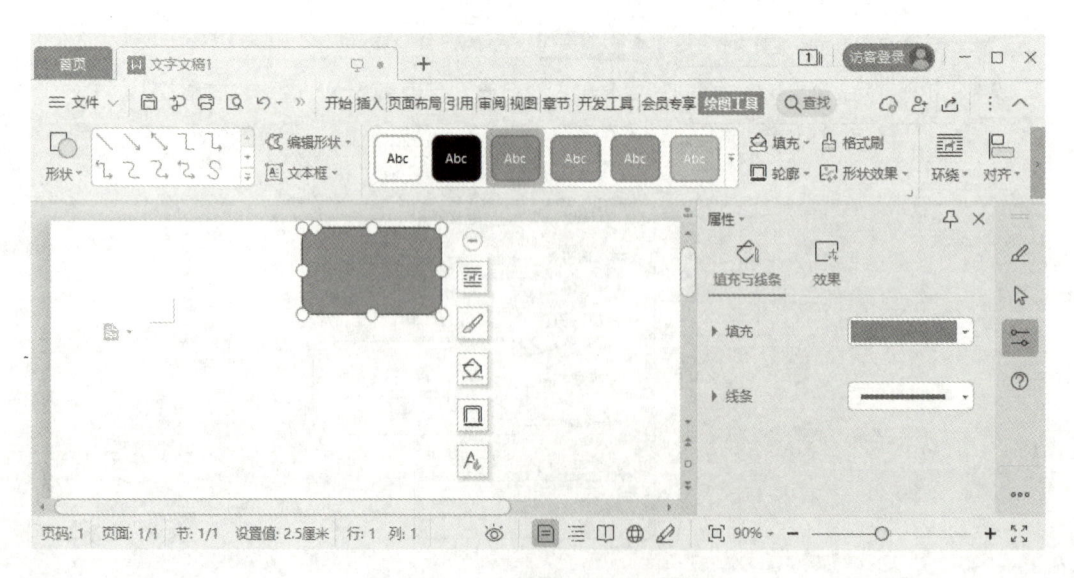

图 3-58　"绘图工具"选项卡

右击图形，在弹出的快捷菜单中选择"添加文字"，可在图形中插入文本。文本格式编辑与文本框中文本设置类似，如图 3-59 所示。

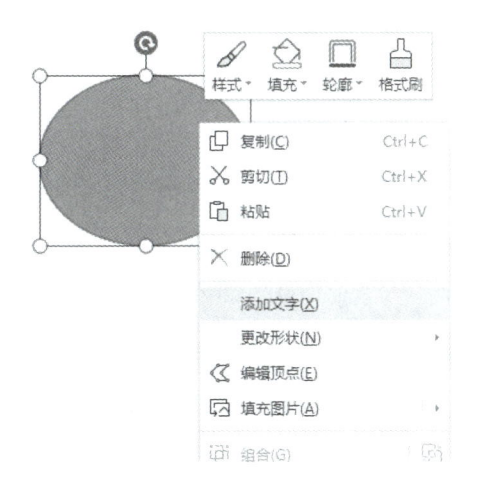

图 3-59　在图形中添加文字

当有多个图形时，可按住 Shift 键依次选中它们，然后释放 Shift 键，对象上方会出现对齐方式快捷面板，可以快速设置左对齐、居中对齐、水平对齐、中心对齐等，单击组合按钮可以将选中对象进行组合。将多个图形组合在一起，以便整体调整，如图 3-60 所示。

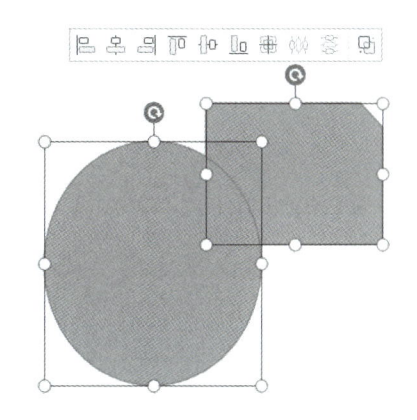

图 3-60　设置图形对齐方式和组合

知识点 15　图文版式设计基本规范

为了使文档变得图文并茂、形象直观，更加引人入胜，经常需要在文档中插入图形、自选图形、艺术字等。WPS 文字中能方便插入各种对象并可以设置对象格式，如渐变、颜色、边框、形状和底纹等多种效果。为了使文档的页面布局更加美观、规范、条理化，可以灵活设置对象的排列方式和叠放次序等。

单元测试

一、选择题

1. 以下功能在 WPS Office 2019 中不能实现的是（　　）。
   A．制作 Web 页面　　　　　　B．输入文本
   C．播放 mp3 音乐　　　　　　D．插入图片

2. WPS Office 2019 是一种（　　）软件。
   A．操作系统　　　　　　　　B．电子表格
   C．音乐播放器　　　　　　　D．办公软件套装

3. 下列类型的文件中，WPS Office 2019 不能正常打开的是（　　）。
   A．.doc　　　B．.docx　　　C．.html　　　D．.exe

4. 在编辑区中录入文字，当前录入的文字显示在（　　）。
   A．鼠标指针位置　　　　　　B．插入点
   C．文件尾部　　　　　　　　D．当前行尾部

5. 在 WPS Office 2019 之文字中，操作的对象往往是选择的内容，将鼠标放在文本选定区，（　　）即可选择段落。
   A．单击　　　B．双击　　　C．三击　　　D．右击

6. 在使用 WPS Office 2019 之文字编辑文档时，发现多处将"奖励"误输入为"奖历"，通过（　　）操作可以快速进行更正。
   A．使用"定位"命令　　　　　B．使用"撤销"和"恢复"命令
   C．逐字检查，分别更正　　　D．使用"查找和替换"命令

7. 在 WPS Office 2019 之文字中，文本被剪切后暂时保存在（　　）。
   A．临时文档　　　　　　　　B．自己新建的文档
   C．剪贴板　　　　　　　　　D．内存

8. 对所编辑文档进行全部选中的快捷键是（　　）。
   A．Ctrl+A　　　　　　　　　B．Ctrl+V
   C．Alt+A　　　　　　　　　　D．Ctrl+C

9. 段落的标记是在输入（　　）之后产生的。
   A．句号　　　　　　　　　　B．Enter
   C．Shift+Enter　　　　　　　D．分页符

10. 在 WPS Office 2019 之文字的编辑状态下，若要调整左右边界，比较快捷的方法是（　　）。

    A．工具栏　　　　　　　　　B．格式栏
    C．菜单　　　　　　　　　　D．标尺

11. WPS Office 2019 之文字中"格式刷"按钮的作用是（　　）。

    A．复制文本　　　　　　　　B．复制图形
    C．复制文本和格式　　　　　D．复制格式

12. 将文档中的一部分内容复制到别处，先要进行的操作是（　　）。

    A．单击"复制"按钮　　　　　B．单击"剪切"按钮
    C．单击"粘贴"按钮　　　　　D．先选中要复制的文档内容

13. 在 WPS Office 2019 之文字中，由"字体""字号""加粗""倾斜""两端对齐"等按钮组成的工具栏是（　　）。

    A．绘图工具栏　　　　　　　B．常用工具栏
    C．格式工具栏　　　　　　　D．菜单栏

14. 在 WPS Office 2019 之文字的编辑状态中，"粘贴"操作的组合键是（　　）。

    A．Ctrl+A　　　　　　　　　B．Ctrl+C
    C．Ctrl+V　　　　　　　　　D．Ctrl+X

15. 在 WPS Office 2019 之文字中，给所选定的文本字体设置"加粗"的操作是单击格式工具栏中的（　　）按钮。

    A．"U"　　　　　　　　　　B．"I"
    C．"B"　　　　　　　　　　D．"A"

二、操作题

1. 在 WPS Office 2019 之文字中，完成以下操作。

打开"D:\WPS 之文字 1 套"文件夹中的 WPS 文档"DOC1.docx"进行以下操作并保存。（操作结果可参考"D:\WPS 之文字 1 套\DOC1 样张.png"。）

（1）将第 1 行标题设置为黑体、加粗、倾斜、小一号。

（2）将标题文字居中对齐。

（3）将正文第一段设置悬挂缩进 2 字符，其余各段落设置为首行缩进 2 字符。

（4）将正文行距设为固定值 20 磅。

（5）将正文最后一段双引号中的文字设置为黄色底纹（应用于文字），并添加着重号。

（6）在文档中插入图片"D:\ WPS 之文字 1 套\WPS28.png"（图片位置参考样张），文字

环绕方式为"四周型",图片缩放为原图的 70%。

(7) 在页眉处添加文字"感悟",并居中。

(8) 将"2020 级校足球赛各班级积分榜(前八名)"下的文本转化为一个 8 行 6 列的表格,文字分隔位置为制表符。

(9) 设置表格列宽为 2 厘米,单元格对齐方式为"水平居中",使整个表格居中对齐。

(10) 完成后直接保存,并关闭 WPS 程序。

2. 在 WPS Office 2019 之文字中,完成以下操作。

打开"D:\WPS 之文字 2 套"文件夹中的 WPS 文档"DOC2.docx"进行以下操作并保存。(操作结果可参考"D:\WPS 之文字 2 套\DOC 样张.png"。)

(1) 将纸张大小设置为 A4,页边距为上、下各 2 厘米,左、右各 3 厘米。

(2) 在第一行插入竖排文本框,环绕方式为"四周型",高度为 3 厘米,宽度为 2 厘米,为文本框设置形状样式"细微效果—钢蓝,强调颜色 5";输入标题"土胚",居中对齐,设置为黑体、一号。

(3) 将正文字体设为楷体,字号设为小四号。

(4) 将正文各段首行缩进 2 字符。

(5) 将正文的行距设置为 1.5 倍行距。

(6) 正文第一段设置单波浪下划线;最后一段文字设置为红色,样式为浅色网格,样式颜色为浅蓝色(应用于段落)。

(7) 在页眉处添加页码,页码设置为"页眉中间"。

(8) 将"动漫设计与制作专业 2021 年度课程安排表"下的表格转换成文本,文字分隔位置为制表符。

(9) 为本文档加密,设置打开文档的密码为 123456。

(10) 完成后直接保存,并关闭 WPS 程序。

3. 在 WPS Office 2019 之文字中,完成以下操作。

打开"D:\ WPS 之文字 3 套"文件夹中的 WPS 文档"DOC3.docx"进行以下操作并保存。(操作结果可参考"D:\ WPS 之文字 3 套\样张.png"。)

(1) 设置页边距为上、下各 2.5 厘米,左、右各 3 厘米。

(2) 设置标题"让座"为艺术字,样式为"渐变填充—矢车菊蓝",文字环绕方式为"上下型",水平居中。

(3) 正文各段首行缩进 2 字符。

(4) 正文行距设置为固定值 18 磅。

(5) 将正文第 2、3、4 段设为等宽两栏,栏间距为 3 字符,并加分隔线。

（6）在页眉处添加文字"感悟"并居中，添加页眉横线。

（7）在文档中插入图片"D:\WPS 之文字 3 套\WPS29.png"（图片位置参考样张），文字环绕方式为"四周型"，图片缩放为原图的 80%。

（8）在文档末尾插入一个 4 行 6 列的表格。

（9）为本文档加密，设置打开文档的密码为 123456。

（10）完成后直接保存，并关闭 WPS 程序。

4．在 WPS Office 2019 之文字中，完成以下操作。

打开"D:\WPS 之文字 4 套"文件夹中的 WPS 文档"DOC4.docx"，进行以下操作并保存。（操作结果可参考"D:\ WPS 之文字 4 套\样张.png"。）

（1）设置页面纸张大小为 A4，页边距为上、下各 2.7 厘米，左、右各 3.2 厘米。

（2）将第 1 行标题设为黑体、三号、加粗、倾斜、居中对齐。

（3）设置正文字体为楷体，字号为小四。

（4）将正文各段首行缩进 2 字符，行距设为固定值 20 磅。

（5）将正文第 1 段的段落间距设为段前、段后各 0.5 行。

（6）将文中的所有"因特网"替换成蓝色的"Internet"。

（7）为正文第 1 段的"上网综合征"设置批注"是人们由于沉迷于网络而引发的各种生理、心理障碍的总称"。

（8）在文档末尾插入一个 4 行 4 列的表格。

（9）将第一行的第 3、4 列单元格合并为一个单元格，将表格中单元格的对齐方式设为水平居中。

（10）完成后直接保存，并关闭 WPS 程序。

5．在 WPS Office 2019 之文字中，完成以下操作。

打开"D:\WPS 之文字 5 套\"文件夹中的 WPS 文档"DOC5.docx"，进行以下操作并保存。（操作结果可参考"D:\WPS 之文字 5 套\DOC5 样张.png"。）

（1）设置页面的页边距为上、下各 2.5 厘米，左、右各 3 厘米。

（2）将文中所有"学生"替换成红色的"student"。

（3）将第 1 行标题设为黑体、三号、加粗，使用样式"标题 1"，居中；正文字号设为小四号。

（4）为正文第 1 段设置边框（方框），线型为蓝色双波浪线，应用于段落。

（5）为正文第 2、3、4 段添加项目符号"★"。

（6）按样张添加页眉文字，插入页码，并设置相应的格式。

（7）在文档末尾插入一个 4 行 5 列的表格，并为表格套用样式"浅色样式 2—强调 1"。

（8）设置表格的行高为 0.8 厘米，列宽为 3 厘米。

（9）为本文档设置编辑权限加密，密码为 123456。

（10）完成后直接保存，并关闭 WPS 程序。

6．在 WPS Office 2019 之文字中，完成以下操作。

打开"D:\WPS 之文字 6 套"文件夹下的"DOC6.docx"，进行以下操作并保存。（操作结果可参考"D:\WPS 之文字 6 套\DOC6 样张.png"。）

（1）设置页面页边距为上、下各 2 厘米，左、右各 3 厘米。

（2）设置标题"出师表"文字的字体为隶书，字号为二号，居中对齐。

（3）设置第 2 行的字体为隶书，字号为小四号，文本居中对齐，段前间距 0.5 行。

（4）设置正文各段落的首行缩进为 2 字符。

（5）将正文的行距设置为"最小值"18 磅。

（6）将正文 2~5 段分为等宽两栏，栏间距为 1.5 个字符，加分隔线。

（7）文章末尾插入一个 4 行 6 列的表格。

（8）设置表格的列宽为 1.5 厘米，并将表格居中对齐。

（9）将表格外边框设置为 1.5 磅红色单实线，内框线设置为 0.75 磅橙色单实线。

（10）完成后直接保存，并关闭 WPS 程序。

7．在 WPS Office 2019 之文字中，完成以下操作。

打开"D:\WPS 之文字 7 套"文件夹下的"DOC7.docx"，进行以下操作并保存。（操作结果可参考"D:\WPS 之文字 7 套\DOC7 样张.png"。）

（1）设置纸张大小为 16 开，页面页边距为上、下各 2.5 厘米，左右各 3 厘米。

（2）设置标题"荷塘月色（节选）"的字体为仿宋，字号为三号。

（3）设置标题居中对齐，段前和段后间距 0.5 行。

（4）设置第一段首字下沉 2 行，其余各段落首行缩进 2 字符。

（5）将正文各段落的段前和段后间距设置为 0.5 行。

（6）为正文最后一段文字添加阴影边框。

（7）在页眉处输入"朱自清散文"文字。

（8）在文章末尾插入一个 3 行 4 列的表格。

（9）设置表格外边框为 1.5 磅绿色双实线，内框线为 0.75 磅浅绿色单实线。

（10）完成后直接保存，并关闭 WPS 程序。

8．在 WPS Office 2019 之文字中，完成以下操作。

打开"D:\WPS 之文字 8 套"文件夹下的"DOC8.docx"，进行以下操作并保存。（操作结果可参考"D:\WPS 之文字 8 套\DOC8 样张.png"。）

（1）设置页面页边距为上、下各 2.5 厘米，左、右各 3.5 厘米。

（2）设置标题"纳米材料概述"为艺术字，艺术字预设样式为"填充-白色，轮廓-着色 2，清晰阴影-着色 2"。

（3）设置"纳米材料概述"艺术字的布局选项为四周型文字环绕。

（4）设置正文各段的首行缩进为 2 字符，行距为 1.5 倍行距。

（5）设置正文各段文字字体为仿宋，字号为小四号。

（6）在文档中插入图片"D:\WPS 之文字 8 套 tupian.jpeg"（图片位置参考样张），大小缩放为原图的 60%，位置为顶端居左，"四周型"环绕。

（7）设置最后一段文字段前为 0.5 倍行距。

（8）在文档末尾创建一个 3 行 4 列的表格。

（9）设置表格的外边框为 0.5 磅蓝色双实线，内框线为 0.2 磅黑色单实线。

（10）完成后直接保存，并关闭 WPS 程序。

第四章　数据处理

学习目标

1. 电子表格的制作

(1) 理解数据处理软件（WPS Office 2019 之表格）的功能和特点。

(2) 理解数据处理中工作簿、工作表、单元格等基本概念。

(3) 熟练掌握工作表的重命名、插入、复制、移动等基本操作。

(4) 熟练掌握输入、编辑和修改工作表中的数据。

(5) 掌握导入和引用外部数据。

(6) 熟练掌握数据的类型转换及格式化处理。

(7) 理解单元格的绝对地址和相对地址的应用。

(8) 掌握公式和常用函数的使用。

(9) 熟练掌握对数据的排序、筛选、分类汇总。

(10) 掌握使用图表制作简单数据图表。

2. 初识大数据

(1) 了解大数据基础知识。

(2) 了解大数据采集与分析方法。

知识点精讲

知识点1　WPS Office 2019 之表格概述

1. WPS Office 2019 之表格的工作窗口组成

WPS Office 2019 之表格的工作窗口，主要包括快速访问工具栏、标题栏、选项卡、功能区、名称框、编辑栏、工作表列表区、状态栏等，用户可以根据需要自定义某些功能元素的显示与隐藏，如图 4-1 所示。

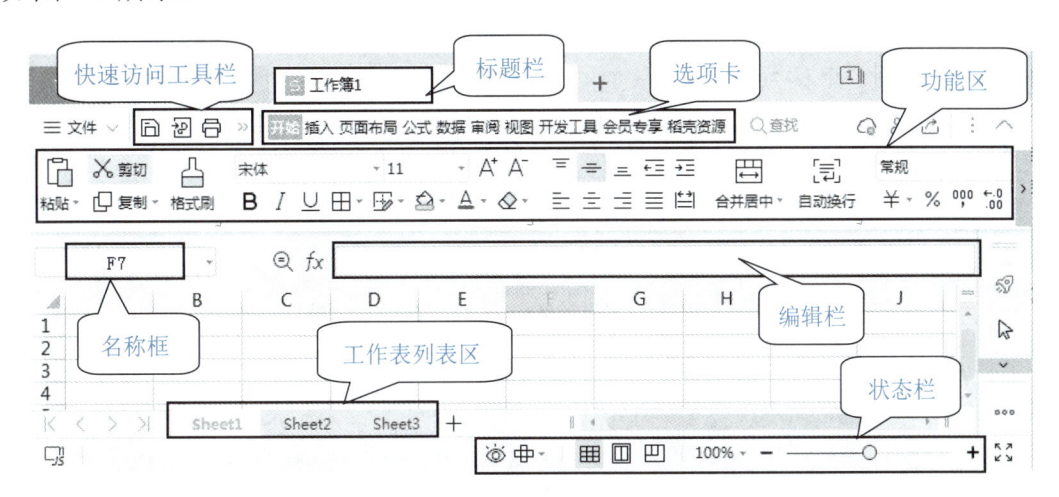

图 4-1　WPS Office 2019 之表格的工作窗口组成

2. WPS Office 2019 之表格的基本功能

1）表格编辑：能制作表格；利用公式对表格数据进行计算；对表格进行增、删、改、查、替换和链接等操作；对表格进行格式化。

2）制作图表：根据表格中的数据制作各种类型的统计图表，直观地表现数据和说明数据之间的关系。

3）数据管理：对表格中的数据进行排序、筛选、分类汇总等操作，利用数据创建数据透视表的透视图。

4）公式与函数：公式与函数提高了 WPS Office 2019 之表格的数据统计工作。

5）科学分析：利用系统提供的多种类型的函数，对表格中的数据进行回归分析、规划求解、方案与模拟运算等各种统计分析。

6）分享文档：分享 WPS 的工作簿，让用户通过网络查看或进行交互协作处理数据。

知识点 2　工作簿、工作表、单元格等基本概念

1. 工作簿

工作簿是指 WPS 表格用来储存并处理工作数据的文件，也就是说一个 WPS 文档就是一个工作簿。它是工作区中一个或多个工作表的集合，其扩展名为".et"，也可以保存为".xlsx"格式。

2. 工作表

工作表是显示在工作簿窗口中的表格，一个工作表可以由行和列构成，行的编号依次用 1,2,3,4,…表示，列的编号依次用字母 A,B,C,…表示，行号显示在工作簿窗口的左边，列号显示在工作簿窗口的上边。创建 WPS 工作簿时，会生成默认 3 张工作表，默认名称为"Sheet1""Sheet2"及"Sheet3"，如图 4-2 所示。

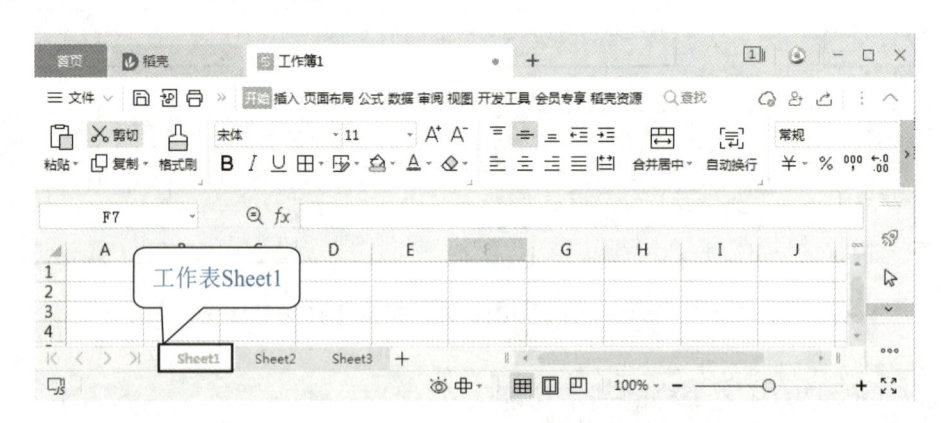

图 4-2　WPS Office 2019 之表格的工作表

3. 单元格与活动单元格

单元格是 WPS 表格中最基本的单位，它是用行和列交叉形成的，名字由列和行组成，每个单元格都有一个地址，单元格地址也就是单元格在工作表中的位置。单元格地址的组成格式是列在前，行在后，如第 A 列、第 1 行所在单元格的地址是 A1。一个连续矩形区域的单元格地址，如从 B2 到 D4，共 9 个单元格的地址表示为 B2:D4。活动单元格就是当前正在操作的单元格，由绿色框显示，如图 4-3 所示。

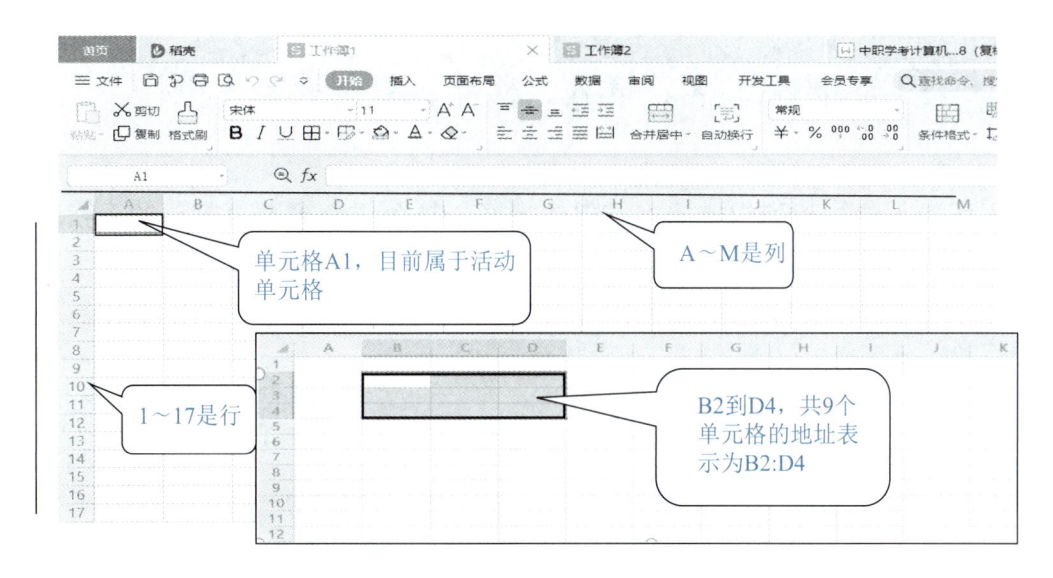

图 4-3　WPS Office 2019 之表格的单元格与活动单元格

4．填充句柄

填充句柄是活动单元格或活动区域右下角的小方块，当鼠标指针指向小方块时，指针会变成实心的"十"字形，此时按住左键拖动或双击填充句柄即可进行填充（左右侧无数据时双击填充句柄不起作用），如图 4-4 所示。

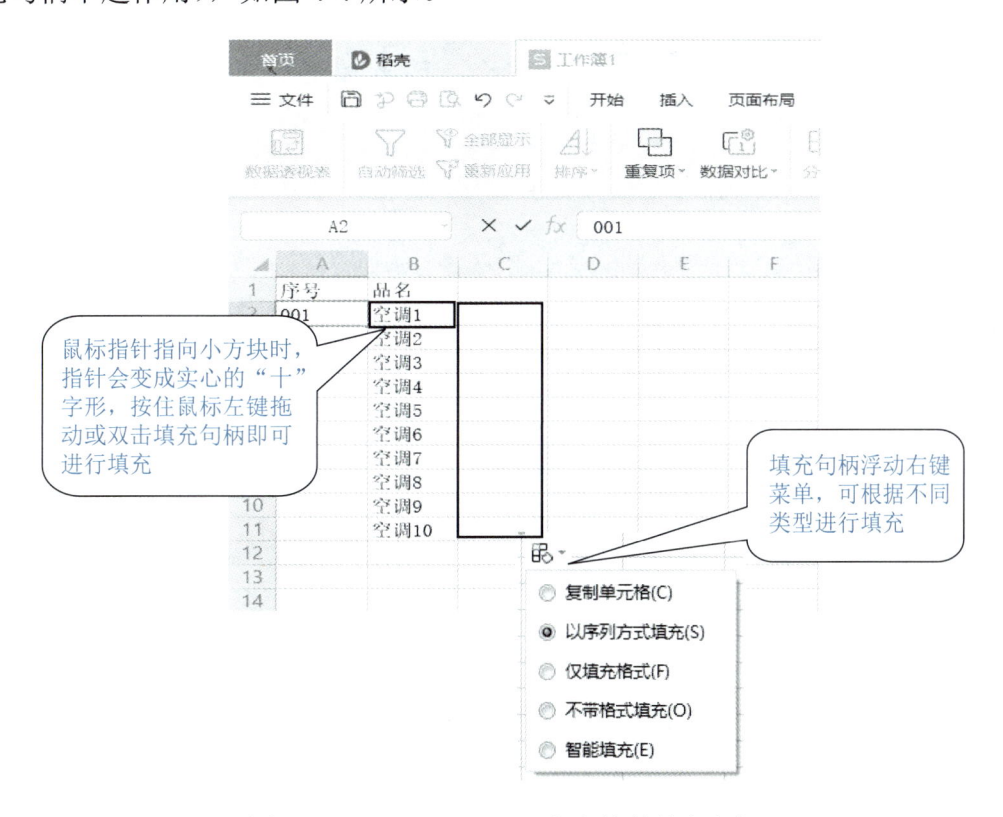

图 4-4　WPS Office 2019 之表格的填充句柄

089

知识点 3　工作表的重命名、插入、移动、复制等基本操作

WPS 工作表是由行和列构成的二维电子表格。每个工作表都有唯一的表格名称进行标识，工作表的标签用来显示表格的名称。

1. 工作表的重命名

鼠标指针移动到表名，单击鼠标右键，在弹出的快捷菜单中选择"重命名"命令，输入新名称即可，如图 4-5 所示。

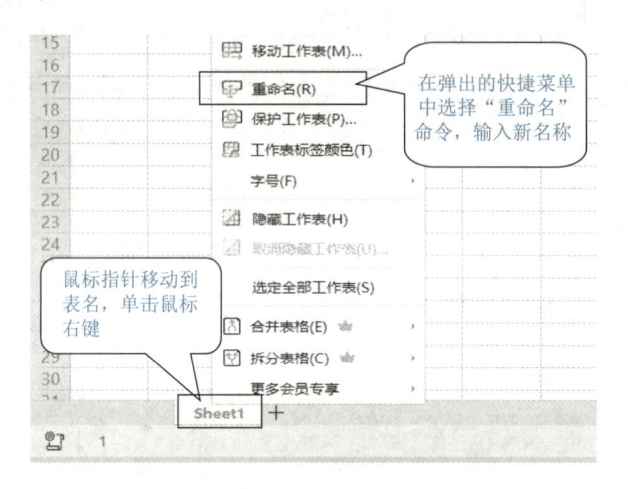

图 4-5　重命名工作表

2. 工作表的插入

右击"工作表列表区"中的工作表名称，在弹出的快捷菜单中选择"插入工作表"命令，或按组合键"Shift+F11"，或单击工作表标签栏中的"+"按钮，均可在工作簿中插入一张空白工作表，如图 4-6 所示。

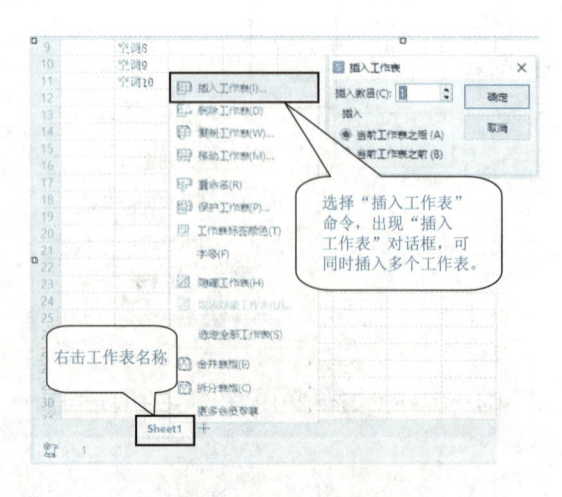

图 4-6　插入工作表

3. 工作表的移动

方法一：使用鼠标移动工作表。移动鼠标指针到工作表标签栏的相应工作表标签上，按住左键拖动工作表标签，到指定位置后松开即可。

方法二：使用"移动或复制工作表"对话框，如图 4-7 所示。

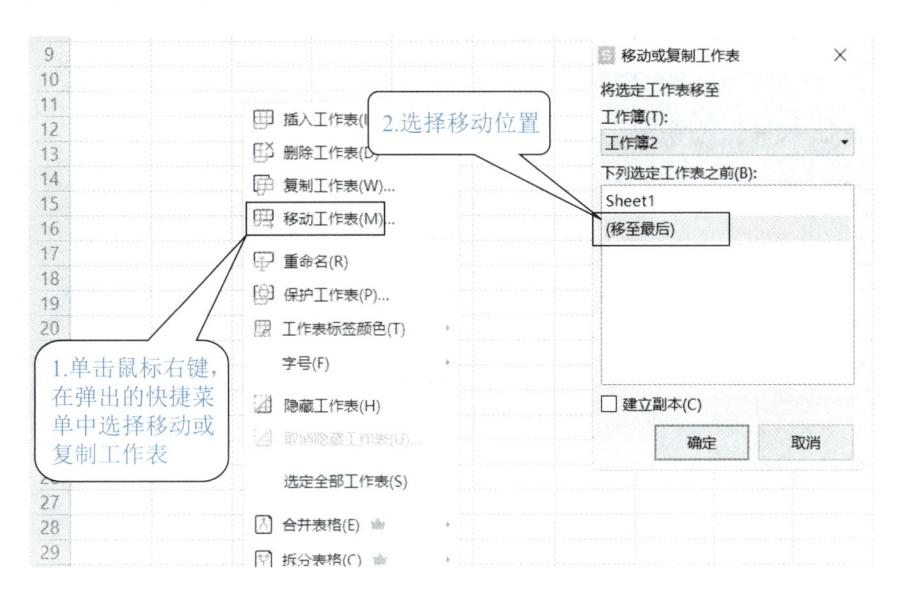

图 4-7　移动工作表

4. 工作表的复制

方法一：参照上述方法打开"移动或复制工作表"对话框，从中选择移动位置，并选中"建立副本"复选框，单击"确定"按钮即可复制工作表，如图 4-8 所示。

方法二：将鼠标指针移到工作表标签栏的相应工作表标签上，按住 Ctrl 键的同时按下鼠标左键拖动工作表标签到指定位置，松开鼠标左键即可复制工作表到指定位置。

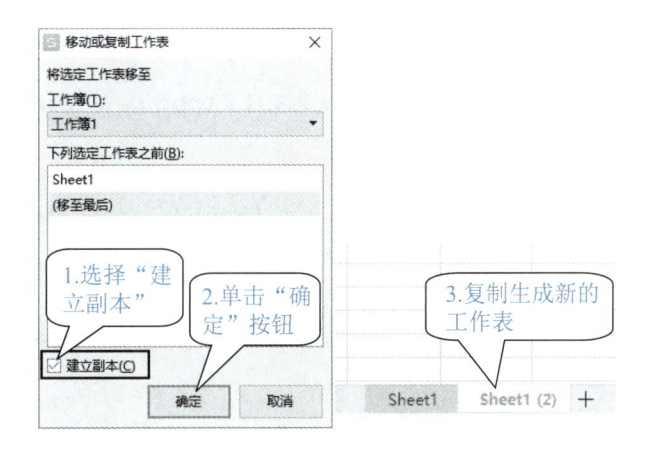

图 4-8　复制工作表

知识点 4　输入、编辑和修改工作表中的数据

1. 输入数据

输入数据是制作电子表格的基本操作。WPS Office 2019 之表格的单元格中可以输入各种数据，包括数字、文本、公式、函数、日期、时间等。

1）向单元格输入数据的常用方法

（1）选定要输入数据的单元格，然后直接输入数据。

（2）选定要输入数据的单元格，然后在编辑栏中输入数据。

（3）双击单元格，当单元格中出现插入光标时即可输入数据或修改。

输入数据后，按 Enter 键或 Tab 键或光标移动键或单击编辑栏上的"输入"按钮✓或单击另外的单元格，均可完成输入操作。

2）文本的输入

文本可以是任何字符串（包括字符与数字的组合），在单元格中输入文本时自动左对齐。如果输入的内容是数字，但要当作文本来处理，应在其前面加上英文单引号，如"'1234"。

3）数字的输入

在单元格中输入数字时，数字自动右对齐。如果输入的数字长度超过单元格的宽度，系统自动按字符串来表示。

4）日期与时间的输入

在单元格中输入可识别的日期和时间数据时，单元格会按设定的格式自动转化为"日期"或"时间"格式。要在单元格中输入系统日期，可以按"Ctrl+;"组合键；要在单元格中输入系统时间，可以按"Ctrl+Shift+;"组合键。

5）有规律数据（日期、序号等）的输入

对于一系列有规律的数据，不需要逐一输入，利用 WPS Office 2019 之表格的"自动填充"功能可以快速输入。

（1）数字序列自动填充。选定单元格，输入起始数字，如输入数字"1"，当鼠标移动到"填充句柄"，鼠标指针变成实心的"十"字形时，用鼠标拖动单元格右下角的"填充句柄"到目标单元格（数字的自动填充选项默认为"以序列方式填充"），放开鼠标左键，即可按规则填充相应的数字序列，如图 4-9 所示。

（2）自定义填充序列规则。如果用户预先设置了两个相邻单元格的值，然后选中这两个单元格并按住鼠标左键拖动"填充柄"，则可以按相邻单元格的数据规则填充后面的单元格，如图 4-10（a）、（b）所示。

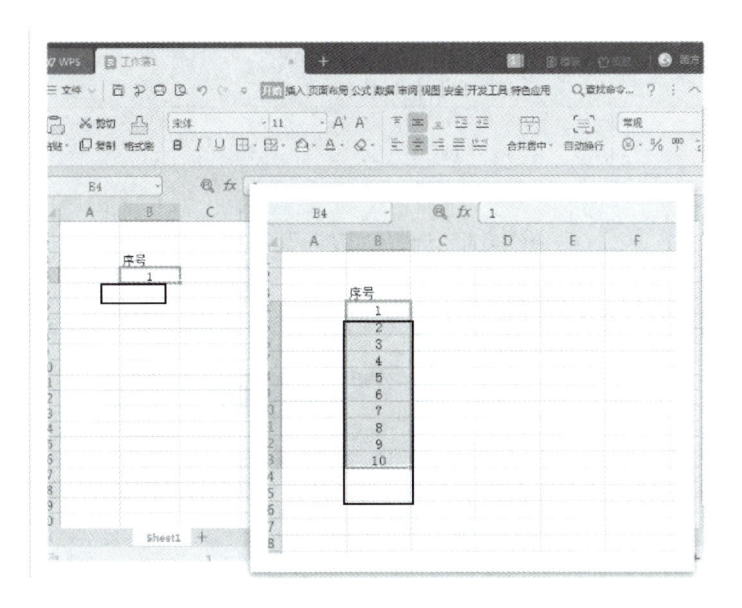

图 4-9 数字序列自动填充

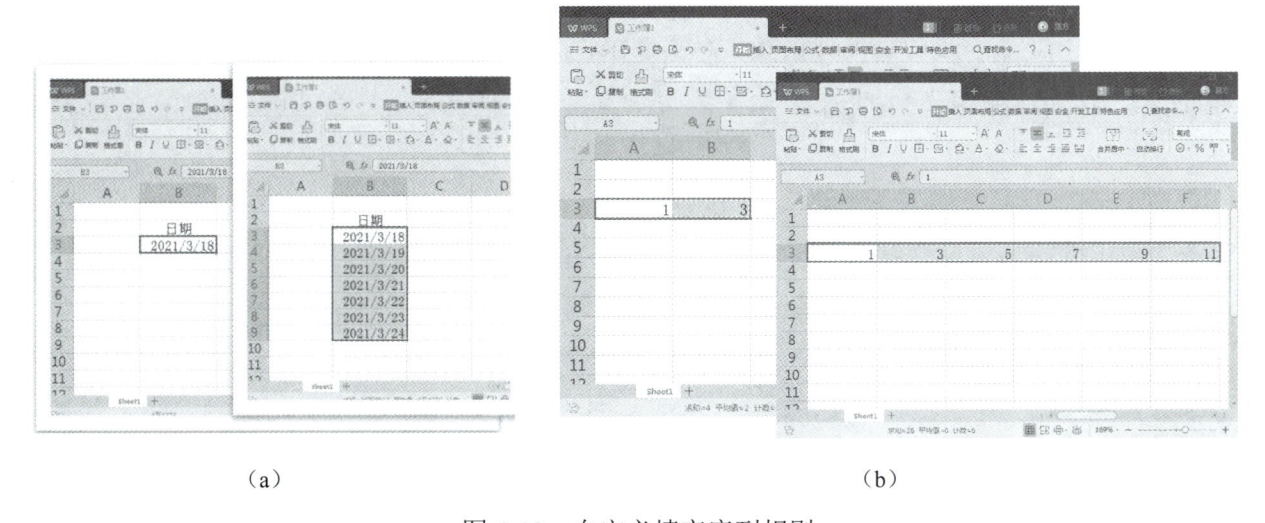

（a）　　　　　　　　　　　　　　　　（b）

图 4-10 自定义填充序列规则

2．编辑、修改数据

若发现某单元格内数据输入错误时，可以按 Delete 键删除数据后再重新输入，或者直接在单元格内输入正确数据也会覆盖原来的。

知识点 5　导入和引用外部数据

WPS Office 2019 之表格可以导入外部数据或连接外部数据，导入是把外部数据插入到当前表格中，引用是建立快速访问的链接并未将数据复制进来。

导入外部数据的操作方法如下：

（1）打开 WPS 表格文件，选择"数据"选项卡，如图 4-11 所示。

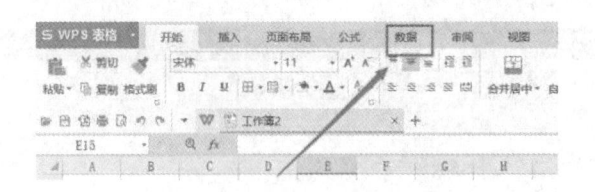

图 4-11　选择"数据"选项卡

（2）在打开的数据选项下面，选择"导入数据"→"导入数据"命令，如图 4-12 所示。

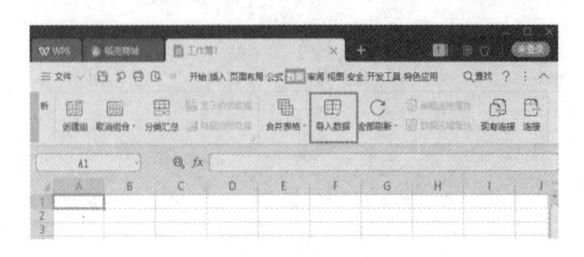

图 4-12　选择"导入数据"命令

（3）在弹出"第一步：选择数据源"对话框后，选择"直接打开数据文件"，然后单击"选择数据源"按钮，如图 4-13 所示。

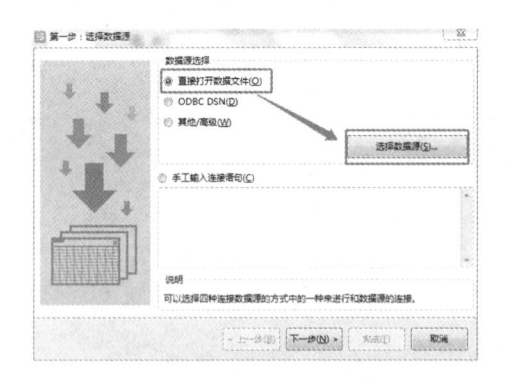

图 4-13　单击"选择数据源"按钮

（4）在弹出的"打开"对话框里，找到要导入的数据源文件，选中，然后单击"打开"按钮，如图 4-14 所示。

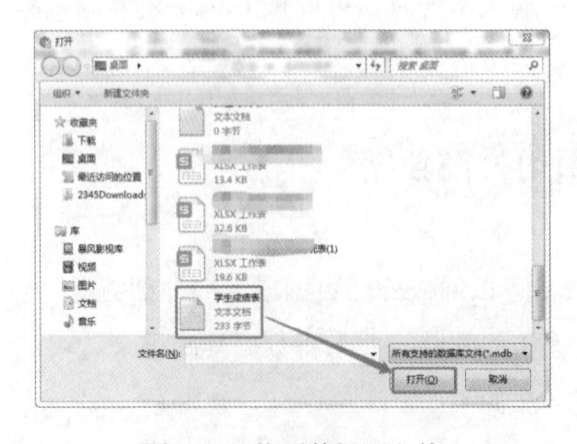

图 4-14　找到数据源文件

（5）在"文件转换"界面，选择合适的编码，然后单击"下一步"按钮，如图 4-15 所示。

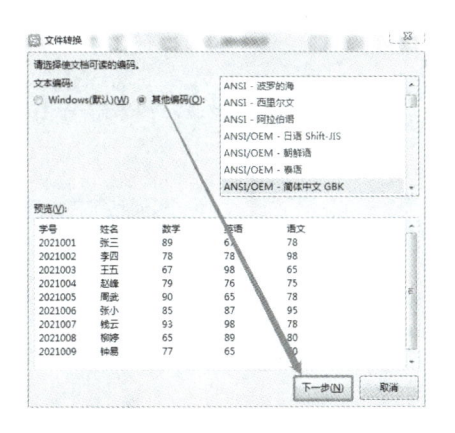

图 4-15　选择合适的编码

（6）选择"分隔符号"，然后再单击"下一步"按钮，如图 4-16 所示。

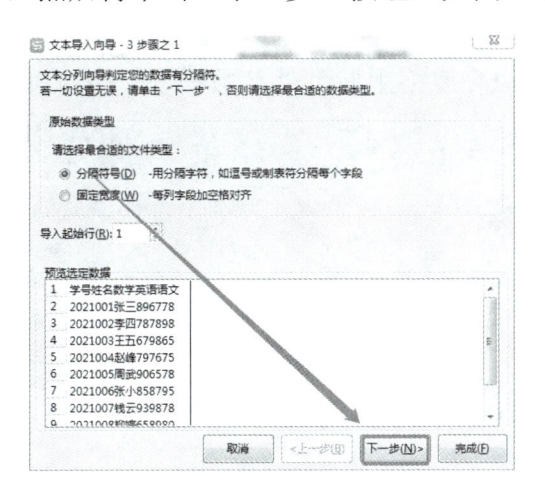

图 4-16　选择分隔符号

（7）设定分隔符。分隔符类型有"Tab 键""分号""逗号""空格"和"其他"。本例选择"Tab 键"为分隔符，然后单击"下一步"按钮，如图 4-17 所示。

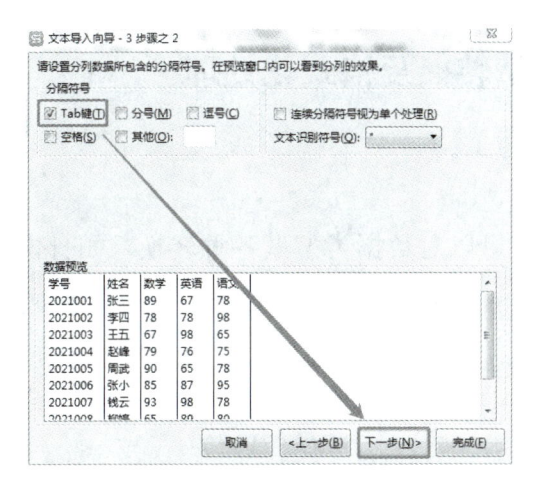

图 4-17　选择分隔符为"Tab 键"

（8）选择需要的"列数据类型"，没有特殊需要时选择"常规"，然后单击"完成"按钮，如图 4-18 所示。

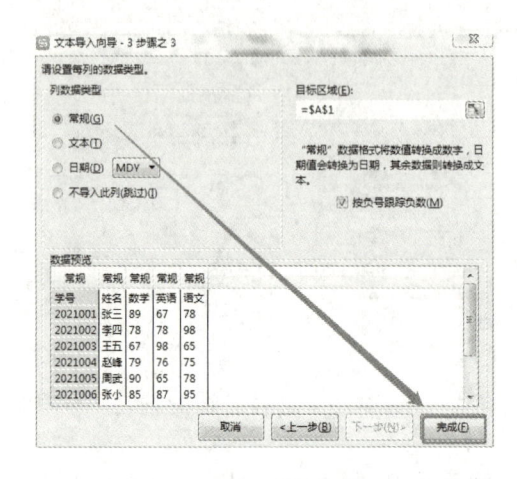

图 4-18　"列数据类型"选择

（9）导入成功后，就可以在表格上看到外部数据了，也可以在表格上进行数据操作，如图 4-19 所示。

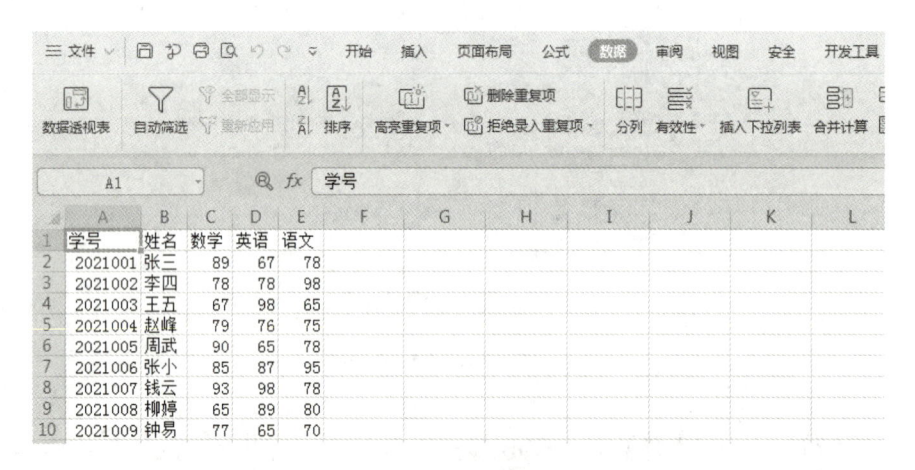

图 4-19　数据完成导入

知识点 6　数据的类型转换及格式化处理

1. 数据的类型转换

WPS Office 2019 之表格可以对数据类型做各种转换，如身份证号（数值型）输入时会出现"3.52601E+16"字样，无法显示正确的身份证号，必须转换成文本类型才可以，如图 4-20 所示。数值型也可转日期型、货币型、时间型、百分比等。

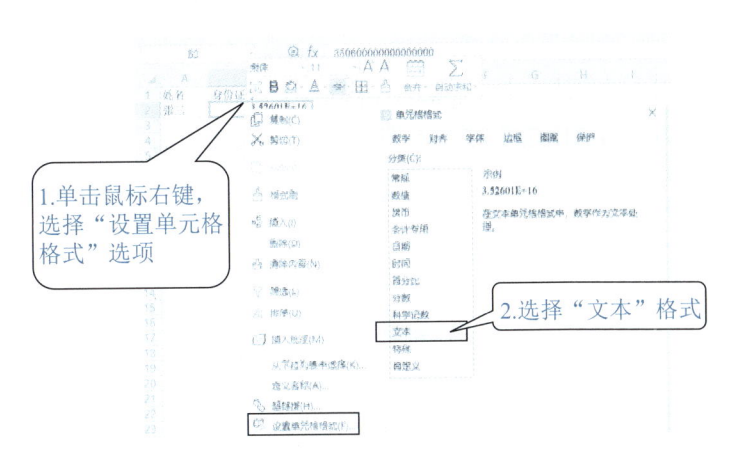

图 4-20　数据的类型转换

2．数据的格式化

格式化数据的操作主要有两种方法：

方法一：通过"开始"选项卡下工具栏上的按钮，如图 4-21 所示。

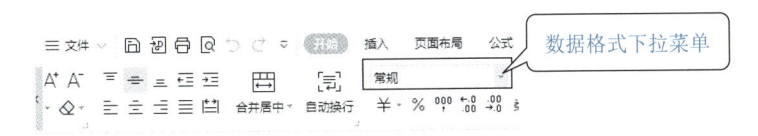

图 4-21　格式化数据设置方法一

方法二：在"单元格格式"对话框中进行设置，如图 4-22 所示。

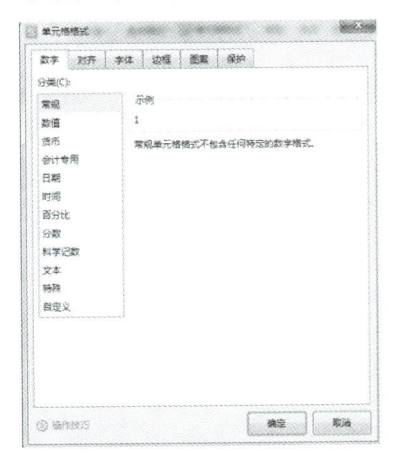

图 4-22　格式化数据设置方法二

3．工作表的格式化

主要操作包括设置工作表的对齐方式、背景、颜色、底纹和表格的边框、条件格式、套用样式等美化修饰操作，增加工作表的美观度。

1）设置边框

可以给选定表格设置内边框和外边框，设置线形和颜色等，如图 4-23（a）、（b）所示。

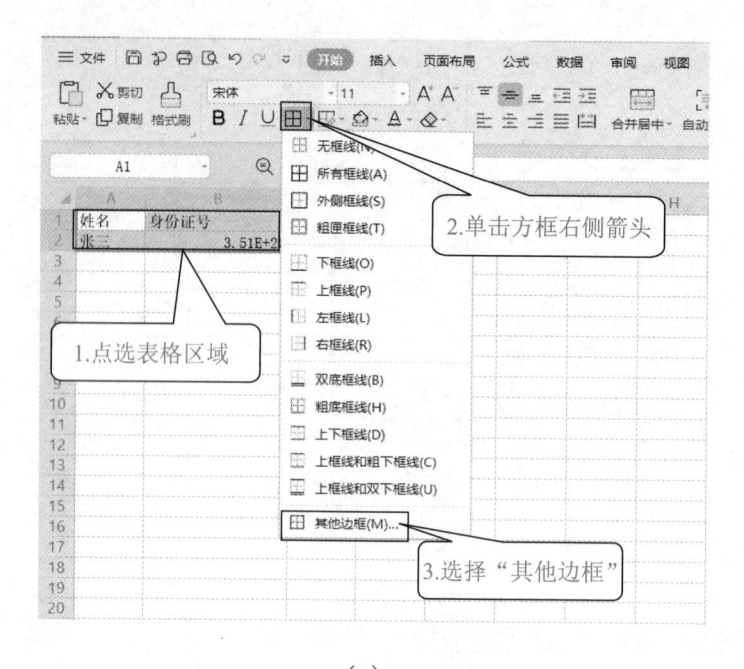

(a)

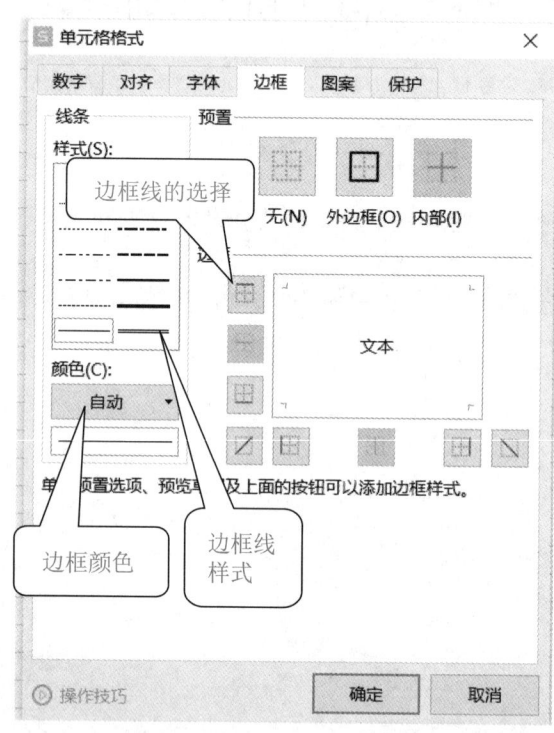

(b)

图 4-23 设置表格的边框

2）设置背景颜色和底纹

在工作表中可以插入图片背景、填充背景颜色、底纹、标签颜色等美化表格，增强视觉效果，如图 4-24 所示。

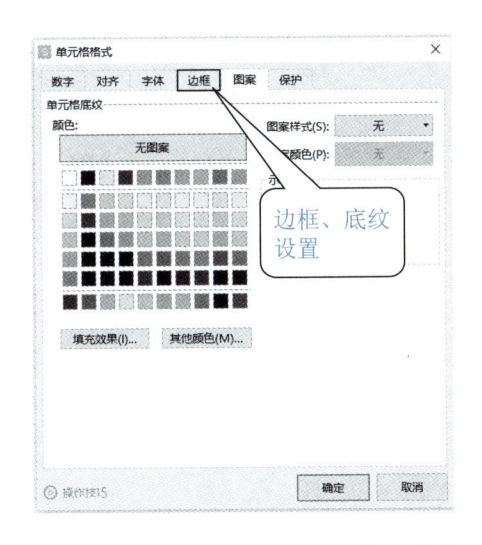

图 4-24　设置表格的背景颜色和底纹

3）使用样式

（1）套用表格样式。

单元格样式是格式的组合，包括字体、字号、对齐方式与图样等。在 WPS Office 2019 之表格中提供了多种预设的单元格样式，用户可以直接套用，如图 4-25 所示。

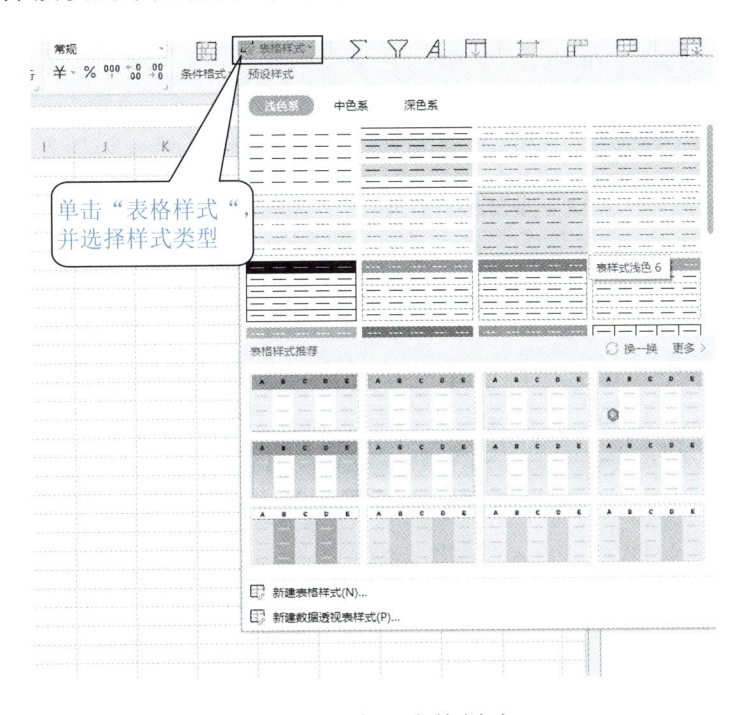

图 4-25　套用表格样式

（2）条件格式。

用户可以为满足一定条件的数据设置不同于其他数据的字体属性，如颜色、字体、字号等，这样可以突出显示符合条件的数据，便于浏览数据，如图 4-26 所示。

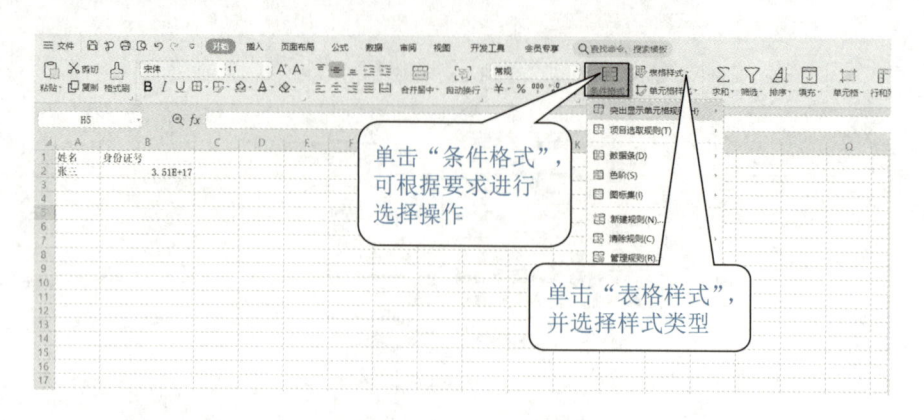

图 4-26　设置条件格式

知识点 7　单元格的地址

1. 引用单元格地址

一个单元格的内容被其他单元格中的公式或函数所使用称为引用，该单元格地址称为引用地址。

2. 相对引用（即相对地址）

在复制公式的操作中，公式中所引用的单元格地址会随着公式位置的变化而改变。在公式中引用单元格地址时，系统默认为相对引用。

3. 绝对引用（即绝对地址）

在复制公式的操作中，公式中所引用的单元格地址不会随着公式位置的变化而改变。在行号和列号前均加上"$"符号来表示绝对引用，可用快捷键 F4 设置，如图 4-27 所示。

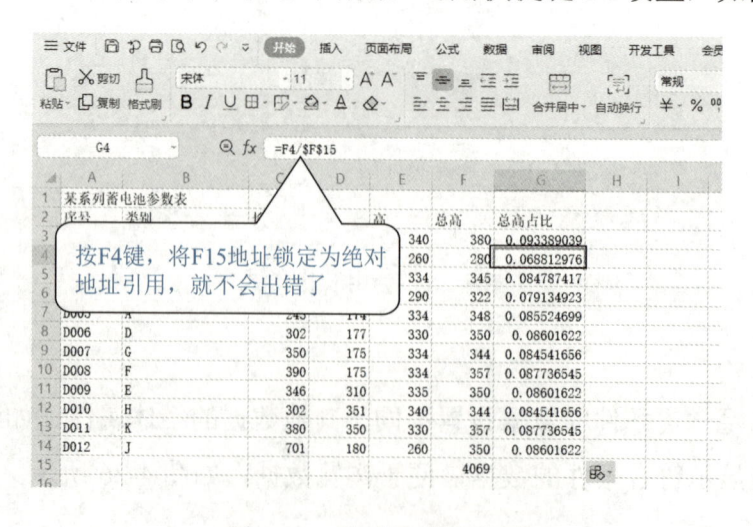

图 4-27　绝对地址的引用

知识点 8　公式和常用函数的使用

WPS Office 2019 之数据表格中的计算有三种常用的方法：使用自定义公式计算、自动计算、使用函数计算。

1. 使用自定义公式计算

公式可以在单元格或者"编辑栏"中输入，首先输入"＝"，公式中的加、减、乘、除以及小数点、百分号等都可以从键盘上直接输入。公式编辑完成后，按 Enter 键或单击"编辑栏"上的"√"按钮获得计算结果。

2. 自动计算

这种计算方法使用方便，可以计算求和（SUM）、平均值（AVERAGE）、计数（COUNT）、最大值（MAX）、最小值（MIN）等。其实，采用这种方法计算，计算机是调用相应的函数进行计算的。

3. 使用函数计算

函数的格式是"函数名（参数列表）"，参数主要是指参与计算的数据，可以是具体数据或单元格地址；参数列表可以包含一个或多个由逗号隔开的参数。函数若以公式的形式出现，则需在函数名称前面输入等号"＝"。

WPS Office 2019 之表格提供了大量函数，常用函数类型和使用范例见表 4-1。

表 4-1　常用函数类型和使用范例

函数类型	说明	使用范例
SUM( )	返回某一单元格区域中数字、逻辑值之和	=SUM(A1,A3,A4) 表示将单元格 A1、A3 和 A4 中的数字相加
AVERAGE( )	返回参数的平均值（也作算术平均值）	=AVERAGE(F2:F7) 表示求 F2:F7 单元格区域中数据的平均值
COUNT( )	计算包含数字的单元格以及参数列表中数字的个数	=COUNT(A1:A20) 表示计算区域 A1:A20 中数字单元格的个数。假设 A1:A20 中有 10 个单元格包含数字，则结果为 10
MAX( )	返回一组值中的最大值	=MAX(A2:A6) 表示求 A2:A6 区域中的最大值
MIN( )	返回参数列表中的最小值	=MIN(A2:A6) 表示求 A2:A6 区域中的最小值

续表

函数类型	说明	使用范例
IF( )	用于条件判断，如果指定条件的计算结果为 TRUE，返回某个值；如果计算结果为 FALSE，则返回另一个值	=IF(A3>=B4,A3*2,A3/B4) 表示使用条件测试 A3 是否大于等于 B4，如果 A3>=B4 为真，则返回 A3*2，否则返回 A3/B4
COUNTIF( )	对区域中满足单个指定条件的单元格进行计数	=COUNTIF(B2:B24,"李明华") 表示求"李明华"在 B2:B24 单元格区域中出现的次数
ROUND( )	将某个数字四舍五入为指定的位数	=ROUND(A1,2) 表示将数字 A1 四舍五入为小数点后两位
INT( )	将数字向下舍入到最接近的整数	=INT(8.9) 表示将 8.9 向下舍入到最接近的整数 8

知识点 9　数据的排序、筛选、分类汇总

1．数据的排序

工作表中的数据刚输入时是随机无序的，可以根据需要把无序的数据按升序（从小到大）、降序（从大到小）或自定义序列重新排列。排序时可以对全部数据排序也可以对选定的部分数据排序，一般在选择数据时要连同标题一起选中；可以根据单个字段排序也可以根据多个字段排序；不仅可以按数值排序，还可以按文本值、单元格颜色、文本颜色等进行排序。

1）简单排序

根据单个关键字对数据表进行简单排序，如图 4-28 所示。

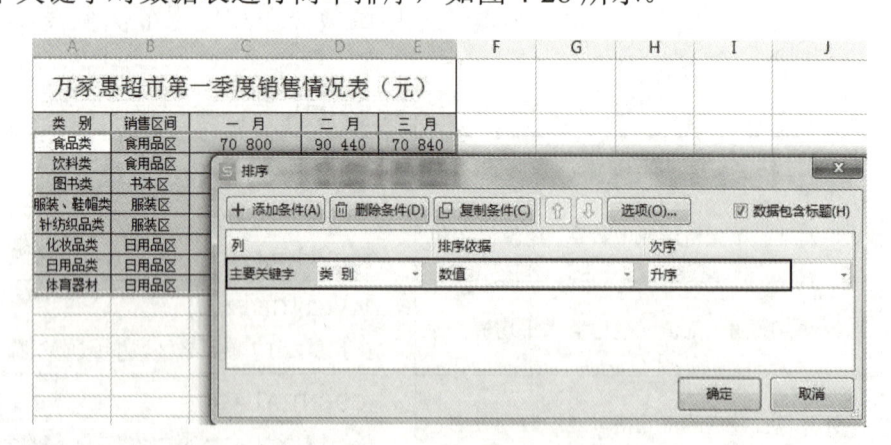

图 4-28　单个关键字排序

2）多重排序（多个关键字排序）

根据两个及两个以上字段排序，称为多重排序，计算机会先根据主关键字排序，若主关键字取值相同的记录有多个，不能确定顺序时再根据次关键字排序，若主、次关键字取值都

相同时，则可按第三个关键字排序，依此类推，如图 4-29 所示。

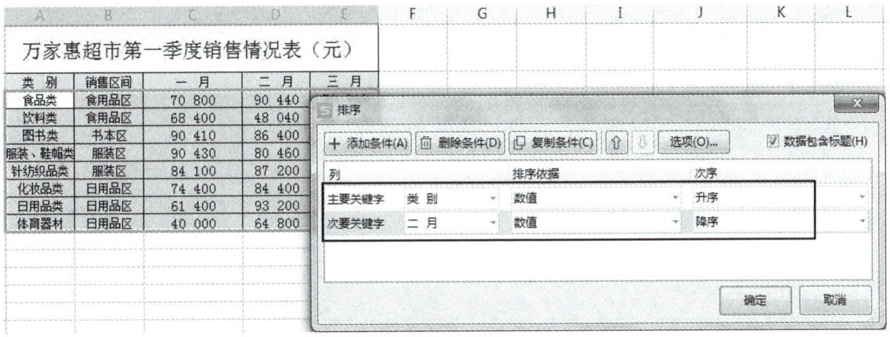

图 4-29 多个关键字排序

2. 数据的筛选

筛选是指显示某些符合条件的数据，暂时隐藏不符合条件的数据，便于在复杂的数据中查看满足条件的部分数据。

筛选分为自动筛选、自定义自动筛选和高级筛选（高级筛选学考不作要求）三种模式。

3. 数据的分类汇总

利用 WPS Office 2019 之表格的分类汇总功能，不用创建公式就可以把数据表中的数据分门别类地进行统计。WPS Office 2019 之表格会自动对各类别数据进行求和、求平均值等计算。

进行分类汇总的数据表的第一行必须为列标签，且每个列中都要包含类似的数据，并且区域中不能包含任何空白行或空白列。另外，在分类汇总前必须对作为分类字段的列进行排序。

1）插入分类汇总

将如图 4-30 所示的数据按“地区”进行分类汇总。

	A	B	C	D	E	F
1	地 区	大 葱	大 蒜	黄 瓜	青 椒	洋 葱
2	福州市	0.8	1.12	0.6	1.3	0.4
3	南平市	0.72	1.02	0.71	1.44	0.48
4	厦门市	0.64	1.3	0.72	1.43	0.44
5	莆田市	0.62	1.24	0.78	1.22	0.44
6	泉州市	0.72	1.34	0.64	1.2	0.42
7	漳州市	0.78	1.38	0.68	1.29	0.46
8	龙岩市	0.84	1.39	0.64	1.3	0.46

图 4-30 要进行分类汇总的数据清单

（1）在数据区域中选择一个单元格。

（2）单击“数据”选项卡中的“排序”按钮，在打开的“排序”对话框中设置“主要关键字”为“地区”，按“地区”进行升序排序，然后单击“确定”按钮，结果如图 4-31 所示。

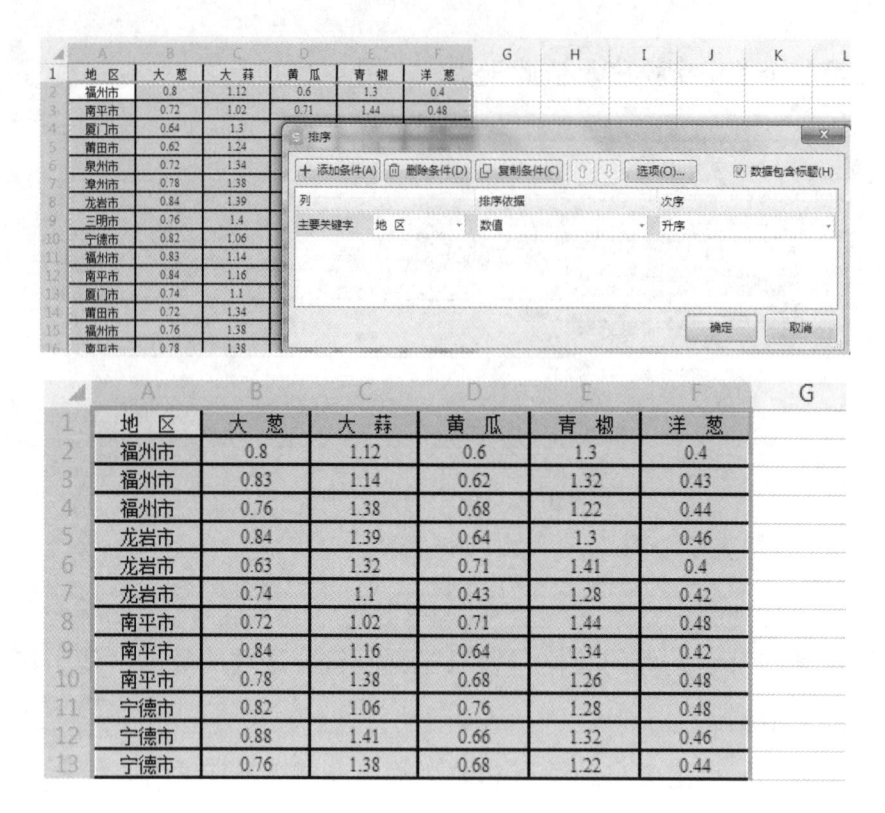

图 4-31　按地区升序排序

（3）单击"数据"选项卡中的"分类汇总"按钮，打开"分类汇总"对话框，设置"分类字段"为"地区"，"汇总方式"为"平均值"，"选定汇总项"为"大葱"，然后单击"确定"按钮，如图 4-32 所示。

图 4-32　分类汇总结果

2）删除分类汇总

要删除分类汇总，可打开"分类汇总"对话框，单击其中的"全部删除"按钮。删除分类汇总的同时，WPS Office 2019 之表格会删除与分类汇总一起插入到列表中的分级显示。

知识点 10　用图表制作简单数据图表

图表的组成元素很多，默认情况下只显示其中一部分元素，其他元素可根据需要添加。通过将图表元素移到图表中的其他位置，调整图表元素的大小或者更改其格式，可以更改图表元素的显示。图表的组成元素一般包括图表区、绘图区、数据点、横坐标、纵坐标、坐标轴标题、图例和数据标签等。

1．创建基本图表

常用的图表类型有柱形图、折线图、饼图、条形图、面积图、散点图等。单击"插入"选项卡"图表"功能组中的图表类型，可创建基本图表，如图 4-33 所示。

图 4-33　"图表"功能组

2．图表的编辑

图表创建完成后，如果对工作表数据进行修改，图表的信息也会随之变化。如果工作表数据不变，也可以对图表的"图表类型""图表源数据""图表选项"和"图表位置"等进行修改。可以利用"图表工具"的子选项卡编辑和修改图表，也可以选中图表后单击鼠标右键，利用弹出的快捷菜单编辑和修改图表，如图 4-34 所示。

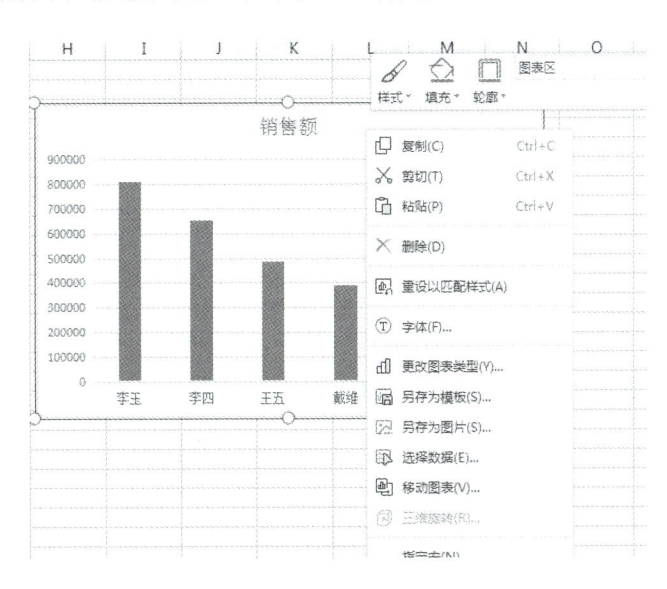

图 4-34　修改图表的快捷菜单

1）修改图表类型

右键单击图表绘图区，在弹出的快捷菜单中选择"更改图表类型"，打开"更改图表类型"对话框，从中选择目标图表类型，然后单击"插入"按钮，即可修改图表类型。

2）修改图表源数据

向图表中添加源数据：用户可根据需要在图表数据源中添加数据。

选择要修改的图表绘图区，单击"图表工具"选项卡中的"选择数据"按钮，或右键单击要修改的图表绘图区，在弹出的快捷菜单中单击"选择数据"，打开"编辑数据源"对话框，如图4-35所示。

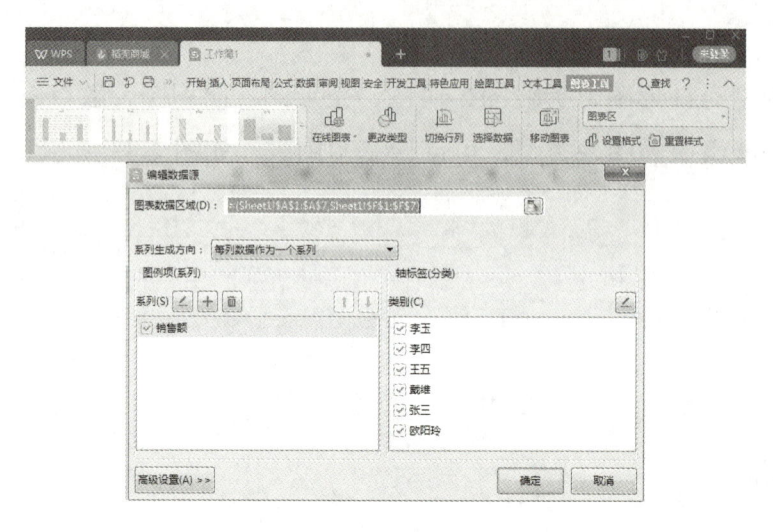

图4-35 "编辑数据源"对话框

（1）单击"图表数据区域"文本框右侧的"选择数据源"按钮，折叠"选择数据源"对话框，如图4-36所示。

图4-36 折叠对话框

（2）通过重新选择图表所需的数据区域，完成向图表中添加源数据的操作，单击"确定"按钮确定设置，结果如图4-37所示。

3）删除图表中的数据

当删除工作表中的数据时，图表中的数据将同时被删除，图表会自动更新。如果只需从图表中删除数据，在图表上单击所要删除的数据，然后按Delete键即可。

利用"选择数据"对话框"图例项（系列）"区域的"删除"按钮也可以删除图表数据。

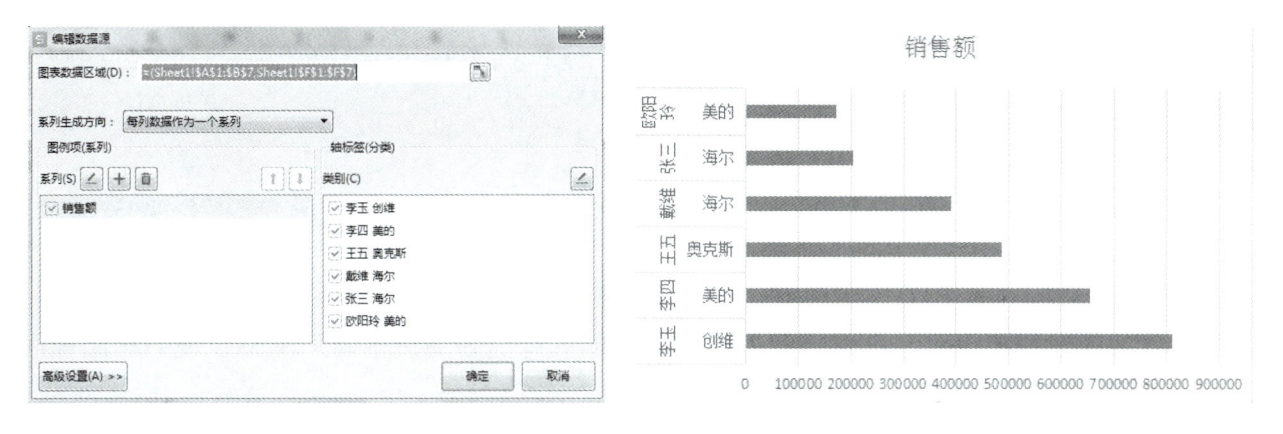

图 4-37　更改数据源结果

3．图表的格式化

创建图表后，可以快速对图表应用预定义布局和样式，也可以根据需要手动设置各个图表元素的布局和格式。

对图表应用预定义图表布局可执行以下操作。

（1）单击要使用预定义图表布局来设置其格式的图表的任意位置，此时将显示"图表工具"下的各功能设置，如图 4-38 所示。

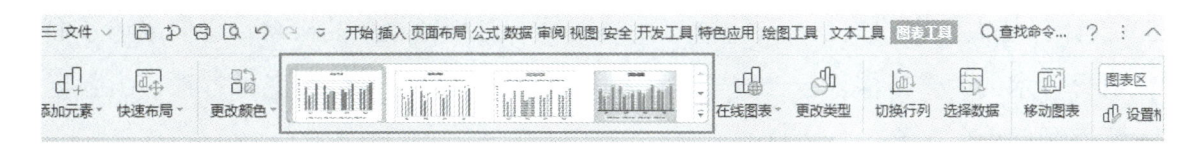

图 4-38　图表工具

（2）单击"图表工具"中要使用的图表"快速布局"样式，即可对图表应用选定的布局，如图 4-39 所示。

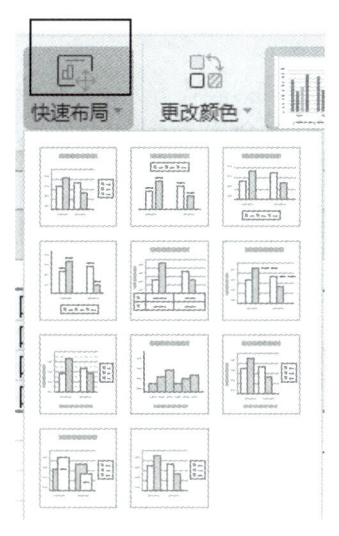

图 4-39　图表"快速布局"

知识点 11　初识大数据

1. 大数据基础知识

大数据（Big Data），IT 行业术语，是指无法在一定时间范围内用常规软件工具进行捕捉、管理和处理的数据集合，是需要新的处理模式才能具有更强的决策力、洞察发现力和流程优化能力的海量、高增长率和多样化的信息资产。

大数据技术的范畴包括大数据的采集、存储、搜索、共享、传输、分析和可视化等。从各种各样类型的数据中，快速获得有价值的信息，就是大数据技术。

1）生产数据的三个阶段：被动式生成数据、主动式生成数据、感知生成数据。

2）大数据的特征：规模性（Volume）、多样性（Variety）、高速性（Velocity）、价值性（Value）。

3）大数据的数据类型：结构化数据、非结构化数据、半结构化数据。

4）大数据的生命周期：大数据采集、大数据预处理、大数据存储、大数据分析，共同组成了大数据生命周期里最核心的技术。

5）云计算与大数据的关系：云计算与大数据是一对相辅相成的概念，它们描述了面向数据时代信息技术的两个方面。云计算侧重于提供资源和应用的网络化交付方法，大数据侧重于应对数据量巨大所带来的技术挑战。

2. 大数据采集与分析方法

从可视化分析、数据挖掘算法、预测性分析、语义引擎、数据质量管理等方面，对杂乱无章的数据，进行萃取、提炼和分析的过程，称之为大数据采集与分析。

1）大数据处理的基本流程

大数据的处理流程可以定义为在适合工具的辅助下，对广泛异构的数据源进行抽取和集成，结果按照一定的标准统一存储，利用合适的数据分析技术对存储的数据进行分析，从中提取有益的知识并利用恰当的方式将结果展示给终端用户。

2）数据分析

数据分析是指用适当的统计分析方法对收集来的大量数据进行分析，提取有用信息并形成结论而对数据加以详细研究和概括总结的过程。

3）数据分析的目的和价值

通过数据分析发现规律、研究规律。数据本身就具有价值，数据分析使其价值展现得更加淋漓尽致。分析后的数据可在决策分析前，给用户提供正确的方向指示。

4）基于机器学习的数据分析

机器学习（Machine Learning，ML）是一类算法的总称，这些算法意图从大量历史数据中挖掘出其中隐含的规律，并用于预测或者分类。

单元测试

一、选择题

1. 在 WPS 表格单元格内输入较多的文字需要换行时，在需要换行的文字前按（　　）能够完成此操作。
   A．"Ctrl+Enter"组合键　　　　B．"Alt+Enter"组合键
   C．"Shift+Enter"组合键　　　　D．Enter 键

2. 在 WPS 表格中，若单元格中的数字显示为一串"#"符号，应采取的措施是（　　）。
   A．改变列的宽度，重新输入
   B．列的宽度调整到足够大，使相应数字显示出来
   C．删除数字，重新输入
   D．扩充行高，使相应数字显示出来

3. 在 WPS 表格中，默认状态下输入"文本"的水平对齐方式为（　　）。
   A．左对齐　　　B．居中　　　C．上对齐　　　D．右对齐

4. 在 WPS 表格中，使用 Delete 键和"全部清除"命令的区别在于（　　）。
   A．Delete 键删除单元格的内容、格式和批注
   B．Delete 键仅能删除单元格的内容、批注
   C．"全部清除"命令可删除单元格的内容、格式和批注
   D．"全部清除"命令仅能删除单元格的内容

5. 首次启动 WPS Office 2019 之表格时，默认的工作簿名称为（　　）。
   A．工作表 1　　B．文档 1　　C．Excel 1　　D．工作簿 1

6. WPS 表格在保存文件时，默认状态下的扩展名为（　　）。
   A．.et　　　　B．.xls　　　　C．.xlsx　　　　D．.xsl

7. WPS 表格中最基本的操作单位是（　　）。
   A．单元格　　B．工作表　　C．工作簿　　D．区域

8. WPS Office 2019 之表格中，重要的三个概念是（　　）。

A．工作簿、工作表和单元格

B．行、列和单元格

C．表格、工作表和工作簿

D．桌面、文件夹和文件

9．在 WPS Office 2019 之表格中，一个单元格的二维地址包含所属的（　　）。

A．列标　　　B．行号　　　C．列标与行号　　　D．列标或行号

10．在 WPS 表格中，使用运算表达式应先在单元格中输入（　　）。

A．+　　　B．-　　　C．/　　　D．=

11．在 WPS 表格中，比较运算符"大于等于号"是（　　）。

A．>=　　　B．≥　　　C．大于等于　　　D．<>

12．在 WPS 表格中，文本连接运算符是（　　）。

A．&　　　B．#　　　C．@　　　D．%

13．在 WPS 表格中，不同的单元格地址间用（　　）间隔。

A．，　　　B．。　　　C．.　　　D．;

14．在 WPS 表格中，将光标定位在相对地址前，按（　　）键可快速添加绝对地址标识。

A．F1　　　B．F2　　　C．F3　　　D．F4

15．在 WPS Office 2019 之表格工作表中，如要选取若干个不连续的单元格，可以（　　）。

A．按住 Shift 键，依次单击所选单元格

B．按住 Ctrl 键，依次单击所选单元格

C．按住 Alt 键，依次单击所选单元格

D．按住 Tab 键，依次单击所选单元格

16．在 WPS Office 2019 之表格中，在编辑栏显示的 A13，表示（　　）。

A．第 1 列第 13 行　　　B．第 13 列第 1 行

C．第 1 列第 1 行　　　D．第 13 列第 13 行

17．在 WPS Office 2019 之表格工作表中，当鼠标指针移到单元格"填充柄"时，指针的形状为（　　）。

A．空心粗十字　　　B．向左上方箭头

C．实心细十字　　　D．向右上方箭头

18．在 WPS Office 2019 之表格工作表中，选定单元格区域 A1:B2 所包含的单元格个数是（　　）。

A．1　　　B．2　　　C．4　　　D．8

19．要在 WPS Office 2019 之表格工作表的某单元格内输入数字字符串"1234"，正确的

输入方式是（　　）。

A．1234　　B．'1234　　C．=456　　D．"456"

20．在 WPS Office 2019 之表格中，当向 Excel 工作表单元格中输入公式时，使用单元格地址 D$2 引用 D 列 2 行单元格，该单元格的引用属于（　　）。

A．交叉地址引用　　　　　　B．混合地址引用
C．相对地址引用　　　　　　D．绝对地址引用

21．在 WPS 表格中，计算一组数值的最大值应使用（　　）函数。

A．MAX　　B．MIN　　C．DA　　D．D

22．在 WPS 表格中，计算符合指定条件的单元格区域内的数值之和，应使用（　　）函数。

A．SUM　　　　　　　　　　B．SUMIF
C．HE　　　　　　　　　　　D．HEIF

23．在 WPS Office 2019 之表格工作表中，单元格 C4 中有公式"=A3+$C$5"，在第三行之前插入一行之后，单元格 C5 中的公式为（　　）。

A．=A4+$C$6　　　　　　　B．=A4+$C$5
C．=A3+$C$6　　　　　　　D．=A3+$C$5

24．在 WPS Office 2019 之表格中，函数 AVERAGE（区域）的功能是（　　）。

A．求区域内数据的个数　　　B．求区域内所有数字的平均值
C．求区域内数字的和　　　　D．返回函数的最大值

25．在 WPS Office 2019 之表格工作表中，假定 A1:A10 区域的单元格一半是文本一半是数值，则函数"=COUNT（A1:A10）"的值为（　　）。

A．3　　　　　　　　　　　B．6
C．8　　　　　　　　　　　D．5

26．在 WPS Office 2019 之表格的工作表单元格中，输入公式"=IF（1<10,正,错）"的结果为（　　）。

A．TRUE　　　　　　　　　B．FALSE
C．正　　　　　　　　　　　D．错

27．在 WPS 表格中，插入图表应在（　　）选项卡下操作。

A．开始　　B．插入　　C．数据　　D．视图

28．《中华人民共和国数据安全法》自 2021 年（　　）起施行。

A．9月1日　　　　　　　　B．8月1日
C．6月1日　　　　　　　　D．10月1日

29. 数据挖掘是一种（　　）过程。

  A．数据捕获   B．决策支持

  C．存储   D．展示

30. 大数据价值的关键在于对数据的加工和（　　）能力。

  A．获取   B．清洗   C．采集   D．分析

二、操作题

1. 表格的编辑操作

（1）启动 WPS Office 2019 之表格应用程序，打开"D:\WPS 之表格\test01.xlsx"文件，在工作表 Sheet1 中 A1:G8 区域输入表 4-2 中的内容。

表 4-2　成绩表

姓名	性别	出生年月	语文	数学	英语	信息技术
吴明	男	1993-3-6	85	81	86	83
张小梅	女	1992-11-23	78	80	88	85
陈浩	男	1993-5-7	90	88	82	87
杨洋	男	1993-4-25	76	69	65	70
王小朋	男	1992-12-18	72	65	59	68
何小樱	女	1993-1-20	88	92	90	91
林大鹏	男	1993-2-14	80	79	77	78

（2）在工作表 Sheet1 第 1 列左侧插入一列，之后选定 A1 单元格，输入文本"序号"；在 A2 单元格中输入数值"1"，然后用自动填充序列的方式在 A3～A8 中输入数值。

（3）为工作表 Sheet1 的 B1 单元格添加批注"学生姓名"。

（4）将工作表 Sheet1 的名称修改为"成绩表"。

（5）删除工作表 Sheet3。

（6）隐藏工作表 Sheet2。

（7）插入新工作表，将工作表命名为"学生基础信息表"。

（8）将"学生基础信息表"移到"成绩表"左侧。

（9）保存工作簿，退出 WPS Office 2019 之表格应用程序。

2. 电子表格的格式化

（1）启动 WPS Office 2019 之表格应用程序，打开"D:\WPS 之表格\test02.xlsx"文件，在工作簿的 Sheet1 工作表中输入内容。在 A1 单元格中输入"万家惠超市第一季度销售情况表（元）"，在 A2:E10 区域输入表 4-3 中的内容。

表 4-3　万家惠超市第一季度销售情况表（元）

类别	销售区间	一月	二月	三月
食品类	食用品区	70 800	90 450	70 840
饮料类	食用品区	68 500	58 050	40 570
图书类	书本区	90 410	86 500	90 650
服装、鞋帽类	服装区	90 530	80 460	64 200
针纺织品类	服装区	84 100	87 200	78 900
化妆品类	日用品区	75 400	85 500	88 050
日用品类	日用品区	61 400	93 200	44 200
体育器材	日用品区	50 000	65 800	43 200

（2）将 A1:E1 单元格区域合并居中，之后设置其字体为黑体，字号为 16，字形为加粗，颜色为深红。将单元格区域 A2:E10 的字体设为宋体，字号设为 14。

（3）将单元格区域 A2:E2 设为水平居中，字形为加粗，颜色为红色，底纹为黄色。

（4）将第 1 行的行高值设置为 25，第 2 行至第 10 行的行高值设置为 16。

（5）将第 A 列的列宽值设置为 15，第 B 列的列宽值设置为 10，第 C、D、E 列的列宽值设置为 16。

（6）给 A2:E10 区域的单元格加上边框线。

（7）将 C3:E10 区域中单元格的数字格式设置为货币，保留两位小数。

（8）用"条件格式"下拉列表中的"突出显示单元格规则"，将 C3:E10 区域中销售金额大于 90 000 的单元格设置为"浅红填充色深红色文本"。

（9）设置页面的上、下页边距为 2.5 厘米，左、右页边距为 2.25 厘米，居中方式为"水平"。

（10）保存工作簿，关闭 WPS Office 2019 之表格应用程序。

3．公式与函数的应用

（1）启动 WPS Office 2019 之表格，打开"D:\WPS 之表格\test03.xlsx"文件，在 Sheet1 工作表的 A1:F15 单元格区域输入表 4-4 中的内容。

表 4-4　某公司 2021 年度个人销售业绩统计表

2021 年度个人销售业绩统计表					
姓名	一季度	二季度	三季度	四季度	销售合计
陈鹏	2400	2500	2600	2700	
王卫平	2050	2065	2080	2095	
张晓寰	2055	2070	2085	2100	
杨宝春	1839	1843	1847	1851	
许东东	2400	2500	2400	2600	

续表

2021年度个人销售业绩统计表					
姓名	一季度	二季度	三季度	四季度	销售合计
王川	1890	1897	1904	1911	
沈克	2500	2800	2900	3000	
艾芳	2155	2210	2265	2320	
王小明	2839	2821	2803	2785	
胡海涛	2537	2937	3237	3095	
最大值					
最小值					
平均值					

（2）运用公式和函数计算各季度个人销售业绩的最大值、最小值和平均值。

（3）保存工作簿，退出 WPS Office 2019 之表格应用程序。

4．打开"D:\WPS之表格\excel-1.xlsx"文件，执行以下操作并保存。

（1）将单元格 A1:G1 合并后居中，并设置字体为黑体、加粗，字号为 20，字体颜色为蓝色。

（2）为单元格区域 A2:G2 设置黄色底纹。

（3）利用函数计算"总分"的值。

（4）将单元格区域 D3:F21 的条件格式设为"突出显示单元规则"，小于 60 的数据设为"浅红填充色深红色文本"。

（5）设置单元格 A2:G21 所有边框为细单实线。

（6）将单元格 A2:G21 区域以"专业"为主要关键字，升序排序。

（7）对表格进行分类汇总，分类字段为"专业"，汇总方式为"平均值"，汇总项为"总分"，汇总结果显示在数据下方。

（8）将工作表 Sheet1 重命名为"成绩表"。

（9）保存文档并关闭 WPS Office 2019 之表格应用程序。

5．打开"D:\WPS之表格\excel-2.xlsx"文件，在 Sheet1 工作表中完成以下操作并保存。

（1）将 A1:E1 单元格合并后居中，并设置单元格字体为楷体、加粗，字号为 16。

（2）在第一行下方插入一行，将新行行高设置为 5，并将 A2:E2 单元格填充为橙色背景。

（3）利用公式与函数计算销售额。

（4）为 A3:F18 单元格区域设置样式"表样式浅色 10"，表包含标题。

（5）将 A3:F18 单元格区域的数据，以"营销部门"为主要关键字，降序排列。

（6）将 A3:F18 单元格区域的数据，按"营销部门"分类，汇总出各分店的平均销售额。

（7）将 Sheet1 重命名为"图书销售情况表"。

（8）保存文档并关闭 WPS Office 2019 之表格应用程序。

6．打开"D:\WPS 之表格\excel-3.xlsx"文件，执行以下操作并保存。

（1）将单元格 A1:E1 合并后居中，并设置字体为幼圆、加粗，字号为 18，字体颜色为红色。

（2）利用自动填充柄填充"序号"列。

（3）利用公式计算"小计"值，取两位小数。

（4）为 A2:F13 单元格区域设置样式"中等深浅 2"。

（5）设置第一行行高 18，其余各行行高 16。

（6）在 A2:F13 单元格区域设置自动筛选，选出"单价"大于 12 的数据。

（7）将 Sheet1 重命名为"进货单"。

（8）保存文档并关闭 WPS Office 2019 之表格应用程序。

7．数据统计。

（1）启动 WPS Office 2019 之表格应用程序，打开"D:\WPS 之表格\test04.xlsx"文件，在工作簿的 Sheet1 工作表 A1:G21 单元格区域输入表 4-5 中的内容。

表 4-5　某公司 2021 年度个人销售业绩统计表

2021 年度个人销售业绩统计表						
营业部	姓名	一季度	二季度	三季度	四季度	销售合计
城南	艾芳	2155	2210	2265	2320	8950
城西	陈鹏	2400	2500	2600	2700	10200
城东	陈一国	2716	2992	3151	3076	11935
城南	胡海涛	2537	2937	3237	3095	11806
城东	黄爱红	2874	3214	3412	3299	12799
城东	李现代	2821	3140	3325	3224	12510
城南	林晖辉	2663	2918	3064	3002	11647
城东	刘明杰	2769	3066	3238	3150	12223
城南	沈克	2500	2800	2900	3000	11200
城关	王川	1890	1897	1904	1911	7602
城西	王卫平	2050	2065	2080	2095	8290
城南	王小明	2839	2821	2803	2785	11248
城东	吴丽傅	2780	3061	3486	3447	12774
城关	许东东	2400	2500	2400	2600	9900
城西	杨宝春	1839	1843	1847	1851	7380
城南	张东升	2557	2770	2890	2853	11070
城东	张惠玲	2927	3288	3499	3373	13087
城西	张晓寰	2055	2070	2085	2100	8310
城南	郑爱玲	2610	2844	2977	2928	11359

（2）将 A2:G21 单元格区域的数据按"营业部"进行分类汇总，将"一季度""二季度""三季度""四季度"数据分别进行"平均值"分类汇总。

（3）保存工作簿，退出 WPS Office 2019 之表格应用程序。

8．打开"D:\WPS 之表格\excel-4.xlsx"文件，执行以下操作并保存。

（1）将 A1:H1 单元格区域合并后居中，并设置单元格字体为宋体、加粗、倾斜，字号为 16。

（2）将 A2:H2 和 A2:A14 单元格区域的背景颜色设置为深红色。

（3）利用公式与函数计算实发工资。

（4）利用公式与函数计算具有正高职称的员工实发总工资。

（5）将页面的左右边距设置为 1。

（6）对 A2:H14 单元格区域的数据进行筛选，筛选出实发工资大于或等于 6 500 的数据。

（7）将工作表重命名为"工资情况表"。

（8）保存文档并关闭 WPS Office 2019 之表格应用程序。

9．打开"D:\WPS 之表格\excel-5.xlsx"文件，执行以下操作并保存。

（1）将单元格 A1:G1 合并后居中，并设置字体为幼圆、加粗，字号为 18，浅黄色底纹。

（2）设置 B 列列宽为 12。

（3）设置第一行行高为 18，其余各行行高为 16。

（4）利用自动填充柄工具填充"报表序号"列。

（5）利用公式计算"售票总量"值。

（6）将单元格 A2:G22 区域以"售票总量"为主要关键字，降序排序。

（7）将 B3:B22 区域的格式设置为"日期"类型中的"*2001年3月14日"。

（8）自动筛选出车次为"G2903"，且"二等座售票数量大于等于 400"的数据。

（9）保存文档并关闭 WPS Office 2019 之表格应用程序。

10．图表的设计

（1）启动 WPS Office 2019 之表格应用程序，打开"D:\WPS 之表格\test05.xlsx"文件，在工作簿的 Sheet1 工作表 A1 单元格中输入"某超市各地大葱价格统计表"，并将 A1:F1 单元格合并居中，之后在 A2:F5 单元格区域输入表 4-6 的内容。

表 4-6　某超市各地大葱价格统计表

地区	1月	2月	3月	4月	5月
福州市	0.8	0.78	0.81	0.79	0.77
南平市	0.72	0.75	0.76	0.74	0.73
厦门市	0.67	0.66	0.7	0.65	0.64

（2）为单元格区域 A2:F5 中的数据创建折线图。

（3）保存工作簿，退出 WPS Office 2019 之表格应用程序。

第五章　程序设计入门

学习目标

1. 了解程序设计语言
(1) 了解程序设计语言的定义。
(2) 了解程序设计语言的分类与发展。
(3) 了解 Python 语言的特点。
(4) 了解 Python 3.8.6 运行环境的搭建方法。
(5) 掌握应用 PyCharm-community-2020.3 开发 Python 程序的方法。
2. 使用 Python 语言设计简单程序
(1) 了解常用的数据类型。
(2) 了解变量的定义和使用方法。
(3) 掌握输入、输出语句的使用方法。
(4) 掌握算术运算符、关系运算符和成员运算符的使用方法。
(5) 了解分支语句、循环语句的使用方法。
(6) 了解面向对象程序设计的基本方法。
(7) 了解模块化程序设计的意义。
(8) 了解调用 math 模块使用数学函数的方法。
(9) 了解调用 turtle 模块绘制简单图形的方法。
(10) 了解常用算法的实现：累加、累乘、求平均、求最大/最小值等。

知识点精讲

知识点 1 程序设计语言基础

1. 程序设计语言概述

程序设计语言是用于书写计算机程序的语言。语言的基础是一组记号和一组规则，根据规则由记号构成的记号串的总体就是语言。在程序设计语言中，这些记号串就是程序。

从计算机诞生至今，程序设计语言经历了机器语言、汇编语言和高级语言三个阶段。高级语言基本脱离了机器的硬件系统，使用接近自然语言和数学公式的表达方式编写程序。高级语言有 VB、Java、C、C++、C#、Python、PHP 等。

2. Python 语言的特点

Python 是一门优雅而健壮的编程语言，它继承了传统编译语言的强大性和通用性，同时也借鉴了简单脚本和解释语言的易用性。Python 语言的主要特点如下：简单易学、高级语言、解释型语言、面向对象、开源、可移植性、可扩展性等。

3. Python 语言的选用版本及使用

1）Python 3.8.6 的使用

基于 Windows 操作系统，Python 版本为 Python 3.8.6。

通常，可以通过以下三种方式运行 Python 程序。Python 程序运行成功后，从程序窗口可以看到已安装的 Python 相关信息，包括 Python 的版本、发行时间、安装包的类型等信息。命令提示符为 ">>>"，说明 Python 已经正常工作，用户可以输入 Python 命令。

- 开始菜单。"开始"菜单→所有程序→Python 3.8→Python 3.8 (64-bit)。
- CMD 命令行窗口

  通过"开始→运行…→输入 CMD→Enter 键确定"，即可弹出命令行工具，运行 CMD 命令。
- 运行 Python 自带的 IDLE

  打开"开始"菜单，选择"所有程序"→Python 3.8→IDLE (Python 3.8 64-bit)菜单项，打开 IDLE 窗口。

2）Python 自带开发工具

通常情况下，为了提高开发效率，需要使用相应的开发工具。常用的 Python 开发工具有

Python 自带的 IDLE 和 PyCharm、Microsoft Visual Studio 等。

用户可以编辑多行的程序代码，保存在".py"文件中。

4. PyCharm-community-2020.3 开发 Python 程序的方法

PyCharm 是一款来自 JetBrains 公司出品的 IDE 编程环境平台。PyCharm 是一种非常高效的 Python IDE，功能非常丰富，在 PyCharm 里可以快速配置 Python 环境（支持多种 Python 虚拟环境的灵活切换）、安装各种依赖库、调试 Python 代码，还能查看中间过程数据。PyCharm 分为社区版、教育版和专业版。

PyCharm 安装完成后，双击 PyCharm 的快捷方式运行程序，用户即可使用 PyCharm。

知识点 2　Python 的数据类型

Python 的常见数据类型包括整型、浮点型、布尔型、字符串、列表等，见表 5-1。

表 5-1　Python 的常见数据类型

数据类型	类型标识符	类型说明及示例
整型	int	整型通常称为整数，Python 可以处理任意大小的整数，当然包括负整数，在程序中的表示方法和数学上的写法一致，如 18、−175 等
浮点型	float	浮点型也称为浮点数，可表示小数，如 0.0013、−1482.5、−1.4825e3 等
布尔型	bool	布尔型是一种比较特殊的类型，它只有"True"（真）和"False"（假）两种值
字符串	str	字符串通常是用一对单引号或双引号括起来的一串字符，如"中国"、"China"、'123ab'等
列表	list	列表是用来存放一组数据的序列。列表中存放的元素可以是各种类型的数据，它们被放置在一对中括号内，以逗号分隔，如['001', 'Wangwu', 98]、['elephant', 'monkey', 'snake', 'tiger']等

知识点 3　Python 的常量与变量

1. 常量

常量指程序运行过程中，其值不能改变的量，如 32、"China"等。

2. 变量

变量指程序运行过程中，其值可以改变的量。Python 中变量的命名需要遵守一定的规则，如果违反这些规则将引发错误，导致程序无法运行。

变量名只能包含字母、数字和下划线，且第一个字符必须是字母或下划线，不能是数字。

例如，str、_str1、str_2 都是合法的变量名，但 2str、2_str、&123、%lsso、M.Jack、–L2 都是错误的变量名。

注意：

（1）Python 的变量名区分英文字母大小写，如 score 和 Score 是两个不同的变量。

（2）变量名不能是 Python 的关键字。在 Python 中，常用的关键字有 and、as、break、class、continue、def、else、except、finally、for、from、if、import、not、while 等。

Python 中的变量是在首次赋值时创建的。赋值语句是最基本的程序语句，其格式为

变量名=表达式

例如，i = 3、b = 666、c = '123' 都是赋值语句。另外，需要注意的是，变量在使用前必须先赋值，因为变量只有在赋值后才会被创建。

知识点 4　Python 的输入、输出语句

程序通常包括输入数据、处理数据和输出结果 3 部分。Python 中主要用函数 input() 实现数据的输入，用函数 print() 实现数据的输出。

1）输入函数 input()

Python 提供了 input() 函数用于获取用户键盘输入的字符。input() 函数让程序暂停运行，等待用户输入数据。

通常，在输入时可以给出提示信息，例如：

password = input("请输入密码:")

使用 input() 函数输入数据时，Python 将其以字符串的形式存储在一个变量中。当将该变量作为数值使用时，就会引发错误。这时可使用 int() 函数将字符串转化为整型数据，也可使用 float() 函数将字符串转化为浮点型数据。

2）输出函数 print()

在 Python 中使用 print() 函数实现数据的输出。输出字符串时，可用单引号或双引号括起来；输出变量时，可不加引号；变量与字符串同时输出或多个变量同时输出时，须用 "," 隔开各项。

例如：

print ('您刚刚输入的密码是:', password)

函数是一段具有特定功能的、可重复使用的代码段，它能够提高程序的模块化和代码的复用率。Python 提供了很多内建函数（如 print()、input()、int() 函数等）和标准库函数（如 math 库中的 sqrt() 函数）。函数调用的一般格式为：函数名(参数)。

知识点 5　Python 的运算符

运算符标明了对操作数（参与计算的数据）所进行的运算。表达式由数字、运算符、数字分组符号（括号）和变量等组合而成，目的是求得运算结果。

Python 支持多种类型的运算符，常用的有算术运算符、关系运算符、成员运算符、赋值运算符和逻辑运算符等。

1. 算术运算符

Python 提供了 7 个基本的算术运算符，具体符号及其对应的功能和示例见表 5-2（其中 a = 3，b = 4）。

表 5-2　算术运算符

运算符	名　称	说　明	示　例
+	加法运算	将运算符两边的操作数相加	a+b = 7
−	减法运算	将运算符左边的操作数减去右边的操作数	a−b = −1
*	乘法运算	将运算符两边的操作数相乘	a * b = 12
/	除法运算	将运算符左边的操作数除以右边的操作数	a / b = 0.75
%	模运算	返回除法运算的余数	a % b = 3
**	幂（乘方）运算	表达式 a**b，则返回 a 的 b 次幂	a ** b = 81
//	整除运算	返回商的整数部分。如果其中一个操作数为负数，则结果为负数	a // b = 0 b // a = 1 −b // a = −1

2. 关系运算符

关系运算符又称比较运算符，用于比较运算符两侧的值，比较的结果是一个布尔值，即 True 或 False。Python 提供的关系运算符见表 5-3。

表 5-3　关系运算符

运算符	名　称	说　明
==	等于	判断运算符两侧操作数的值是否相等，如果相等则结果为真，否则为假
!=	不等于	判断运算符两侧操作数的值是否不相等，如果不相等则结果为真，否则为假
>	大于	判断左侧操作数的值是否大于右侧操作数的值，如果是则结果为真，否则为假
<	小于	判断左侧操作数的值是否小于右侧操作数的值，如果是则结果为真，否则为假
>=	大于等于	判断左侧操作数的值是否大于等于右侧操作数的值，如果是则结果为真，否则为假
<=	小于等于	判断左侧操作数的值是否小于等于右侧操作数的值，如果是则结果为真，否则为假

3．成员运算符

Python 的成员运算符共 2 个，见表 5-4。

表 5-4　成员运算符

运算符	说　明
in	当在指定的序列中找到值时返回 True，否则返回 False
not in	当在指定的序列中没有找到值时返回 True，否则返回 False

4．赋值运算符

赋值运算符主要用来为变量等赋值。使用时，可以直接把基本赋值运算符"="右边的值赋给左边的变量，也可以进行某些运算后再赋值给左边的变量。在 Python 中常用的赋值运算符见表 5-5。

表 5-5　赋值运算符

运算符	说　明	举例	展开形式
=	简单的赋值运算	x=y	x=y
+=	加赋值	x+=y	x=x+y
-=	减赋值	x-=y	x=x-y
*=	乘赋值	x*=y	x=x*y
/=	除赋值	x/=y	x=x/y
%=	取余数赋值	x%=y	x=x%y
**=	幂赋值	x**=y	x=x**y
//=	取整除赋值	x//=y	x=x//y

5．逻辑运算符

Python 的逻辑运算符包括 and（与）、or（或）、not（非）3 种，逻辑运算符及其对应的功能与说明见表 5-6。

表 5-6　逻辑运算符

运算符	含　义	示　例	说　明
and	与	x and y	如果 x 为 False，无须计算 y 的值，返回值为 x；否则返回值为 y
or	或	x or y	如果 x 为 True，无须计算 y 的值，返回值为 x；否则返回值为 y
not	非	not x	如果 x 为 True，返回值为 False；如果 x 为 False，返回值为 True

6. 运算符的优先级

运算符的优先级是指在应用中哪一个运算符先运算,哪一个后运算,与数学的四则运算应遵循的"先乘除,后加减"是一个道理,见表 5-7,按从高到低的顺序列出了运算符的优先级。

表 5-7 运算符的优先级

运算符	说明
**	幂
~、+、-	取反、正号、负号
*、/、%、//	算术运算符
+、-	算术运算符
<<、>>	位运算符中的左移和右移
&	位运算符中的位与
^	位运算符中的位异或
|	位运算符中的位或
<、<=、>、>=、!=、==	比较运算符

知识点 6 Python 的程序语句结构

程序语句结构有顺序结构、选择结构和循环结构 3 种基本结构。

① 顺序结构。顺序结构是简单的线性结构。在顺序结构程序中,各操作按照它们出现的先后顺序执行。例如,如图 5-1 所示,执行完 A 框中指定的操作后再执行 B 框中指定的操作。

② 选择结构。选择结构也称为分支结构,其中必包含一个判断框,根据判断条件 P 是否成立而选择执行 A 框或 B 框,如图 5-2 所示。A 框或 B 框中可以有一个是空的,表示不执行任何操作,如图 5-3 所示。

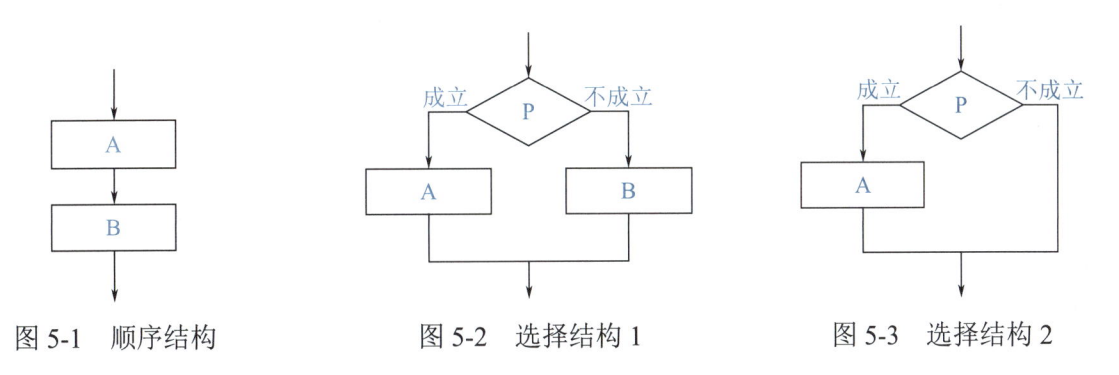

图 5-1 顺序结构   图 5-2 选择结构 1   图 5-3 选择结构 2

③ 循环结构。循环结构又称重复结构,即重复执行某一部分操作,直到条件不成立时终止循环。按照判断条件出现的位置不同,可以将循环结构分为当型循环结构(如图 5-4 所示)

和直到型循环结构（如图 5-5 所示）两种。

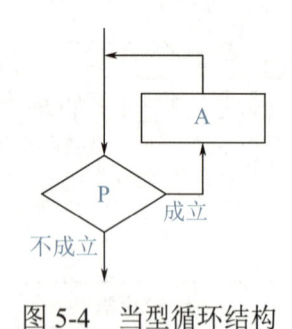

图 5-4　当型循环结构　　　　　图 5-5　直到型循环结构

知识点 7　面向对象程序设计

面向对象程序设计（Object Oriented Programming，OOP）是一种计算机编程架构。OOP 的一条基本原则是计算机程序由单个能够起到子程序作用的单元或对象组合而成。OOP 达到了软件工程的三个主要目标：重用性、灵活性和扩展性。OOP=对象+类+继承+多态+消息，其中核心概念是对象和类。

Python 是一种面向对象的解释型编程语言，其语法简洁、清晰，并具有一组功能丰富且强大的扩展功能库，可以支持复杂的数据处理，在数据分析和人工智能等领域都有广泛的应用。

知识点 8　模块化程序设计

模块化程序设计是指在进行程序设计时将一个大程序按照功能划分为若干小程序模块，每个小程序模块完成一个确定的功能，并在这些模块之间建立必要的联系，通过模块的互相协作完成整个功能的程序设计方法。

利用函数，不仅可以实现程序的模块化，使得程序设计更加简单和直观，从而提高程序的易读性和可维护性，而且还可以把程序中经常用到的一些计算或操作编写成通用函数，以供随时调用。

知识点 9　Python 的 range() 函数

range() 函数是 Python 的内置函数，可创建一个整数列表。for 循环语句经常与 range() 函数一起使用。

- range()函数

函数语法：

range(stop)

range(start, stop[, step])

参数说明：

start：计数从 start 开始。默认是从 0 开始。例如 range（5）等价于 range（0,5）。

stop：计数到 stop 结束，但不包括 stop。例如：range（0,5）是[0, 1, 2, 3, 4]（不包含 5）。

step：步长，默认为 1。例如：range（0,5）表示整数列表[0, 1, 2, 3, 4]（不包含 5），等价于 range(0, 5, 1)。

【例 5-1】示例：

以下程序实现利用 turtle 库绘制一个正方形螺旋线，效果如图 5-6 所示。请修改程序，将绘制颜色改为红色，将转弯角度改为向左转 56 度，观察绘制出的是什么图形。

程序代码：

```
import turtle              #导入可以绘制图形的Python内置turtle库
turtle.color("black")      #绘制黑色的线条
n=1                        #初始化n为1
for i in range(100):       #循环100次
    turtle.forward(n)      #绘制长度为n的直线
    turtle.left(90)        #向左转90度
    n=n+1                  #n自增1
turtle.done()              #完成
```

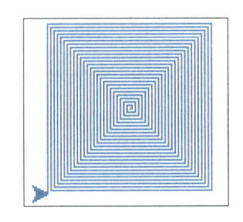

图 5-6　正方形螺旋线的绘制效果

知识点 10　math 模块的使用

math 模块是 Python 中的标准模块。要在此模块下使用数学函数，用户必须使用导入模块 import math。

math 模块中定义的所有函数和属性的列表，见表 5-8。

表 5-8 math 模块中的函数

函数	功能描述	函数	功能描述
ceil(x)	返回大于或等于 x 的最小整数	copysign(x, y)	用数值 y 的正负号替换数值 x 的正负号
cos(x)	返回 x 的余弦函数值	acos(x)	返回 x 的反余弦
sin(x)	返回 x 的正弦函数值	asin(x)	返回 x 的反正弦
tan(x)	返回 x 的正切函数值	atan(x)	返回 x 的反正切
fabs(x)	返回 x 的绝对值	sqrt(x)	返回 x 的平方根
factorial(x)	返回 x 的阶乘	pow(x, y)	返回 x 的幂 y
floor(x)	返回小于或等于 x 的最大整数	acosh(x)	返回 x 的反双曲余弦值
fmod(x, y)	当 x 除以 y 时返回余数	asinh(x)	返回 x 的反双曲正弦值
modf(x)	返回 x 的小数和整数部分	atanh(x)	返回 x 的反双曲正切值
pi	数学常数，圆的周长与其直径之比（3.14159 ...）	cosh(x)	返回 x 的双曲余弦值
e	数学常数 e（2.71828 ...）	sinh(x)	返回 x 的双曲正弦值
degrees(x)	将角度 x 从弧度转换为度	tanh(x)	返回 x 的双曲正切值
radians(x)	将角度 x 从度转换为弧度	erf(x)	返回 x 处的误差函数
log10(x)	返回 x 的以 10 为底的对数值	erfc(x)	返回 x 处的互补误差函数
log(x[, base])	将 x 的对数值返回，只输入 x 时，返回自然对数	trunc(x)	返回 x 的截断整数值
log1p(x)	返回 1 + x 的自然对数值	exp(x)	返回 e ** x
log2(x)	返回 x 的以 2 为底的对数值	expm1(x)	返回 e ** x-1
frexp(x)	将尾数和 index 作为给定数字 x 的一对（m, e）值返回	isinf(x)	如果 x 是正或负无穷大，则返回 True
fsum(iterable)	返回迭代器中值的准确浮点和	isnan(x)	如果 x 是 NaN，则返回 True
isfinite(x)	如果 x 是有限数，则返回 True	ldexp(x, i)	返回 x * (2 ** i)
atan2(y, x)	返回 y / x 的反正切函数值	hypot(x, y)	返回欧几里得范数 sqrt (x * x + y * y)
gamma(x)	返回 x 处的 Gamma 函数	lgamma(x)	返回 x 处 Gamma 函数绝对值的自然对数

知识点 11 turtle 模块的使用

turtle（海龟）是 Python 重要的标准库之一，它能够进行基本的图形绘制。

turtle 库绘制图形有一个基本框架：以窗体中心为坐标原点建立平面直角坐标系，想象成一只小海龟在窗体正中间爬行，其爬行轨迹形成了绘制图形。对于小海龟来说，有"前进""后退""旋转"等爬行行为，对坐标系的探索也通过"前进方向""后退方向""左侧方向"和"右侧方向"等小海龟自身角度方位来完成。

1. turtle 库的功能函数

turtle 库包含 100 多个功能函数，主要包括窗体函数、画笔状态函数、画笔运动函数三类。

1）窗体函数

turtle.setup(width, height, startx, starty)

作用：设置主窗体的大小和位置。

参数：

width：窗口宽度，如果值是整数，表示像素值；如果值是小数，表示窗口宽度与屏幕的比例。

height：窗口高度，如果值是整数，表示像素值；如果值是小数，表示窗口高度与屏幕的比例。

startx：窗口左侧与屏幕左侧的像素距离，如果值是 None，窗口位于屏幕水平中央。

starty：窗口顶部与屏幕顶部的像素距离，如果值是 None，窗口位于屏幕垂直中央。

2）画笔状态函数

常用画笔状态函数见表 5-9。

表 5-9 常用画笔状态函数

函数	描述
pendown()	落下画笔
penup()	提起画笔，与 pendown()配对使用
pensize(width)	设置画笔线条的粗细为指定大小
pencolor()	设置画笔的颜色
color()	返回或设置画笔以及背景颜色
begin_fill()	填充图形前，调用该方法
end_fill()	填充图形结束
filling()	返回填充的状态，True 为填充，False 为未填充
clear()	清空当前窗口，但不改变当前画笔的位置
reset()	清空当前窗口，并重置位置等状态为默认值
screensize()	设置画布的长和宽
hideturtle()	隐藏画笔的 turtle 形状
showturtle()	显示画笔的 turtle 形状
isvisible()	如果 turtle 可见，则返回 True
write(str，font=None)	输出 font 字体的字符串

turtle 中的画笔（即小海龟）可以通过一组函数来控制，其中 turtle.penup()和 turtle.pendown()是一组，它们分别表示画笔的提起和落下，函数定义如下：

（1）turtle.penup()　　别名 turtle.pu(), turtle.up()

作用：提起画笔，之后，移动画笔不绘制形状。

参数：无

（2）turtle.pendown()　　别名 turtle.pd(), turtle.down()

作用：落下画笔，之后，移动画笔将绘制形状。

参数：无

（3）turtle.pensize()函数用来设置画笔尺寸

turtle.pensize(width)　　别名 turtle.width()

作用：设置画笔宽度，当无参数输入时返回当前画笔宽度。

参数：

width：设置画笔的线条宽度，如果为 None 或者为空，函数则返回当前画笔宽度。

（4）turtle.pencolor()函数用来设置画笔颜色

turtle.pencolor(colorstring) 或者 turtle.pencolor((r,g,b))

作用：设置画笔颜色，当无参数输入时返回当前画笔颜色。

参数：

colorstring：表示颜色的字符串，如"purple" "red" "blue"等。

常用颜色字符串：black（黑色）、blue（蓝色）、green（绿色）、gray（灰色）、red（红色）、yellow（黄色）、purple（紫色）、pink（粉色）。

(r,g,b)：颜色对应 RGB 的数值，如 1, 0.65, 0 等。

（5）turtle.color()函数

turtle.color(colorstring)或者 turtle.color(r,g,b)或者 turtle.color((r,g,b))或者 turtle.colo(colorstr1, colorstr2)或者 turtle.color((r1,g1,b1),(r2,g2,b2))。

作用：返回或设置画笔以及背景颜色，当无参数输入时，返回当前的画笔及背景颜色。该函数根据输入的参数不同，有三种用法：

- 直接使用 turtle.color()函数，返回一个二元值，如（"purple" "red"）分别对应画笔的颜色以及背景颜色。
- 使用单参数 turtle.color(colorstring)函数，同时设置画笔和背景颜色为 colorstring 对应的色彩。
- 使用双参数 turtle.color(colorstr1,colorstr2)函数，分别设置画笔和背景的颜色为 colorstr1 和 colorstr2 对应的色彩。

3）画笔运动函数

常用画笔运动函数见表 5-10。

表 5-10　常用画笔运动函数

函数	描述
forward()	沿着当前方向前进指定距离
backward()	沿着当前相反方向后退指定距离
right(angle)	向右旋转 angle 角度
left(angle)	向左旋转 angle 角度
goto(x,y)	移动到绝对坐标（x,y）处
setx()	将当前 x 轴移动到指定位置
sety()	将当前 y 轴移动到指定位置
setheading(angle)	设置当前朝向为 angle 角度
home()	设置当前画笔位置为原点，朝向东
circle(radius,e)	绘制一个指定半径 r 和角度 e 的圆或弧形
dot(r,color)	绘制一个指定半径 r 和颜色 color 的圆点
undo()	撤销画笔最后一步动作
speed()	设置画笔的绘制速度，参数为 0~10 之间

（1）turtle.forward()函数最常用，它控制画笔向当前行进方向前进指定距离

turtle.forward(distance)　　　别名　　turtle.fd(distance)

作用：向小海龟当前行进方向前进 distance 距离。

参数：

distance：行进距离的像素值，当值为负数时，表示向相反方向前进。

（2）turtle.setheading()函数用来改变画笔绘制方向

turtle.setheading(to_angle)　　　别名　　turtle.seth(to_angle)

作用：设置小海龟当前行进方向为 to_angle，该角度是绝对方向角度值。

参数：

to_angle：角度的整数值。

（3）turtle.circle()函数用来绘制一个弧形

turtle.circle(radius, extent=None)

作用：根据半径 radius 绘制 extent 角度的弧形。

参数：

radius：弧形半径，当值为正数时，半径在小海龟左侧；当值为负数时，半径在小海龟右侧。

extent：绘制弧形的角度，当不设置参数或参数设置为 None 时，绘制整个圆形。

2. turtle 库的引用

使用 import 保留字对 turtle 库的引用有如下三种方式。

第一种，import turtle，对 turtle 库中函数调用采用 turtle.<函数名>()形式。

```
1  import turtle
2  turtle.circle(200)
```

第二种，from turtle import *，对 turtle 库中函数调用直接采用<函数名>()形式，不再使用 turtle.作为前导。

```
1  from turtle import *
2  circle(200)
```

第三种，import turtle as t，对 turtle 库中函数调用采用更简洁的 t.<函数名>()形式，保留字 as 的作用是将 turtle 库给予别名 t。

```
1  import turtle as t
2  t.circle(200)
```

3. 其他命令

其他命令见表 5-11。

表 5-11 其他命令

函数	描述
turtle.mainloop()或 turtle.done()	启动事件循环，调用 Tkinter 的 mainloop 函数 必须是 turtle 图形程序中的最后一个语句
turtle.mode(mode=None)	设置 turtle 模式（"standard" "logo"或"world"）并执行重置。如果没有给出模式，则返回当前模式 | 模式 | 初始龟标题 | 正角度 | | --- | --- | --- | | standard | 向右（东） | 逆时针 | | logo | 向上（北） | 顺时针 |
turtle.delay(delay=None)	设置或返回以毫秒为单位的绘图延迟
turtle.begin_poly()	开始记录多边形的顶点。当前的乌龟位置是多边形的第一个顶点
turtle.end_poly()	停止记录多边形的顶点。当前的乌龟位置是多边形的最后一个顶点。将与第一个顶点相连
turtle.get_poly()	返回最后记录的多边形

4. turtle 库的应用实例

【例 5-2】绘制边长为 150 像素的正六边形。

程序代码：

```
import turtle                    #导入turtle模块
for i in range(6):               #for循环
```

```
        turtle.forward(150)          #向前画长度为150像素的线条
        turtle.right(60)             #改变画笔方向,向右转60度
    turtle.done()                    #启动事件循环,turtle图形程序中的最后一个语句
```

【例 5-3】绘制边长为 100 像素的正方形。

程序代码:
```
    import turtle                    #导入turtle模块
    for i in range(4):               #for循环
        turtle.forward(100)          #向前画长度为100像素的线条,也可用turtle.fd(100)
        turtle.right(90)             #改变画笔方向,向右转90度,也可用turtle.rt(90)
    turtle.done()                    #启动事件循环,turtle图形程序中的最后一个语句
```

【例 5-4】绘制边长为 120 像素的红色五角星,图形填充颜色为红色。

程序代码:
```
    import turtle                    #导入turtle模块
    turtle.color("red","red")        #设置画笔颜色为红色,填充颜色为红色
    turtle.begin_fill()              #图形填充初始化
    for i in range(5):               #for循环,控制绘画的线条数量为5
        turtle.forward(120)          #向前画长度为120像素的线条,也可用turtle.fd(120)
        turtle.right(144)            #改变画笔方向,向右转144度,也可用turtle.rt(144)
    turtle.end_fill()                #结束填充
    turtle.done()                    #启动事件循环,turtle图形程序中的最后一个语句
```

【例 5-5】绘制边长为 200 像素的等边三角形,线条颜色为红色,填充颜色为黄色。

程序代码:
```
    import turtle                    #导入turtle模块
    turtle.color("red","yellow")     #设置画笔颜色为红色,填充颜色为黄色
    turtle.begin_fill()              #图形填充初始化
    for i in range(3):               #for循环,控制绘画线条数量
        turtle.forward(200)          #向前画长度为200像素的线条,也可用turtle.fd(200)
        turtle.right(120)            #改变画笔方向,向右转120度,也可用turtle.rt(120)
    turtle.end_fill()                #结束填充
    turtle.done()                    #启动事件循环,turtle图形程序中的最后一个语句
```

【例 5-6】绘制规则的半径为 150 像素的 6 花瓣图形,线条颜色为红色,填充颜色为黄色,效果如图 5-7 所示。

图 5-7 6 花瓣图形

程序代码:
```
    import turtle                    #导入turtle模块
    r = 150                          #初始化圆弧半径为150
```

```
n = 6                              #初始化花瓣数为6
extent = 360/n                     #计算绘制圆弧的圆心角
angle = (n-2)*180/n                #计算正n边形的内角
turtle.color("red", "yellow")      #设置画笔颜色为红色,填充颜色为黄色
turtle.begin_fill()                #开始填充
for i in range(n):                 #循环n次
    turtle.circle(r, extent)       #绘制半径为r的extent度的圆弧
    turtle.left(angle)             #向左转angle度
    turtle.circle(r, extent)       #绘制半径为r的extent度的圆弧
    turtle.left(180)               #向左转180度
turtle.end_fill()                  #结束填充
turtle.done()                      #启动事件循环,turle图形程序中的最后一个语句
```

知识点 12　常用算法的实现实例

1. 累加

【例 5-7】求 1～100 的和。

（1）方法一：使用 for 循环语句

程序代码：

```
SUMvalue=0
for i in range(1,101):
    SUMvalue=SUMvalue+i
print(SUMvalue)
```

说明：range(start,stop)函数用于生成一个整数序列，不包含 stop 值，因此要想生成 1～100，则 stop 值需要为 101。

（2）方法二：使用 while 循环

程序代码：

```
SUMvalue=0
i=1
while i <=100:
    SUMvalue=SUMvalue+i
    i=i+1
print(SUMvalue)
```

2. 求平均值

【例 5-8】求 1～100 和的平均值。

程序代码：

```
SUMvalue=0
AVGvalue=0
for i in range(1,101):
    SUMvalue=SUMvalue+i
AVGvalue= SUMvalue/100
```

```
print(AVGvalue)
```

3. 累乘

【例 5-9】求 1~10 的累乘值。

(1) 方法一：使用 for 循环语句

程序代码：
```
multivalue=1
for i in range(1,11):
    multivalue = multivalue *i
print(multivalue)
```

说明：累乘的初始值（multivalue）不能是 0，而应是 1。

(2) 方法二：使用 while 循环

程序代码：
```
multivalue =1
i=1
while i <=10:
    multivalue = multivalue *i
    i=i+1
print(multivalue)
```

(3) 方法三：使用 math 库中的 factorial()函数

程序代码：
```
import math
multivalue =math.factorial(10)
print(multivalue)
```

4. 求最大值

【例 5-10】要求：从键盘输入两个数，输出较大数。

程序代码：
```
a = float(input("请输入一个数："))    #输入a的值
b = float(input("请输入另一个数："))  #输入b的值
max = b                               #将b的值赋给max
if  a > b:                            #当a大于b时，将a赋给max
    max = a
print("请输入较大数：",max)           #输出max的值
```

5. 根据输入数求和

【例 5-11】要求：从键盘输入三个整数，求出三个数的和。

程序代码：
```
a = int(input("请输入一个数："))      #输入a的值
b = int(input("请输入另一个数："))    #输入b的值
c = int(input("请输入第三个数："))    #输入c的值
```

```
        print("a+b+c=",a+b+c)              #输出a,b,c相加的和
```

6. 判断成绩是否合格

【例5-12】要求：从键盘输入一个数值，数值的范围在0～100之间，如果成绩大于或等于60，则成绩为合格；反之，则成绩为不合格。

程序代码：

```
n=float(input("请输入学生成绩："))          #输入一个数，保存在变量n中
if n>=60:
    print("学生成绩合格！")
else:
    print("学生成绩不合格！")
```

7. 求符合条件数的累加值

【例5-13】要求：输入一个整数n，如果n是偶数，求2+4+…+n的值，如果n是奇数，求1+3+…+n的值。

程序代码：

```
n=int(input("请输入一个整数："))            #输入一个整数，保存在变量n中
s=int()     #定义一个整型变量s
i=int()     #定义一个整型变量i
s=0     #初始化变量s的值为0
if n%2 ==0:                                #求整数n除以2的余数，判断余数是否等于0
#注释:                                      条件成立，则执行以下语句，求2+4+…+n的值
    i=0
    while i<=n:
        s=s+i
        i=i+2
    print("2+4…"+str(i-2)+"的值是：",s)
else:                                      #条件不成立，则执行以下语句，求1+3+…+n的值
    i=1
    while i<=n:
        s=s+i
        i=i+2
    print("1+3…"+str(i-2)+"的值是：",s)
```

8. 求符合条件式子的值

【例5-14】要求：输入一个正整数，求出式子"1×2+2×3+3×4+4×5+…+n×(n+1)"的值。

程序代码：

```
s=int()
i=int()
s=0
i=1
n=int(input("请输入一个正整数："))
for i in range(1,n+1):
```

```
    s=s+i*(i+1)
print("当n等于",n,"时,式子"1×2+2×3+3×4+4×5+…+n×(n+1)"的值为",s)
```

【例 5-15】要求：输入一个正整数，求出式子"1×1/2×1/3×1/4×…×1/n"的值。

程序代码：
```
s=int()
i=int()
s=1
i=1
n=int(input("请输入一个正整数："))
for i in range(1,1/n):
    s=s *(1/i)
print("当n等于",n,"时,式子"1×1/2×1/3×1/4×…×1/n"的值为",s)
```

单 元 测 试

一、选择题

1. Python 语言属于（　　）。
   A．低级语言　　　　　　　　B．初级语言
   C．高级语言　　　　　　　　D．机器语言

2. 以下对 Python 语言特点的描述，错误的是（　　）。
   A．它是一种简单、免费、开源的语言
   B．Python 语言程序不容易阅读
   C．Python 语言程序移植性较好，便于与他人分享代码
   D．它是一种面向对象的解释型程序设计语言

3. 使用机器语言编程时，程序代码是（　　）。
   A．二进制　　　　　　　　　B．十进制
   C．八进制　　　　　　　　　D．十六进制

4. 计算机在执行高级语言程序时，翻译成机器语言并立即执行的程序是（　　）。
   A．高级程序　　　　　　　　B．编译程序
   C．解释程序　　　　　　　　D．汇编程序

5. 高级语言更接近自然语言，并不特指某种语言，也不依赖特定的计算机系统，因而更容易掌握和使用，通用性也更好。以下不属于高级语言的是（　　）。
   A．Java 语言　　　　　　　　B．Python 语言
   C．汇编语言　　　　　　　　D．VB 语言

6. 以下属于整型常量的是（　　）。

   A．"2021"　　　　　　　　　　B．20/21

   C．2021　　　　　　　　　　　D．"2021-1-1"

7. 以下属于正确 Python 变量名的是（　　）。

   A．真实的　　　　　　　　　　B．88abc

   C．abc&88　　　　　　　　　　D．_abc88

8. 下列选项中，不属于数字类型的是（　　）。

   A．整型　　　　　　　　　　　B．浮点型

   C．复数型　　　　　　　　　　D．字符串型

9. 执行语句 a=input("输入一个数：")后，若输入 10，则 a 的值是（　　）。

   A．10　　　　　　　　　　　　B．"10"

   C．0　　　　　　　　　　　　 D．空值

10. 在 Python 中，可以输出"hello world"的语句是（　　）。

    A．printf("hello world")　　　B．input("hello world")

    C．print("hello+world")　　　 D．print("hello world")

11. 若 x=3，y=5，则执行 print("x+y=", x+y)语句后，输出的结果是（　　）。

    A．3+5=8　　　　　　　　　　 B．x+y=8

    C．" x+y"=8　　　　　　　　　D．语法错误

12. 在 Python 中，以下属于错误赋值语句的是（　　）。

    A．a=b=10　　　　　　　　　　B．2b=5

    C．a,b=1,2　　　　　　　　　 D．a+=1

13. 每个 if 条件后需要使用（　　）。

    A．冒号　　　　　　　　　　　B．分号

    C．中括号　　　　　　　　　　D．大括号

14. 下面程序的输出结果是（　　）。

    ```
    score=80
    if score<60:
        print('成绩为%d'%score, end=', ')
    print('不及格')
    ```

    A．成绩为80，不及格　　　　　B．成绩为80

    C．不及格　　　　　　　　　　D．无输出

15. 下面程序的输出结果是（　　）。

    ```
    score=80
    if score<60:
        print('不及格')
    ```

```
else:
    pass
```

A．不及格 B．pass

C．报错 D．无输出

16．在 Python 3.8.6 中，下列输出变量 a 的正确写法是（　　）。

A．print a B．print(a)

C．print "a" D．print("a")

17．Python 源程序文件的扩展名是（　　）。

A．.py B．.h

C．.cpp D．.exe

18．Python 导入模块的关键字是（　　）。

A．import B．assert

C．for D．while

19．下列程序段执行后，输出的结果是（　　）。

```
x=11
x+=1
print(x)
```

A．9 B．10

C．11 D．12

20．假设 x=3，y=5，z=2，则表达式(x ** 2+ y) / z 的值是（　　）。

A．5.5 B．5.0

C．6.0 D．7.0

21．假设 f=13.8，则表达式 int(f)%3 的值是（　　）。

A．1 B．4

C．4.333333 D．4.6

22．在 Python 中，求 a 除以 b 的余数，正确的表达式是（　　）。

A．a**b B．a/b

C．a%b D．a//b

23．在 Python 中，表达式 15//2 的执行结果是（　　）。

A．4.5 B．1

C．7 D．30

24．已知 a=10，执行 a*=5 后，a 的值是（　　）。

A．5 B．10

C．15 D．50

25. 在 Python 中，表达式 1/4+2.75 的值是（　　）。

　　A．3　　　　　　　　　　B．7.0

　　C．8.75　　　　　　　　　D．不确定

26. 在 Python 中，以下表达式的计算结果不为 0 的是（　　）

　　A．2//4　　　　　　　　　B．4%2

　　C．2/4　　　　　　　　　 D．4*0

27. 在 Python 中，判断 a 不等于 b 的表达式是（　　）。

　　A．a<>b　　　　　　　　　B．a!=b

　　C．a≠b　　　　　　　　　D．a==b

28. range(3,8)表示的整数列表是（　　）。

　　A．[3,4,5,6,7,8]　　　　　B．[3,4,5,6,7]

　　C．[4,5,6,7]　　　　　　 D．[4,5,6,7,8]

29. 下列程序段执行后，输出的结果是（　　）。

```
n=1
s=1
while n<5:
    s=s*n
    n=n+1
print(s)
```

　　A．24　　　　　　　　　　B．10

　　C．120　　　　　　　　　 D．15

30. 如果 x=35，y=80，下列程序段执行后输出的结果是（　　）。

```
if x <-10 or x>30:
if(y>=100):
    print("危险")
else:
    print("报警")
else:
    print("安全")
```

　　A．危险　　　　　　　　　B．报警

　　C．报警安全　　　　　　　D．危险安全

二、编程题

1．根据输入的边数绘制正多边形。

2．输出"水仙花数"。水仙花数是指 1 个 3 位的十进制数，其各位数字的立方和恰好等于该数本身。例如，153 是水仙花数，因为 $153=1^3+5^3+3^3$。

3．三数排序。输入三个整数 x,y,z，请把这三个数由小到大输出。

4．求 100～200 的素数。

题目要求：判断 101～200 之间有多少个素数，并输出所有素数。

程序分析：用一个数分别去除 2 到 sqrt(这个数)，如果能被整除，则表明此数不是素数，反之是素数。

第六章　数字媒体技术应用

学习目标

1. 获取加工数字媒体素材

（1）了解数字媒体的定义。

（2）了解数字媒体文件的类型、格式及特点。

（3）了解获取文本、图像、声音、视频素材的方法。

（4）了解使用 Photoshop 软件对图像素材的简单编辑、处理的方法。

2. 演示文稿的制作

（1）理解演示文稿处理软件（WPS Office 2019 之演示）的功能和特点。

（2）熟练掌握演示文稿的创建、打开、关闭与退出操作。

（3）熟练掌握演示文稿的编辑、保存及浏览操作。

（4）熟练掌握幻灯片进行选择、插入、复制、移动和删除操作。

（5）熟练掌握幻灯片版式的更换。

（6）掌握幻灯片母版的应用。

（7）掌握设置幻灯片背景。

（8）熟练掌握文字格式的复制。

（9）熟练掌握在幻灯片中插入艺术字、形状等内置对象。

（10）掌握在幻灯片中插入图片、音频、视频等外部对象。

（11）掌握在幻灯片中建立表格与图表。

（12）掌握创建动作按钮、建立幻灯片的超链接。

（13）熟练掌握幻灯片之间切换方式的设置。

（14）熟练掌握幻灯片对象动画方案的设置。

（15）掌握设置演示文稿的放映方式。

（16）掌握对演示文稿打包，生成可独立播放的演示文稿文件。

3. 虚拟现实与增强现实技术

（1）了解虚拟现实与增强现实技术基本定义。

（2）了解虚拟现实与增强现实技术发展现状。

知识点精讲

知识点 1　获取加工数字媒体素材

1. 数字媒体的定义

1）数字媒体

数字媒体是指以二进制数的形式记录、处理、传播、获取过程的信息载体。这些载体包括数字化的文字、图形、图像、声音、视频影像和动画等感觉媒体，和表示这些感觉媒体的表示媒体（编码）等，通称为逻辑媒体，以及存储、传输、显示逻辑媒体的实物媒体。

2）数字媒体技术

数字媒体技术主要包括研究数字媒体的表示、记录、处理、存储、传输、显示、管理等各个环节的软硬件技术，融合了数字信息处理、计算机技术、数字通信和网络技术等现代计算和通信手段。用于综合处理文字、声音、图形、图像、数字视频等信息，使抽象的信息变成可感知、管理和交互的信息。

2. 数字媒体文件的类型、格式及特点

1）数字媒体处理软件

（1）文字编辑软件。常用的文字编辑软件有 Word、WPS 等，可在文档中输入文本、插入图形图像等多媒体元素。

（2）图形图像处理软件。常用于绘制和处理矢量图形的软件有 Illustrator 和 CorelDRAW 等；常用于编辑和处理位图图像的软件有 Photoshop、ACDSee 和美图秀秀等。

（3）动画制作软件。计算机动画可分为二维动画和三维动画两种类型。常用的二维动画制作软件有 Flash、GIF Construction Set 和 Animator Studio 等；三维动画制作软件有 3ds Max、Maya、COOL 3D 和 Poser 等。

（4）音频采集与编辑软件。常用的音频采集和编辑软件有 3 种：一是声音格式转化软件，如 Easy CD-DA Extractor 和 RealJukebox；二是声音编辑软件，如 GoldWave、WaveStudio 和 Cool Edit；三是声音压缩软件，如 L3Enc 和 WinDAC 32。

（5）视频编辑软件。常用的视频编辑软件有 Adobe Premiere 和 After Effects。

2）数字媒体文件的格式

由于设备不同，输出的文本、图像、视频和音频等多媒体信息格式也各不相同。下面介绍一些常见的多媒体文件格式，见表 6-1。

表 6-1　常见多媒体文件格式

分　类	格　式	浏览方式
文本文件格式	.txt	记事本
	.docx	Microsoft Word
	.wps	WPS
图像文件格式	.bmp	ACDSee；美图秀秀
	.jpg/.jpeg	ACDSee；美图秀秀
	.gif	ACDSee；美图秀秀
	.png	ACDSee；美图秀秀
	.pdf	Adobe Acrobat
	.cdr	CorelDRAW
	.ai	Illustrator
	.psd	Photoshop
视频文件格式	.avi	Windows Media Player
	.wmv	Windows Media Player
	.mov	QuickTime Player
	.rmvb	RealOne Player
	.mpeg	Windows Media Player
	.mp4	Windows Media Player
	.flv	爱奇艺等播放器
音频文件格式	.wav	Windows Media Player
	.mp3	Windows Media Player
	.midi	Windows Media Player

3）数字媒体的特点

数字媒体的特点有多样性、互动性、集成性、低成本、易于传播等。

3. 获取文本、图像、声音、视频素材的方法

1）常用多媒体素材

常用多媒体素材包括文本、图形、图像、音频、视频和动画等。

2）获取常用多媒体素材

（1）获取文本素材

获取文本素材可通过如下几种方法：使用已有文本素材；自行输入待编辑的文本素材；通过网络下载文本素材；使用 OCR 软件识别，将图像中的文字转换成文本素材。

（2）获取图形及图像素材

通过网站下载；使用数码相机或手机自行拍摄；利用扫描仪将印刷品上的图像扫描输入到计算机中；用图像处理软件加工制作；利用 HyperSnap、Snagit 等抓图软件捕获计算机显示屏幕上的图像。

（3）获取动画素材

获取动画素材主要是在网站下载或利用各种动画制作软件自行制作。

（4）获取音频素材

通过网站下载；通过计算机声卡采集获取音频素材；利用 Adobe Audition、GoldWave 等软件截取。

（5）获取视频素材

通过网站下载；通过计算机视频采集卡获取；利用视频编辑软件自行制作。

知识点 2　Photoshop 软件的基本操作

Photoshop（简称 PS）软件是 Adobe 公司旗下最为出名的图像处理软件之一，主要功能包括图像编辑、图像合成、校色调色和特性制作四部分。

1. Photoshop 中的一些基础概念

1）像素：在 PS 中，像素是组成图像的基本单元。一个图像由许多像素组成，每个像素都有不同的颜色值，单位面积内的像素越多，分辨率（PPI）就越高，图像的效果就越好。

2）位图和矢量图：位图是由像素组成的，也称为像素图或者是点阵图，图像的质量是由分辨率决定的。一般来讲，如果不用于印刷，通常用 72 分辨率就可以；如果是用于彩色印刷，则最好不低于 300 分辨率。矢量图的组成单元是描点和路径。无论放大多少倍，它的边缘都是平滑的。

3）色彩模式：常见的色彩模式包括：灰度模式、RGB 模式、CMYK 模式。

色彩模式需要针对设计的不同显示特性有针对性地进行切换，如：RGB 模式为显示模式，该模式是根据显示器红、绿、蓝三色光的混合原理设计；CMYK 模式则是印刷模式，该模式是根据印刷色青、品红、黄、黑四种颜色的混色原理进行设计。

2. Photoshop 的工作界面

通过双击桌面图标打开 Photoshop 软件。界面主要包括工具栏、菜单栏等。

3. Photoshop 的基本工具

1）移动工具：移动已选择的图像，没选区的将移动整个图层。

2）选区工具：选区工具均是用来选取物体、限制编辑范围的，不同特点的对象应该使用不同的选区工具。所有的选区工具均在选择图层的状态下通过鼠标左键的拖动或单击来实现选区的绘制。取消选区的快捷键为"Ctrl+D"。

3）裁切工具：裁切画面，删除不需要的图像。

4）图像修复工具组：由污点修复画笔工具、修复画笔工具、修补工具和红眼工具组成，主要针对图片中的瑕疵进行修复。

5）画笔工具组：该工具组中常用的为画笔工具和铅笔工具，用前景色在画布上绘画，模仿现实生活中的笔刷进行绘画，可创造样式丰富的自由线条，当按住 Shift 键进行绘画时可以画出直线，按住 Shift 键单击可以在点与点之间连接出直线。铅笔用于创建硬边界的线条。

画笔的属性设置可以通过按 F5 键调出，常用的属性包括：直径、角度、圆度、硬度和间距。

6）仿制印章工具组：属于局部复制修复工具，它由仿制印章工具和图案图章工具组成。仿制印章工具可将一幅图像复制到同一幅图像或另一幅图像中，可用于修复损坏的图像、相片，通过按 Alt 键单击鼠标左键进行取样后，再对目标位置进行涂抹；图案图章工具可将预先定好的一幅图案进行复制，涂抹过的区域会出现选定的图案。

7）橡皮擦工具组：由橡皮擦工具、背景橡皮擦工具和魔术橡皮擦工具组成。

8）视觉效果调整组：包括以调整视觉效果为主要内容的模糊工具、锐化工具和涂抹工具，以及以色调调整为主要内容的减淡工具、加深工具和海绵工具。

9）矢量工具组：对于矢量图形的操作全部都在矢量工具组里，包括用来移动矢量图形的路径选择工具，调整路径锚点的直接选择工具，也包括用来绘制矢量线条的钢笔工具和自由钢笔工具，以及用来绘制各种形状的形状工具。值得一提的是文字工具也被归纳在矢量工具组中，所以在 Photoshop 软件中文字可以转换成矢量图形。

10）视图工具组：视图工具中较常用的是抓手工具和放大缩小工具，主要是用于画面的放大缩小和平移。在操作过程中抓手工具可按住空格键进行切换，放大缩小可通过按住 Alt 键的同时滚动鼠标滚轮来实现。

4. Photoshop 的基本操作

1）快速修改图片大小

当我们要存储较小文件时通常使用 Web 所用格式进行储存。按"Ctrl+Shift+Alt+S"组合键，就会出现一个"存储为 Web 所用格式"的对话框，或者直接单击"文件"选项在列表中找到"存储为 Web 所用格式"。

2）使用选区工具抠图

使用选区工具将蚂蚁线围绕住所选定对象时，使用"Ctrl+J"组合键即可复制出选区内的图形，隐藏原始图层的眼睛就可看到抠出效果。

知识点 3　演示文稿的制作

1. WPS Office 2019 之演示的概述

WPS Office 2019 之演示和微软的 PowerPoint 功能一样，用于演示幻灯片。是一个演示文稿制作软件。它功能丰富，制作简单。利用它能够制作生动的幻灯片，并达到最佳的现场演示效果。WPS 制作的幻灯片可以包含视频、声音等多媒体对象，用于制作贺卡、奖状、相册、发言稿、电子教案、多媒体课件，被广泛运用于各种会议、产品演示、学校教学及电视节目制作等。

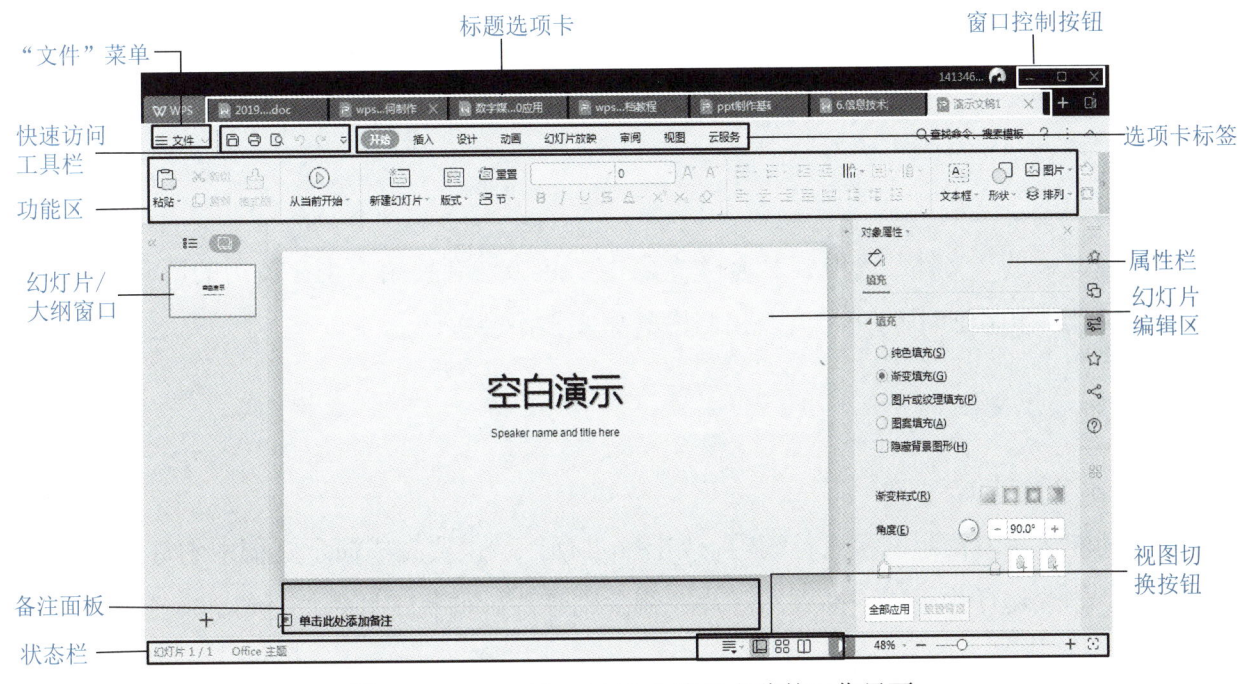

2. WPS Office 2019 之演示文稿的工作界面

启动 WPS Office 2019 之演示后，进入其工作界面，主要内容有标题选项卡、快速访问工具栏、"文件"菜单、功能区、幻灯片编辑区、幻灯片/大纲窗口、备注面板、状态栏、视图切换按钮，如图 6-1 所示。

图 6-1　WPS Office 2019 之演示文稿的工作界面

利用视图切换按钮可在普通视图、幻灯片浏览视图、阅读视图、幻灯片放映视图这四种视图模式间任意切换。如果想使用备注页视图和阅读视图，可在"视图"选项卡中进行切换。

3．演示文稿的创建、打开、关闭与退出操作

1）创建演示文稿

创建新的空白演示文稿：

方法一：在"文件"选项卡中选择"新建"命令，此时界面右侧"可用的模板和主题"窗格中的"空白演示文稿"项为默认选中状态，单击"新建空白演示"中的"+"按钮即可创建新的空白演示文稿。

方法二：已经打开演示文档页面时，只要在"快速访问工具栏"中直接单击"新建幻灯片"按钮，即可创建新的空白演示文稿。

2）打开演示文稿

方法一：选择所需演示文稿并双击图标。

方法二：启动 WPS Office 2019 后，在"文件"选项卡或"WPS"选项卡中选择"打开"，或按"Ctrl+O"组合键，打开"打开"对话框。在对话框中选择所需演示文稿，然后单击"打开"按钮。

3）关闭与退出演示文稿

（1）关闭演示文稿

方法一：单击标题选项卡右侧的"关闭"按钮。

方法二：右击标题选项卡在弹出的快捷菜单中选择"关闭""关闭其他""关闭右侧""关闭左侧"等选项。

方法三：按"Alt+F4"组合键。

（2）退出演示文稿

在演示文稿的"文件"选项卡中选择"退出"。该方法会使用户正在使用的所有演示文稿文件全部关闭，正在使用的文字类型和表格类型文档不会关闭。

4．编辑演示文稿

1）演示文稿的编辑

通过功能区等对演示文稿进行编辑，如图 6-2 所示。主要完成演示文稿中幻灯片的新建、内容编辑、修改幻灯片版式、插入幻灯片、删除幻灯片、调整幻灯片位置等。

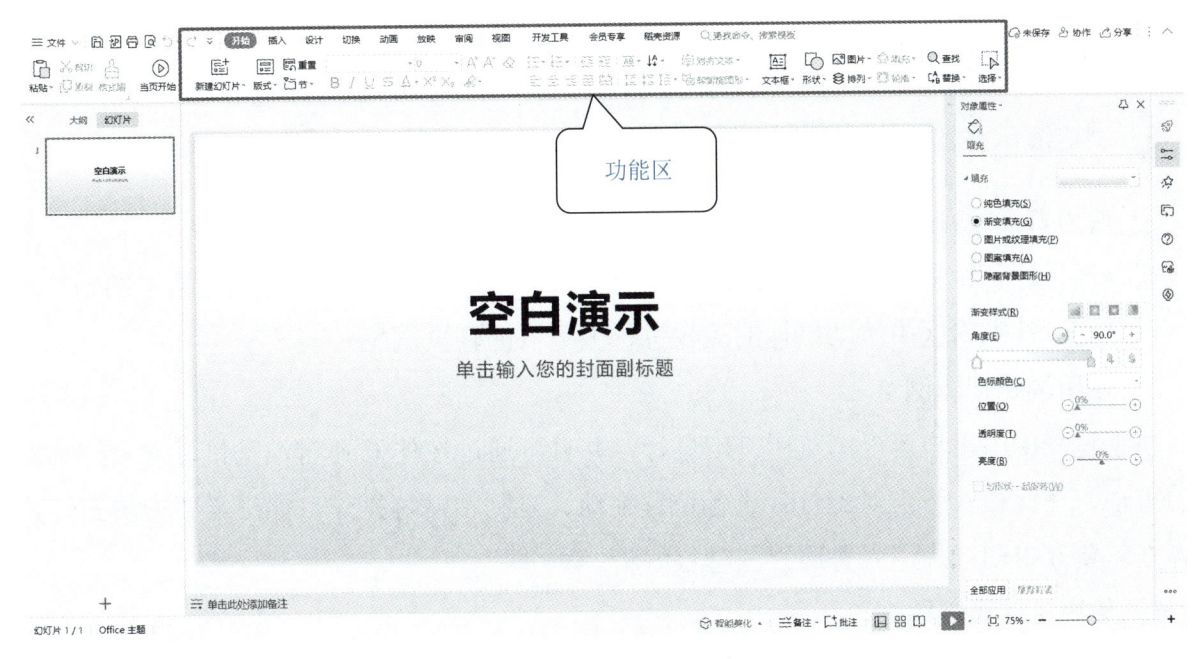

图 6-2　编辑演示文稿

内容编辑主要是输入文本、选择文本、修改文本、删除文本、移动文本、复制文本、粘贴文本等。

2）演示文稿的保存

保存时应指定保存路径、保存类型和文件名。WPS 演示文稿默认保存格式为 PowerPoint 的".pptx"格式，PowerPoint 97-2003 的文件类型为".ppt"。

（1）保存已有演示文稿

要保存演示文稿，可单击"快速访问工具栏"中的"保存"按钮，或在"文件"选项卡中选择"保存"，或直接按"Ctrl+S"组合键进行保存。

（2）首次保存演示文稿

如果是首次保存演示文稿，在进行保存操作时将打开"另存为"对话框，在该对话框中可以设置演示文稿的保存路径、保存名称和保存类型。设置完成后单击"保存"按钮即可保存演示文稿。

（3）保存演示文稿副本

保存演示文稿副本是将已经保存过的演示文稿另存一份，且不覆盖已保存的原演示文稿，可通过改变保存路径或文件名的方式来完成，操作方法有如下两种。

方法一：在"文件"选项卡中选择"另存为"，然后在打开的"另存为"对话框中设置保存路径和文件名，最后单击"保存"按钮。

方法二：按 F12 键打开"另存为"对话框并进行设置后，单击"保存"按钮。

（4）保存演示文稿为其他文件类型

演示文稿制作完成后，还可将其保存为其他格式的文件。具体操作方法是，打开"另存为"对话框后,在"文件类型"下拉列表中选择所需文件格式。

5. 浏览演示文稿

1)使用普通视图浏览

在普通视图下用户可通过单击幻灯片/大纲窗口中的缩略图有选择地浏览选中的幻灯片,也可以在幻灯片编辑区中滚动鼠标的滚轮进行上下页的翻页浏览。

2)使用浏览视图浏览

在浏览视图中用户可以浏览所有幻灯片,并且可通过按住 Ctrl 键滚动鼠标滚轮控制幻灯片的大小,在此模式下可对幻灯片进行位置拖动、复制粘贴等操作,如果需要编辑幻灯片的内容则需要双击幻灯片进入普通视图进行编辑。

3)使用备注页视图浏览

在备注页视图下进行浏览,通过滚动鼠标滚轮可进行上下页的翻页,幻灯片的内容不可修改,可编辑备注栏文字,也可调整幻灯片的大小和备注文本框的大小。

4)使用阅读视图浏览

在阅读视图中进行浏览可直接展示出幻灯片中的所有效果,等同于播放预览。可通过单击幻灯片或滚动鼠标滚轮来实现翻页浏览。

6. 幻灯片的选择、插入、复制、移动和删除

1)选择幻灯片

选择一张幻灯片:在幻灯片/大纲窗口中单击所需幻灯片即可选中(被选中的幻灯片外边框呈现红色),如图 6-3 所示。

图 6-3 选择幻灯片

选择多张幻灯片:要选择多张连续幻灯片,可在选中连续幻灯片的第一张幻灯片(或最后一张幻灯片)后,按住 Shift 键,再单击最后一张幻灯片(或第一张幻灯片);要选择多张

不连续幻灯片，可在按住 Ctrl 键的同时依次单击所需幻灯片。

选择全部幻灯片：按"Ctrl+A"组合键即可。

2）插入幻灯片

方法一：默认情况下，新建演示文稿中只包含一张幻灯片，如果需要插入新的幻灯片，可在"开始"选项卡"幻灯片"功能组中单击"新建幻灯片"按钮下方的三角形按钮，然后在展开的下拉列表中选择所需幻灯片版式，如图 6-4 所示。

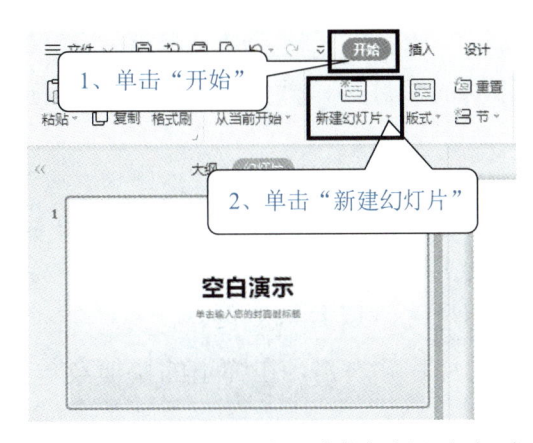

图 6-4　通过"幻灯片"功能组插入幻灯片

方法二：在幻灯片/大纲窗口最下方有一个"+"即"新建幻灯片"按钮，单击后在展开的下拉列表中选择"新建幻灯片版式"，即可在当前选择的幻灯片后面插入一张新的幻灯片。

方法三：在幻灯片/大纲窗口单击选中要插入幻灯片的位置，右键单击在弹出的快捷菜单中选择"新建幻灯片"命令，即可在当前选择的幻灯片后面插入一张新的幻灯片，默认新建"标题和内容"版式，如图 6-5 所示。

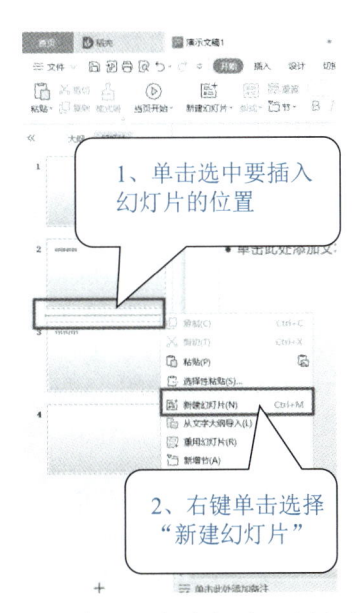

图 6-5　通过幻灯片/大纲窗口插入幻灯片

方法四：将鼠标指针移至幻灯片/大纲窗口的幻灯片缩略图下方就会自动出现快捷方式，单击"+"即可在该缩略图下方插入一张新的幻灯片。

3）复制幻灯片

如果想要复制幻灯片，可先选中要复制的幻灯片按"Ctrl+C"组合键，再单击幻灯片与幻灯片中间的空隙部分，按"Ctrl+V"组合键；或者直接在幻灯片/大纲窗口选中要复制的幻灯片，右击在弹出的快捷菜单中选择"复制幻灯片"命令，也可对幻灯片进行复制操作。

4）移动幻灯片

在幻灯片窗格中选中要移动的幻灯片，然后按住左键将其拖到需要的位置即可完成移动操作。

5）删除幻灯片

删除幻灯片的常用方法有如下两种。

方法一：选中需要删除的幻灯片，按 Delete 键。

方法二：选中需要删除的幻灯片并右击，在弹出的快捷菜单中选择"删除幻灯片"命令。

7．幻灯片版式的更换

版式是幻灯片中各种元素的排列组合方式，WPS Office 2019 之演示软件提供了 11 种默认版式：标题幻灯片、标题和内容、节标题、两栏内容、比较、仅标题、空白、图片与标题、竖排标题与文本、内容和末尾幻灯片，如图 6-6 所示。幻灯片版式主要用于设置幻灯片中各元素的布局，如占位符的位置和类型等。

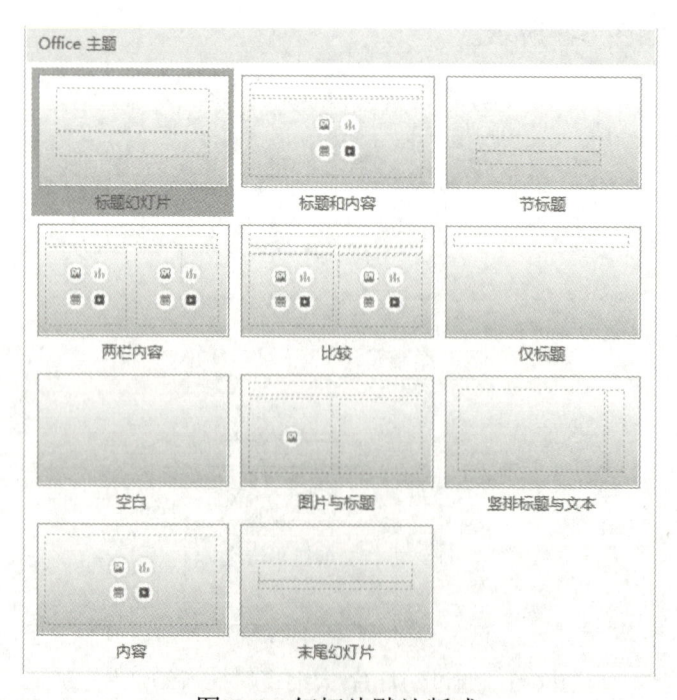

图 6-6　幻灯片默认版式

8. 幻灯片母版的应用

幻灯片母版是一种特殊的幻灯片，是用于存储关于模板信息的设计模板，这些模板信息包括字形、占位符的大小和位置、背景设计和配色方案等，只要在母版中更改了样式，则对应幻灯片中相应的样式也会随之改变。在"视图"选项卡中单击"幻灯片母版"按钮即可进入幻灯片母版视图。

设置幻灯片母版的方法，如图 6-7 所示。

第一步：选择"视图"选项卡。

第二步：单击"幻灯片母版"按钮。

第三步：设置母版的主题、颜色、字体、效果、背景等需要的属性。

第四步：单击"关闭"按钮退出幻灯片母版编辑界面，将相关设置应用到当前演示文稿。

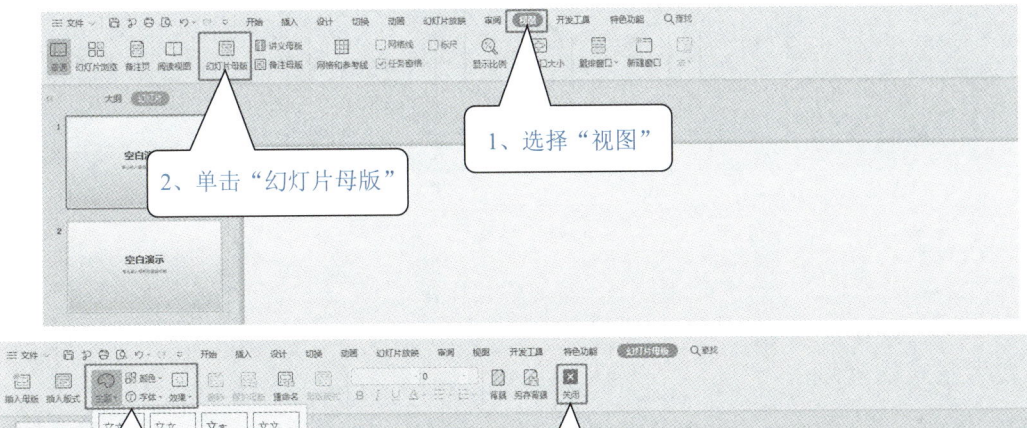

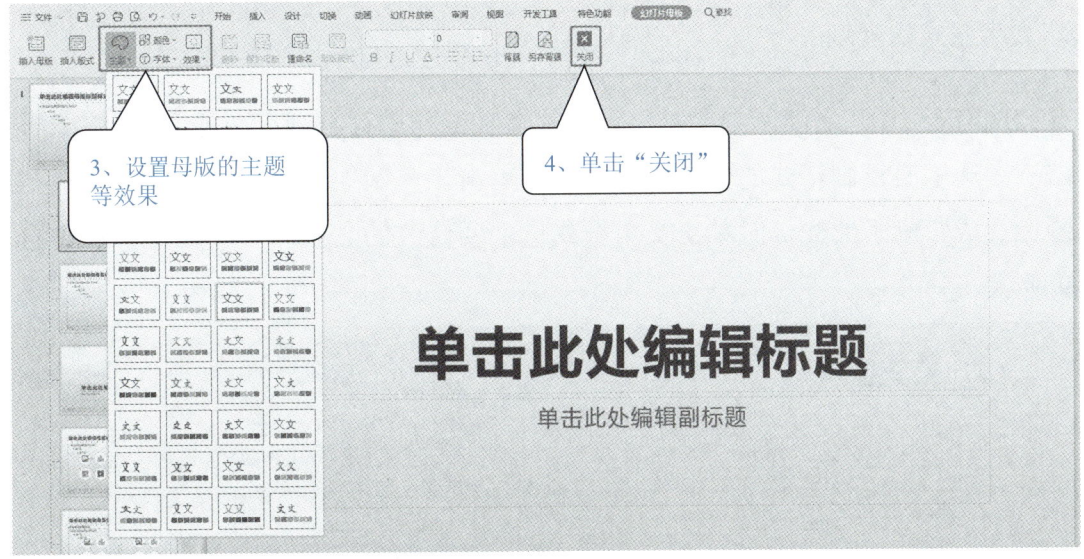

图 6-7 幻灯片母版

9. 设置幻灯片背景

设置幻灯片的背景，可在"设计"选项卡中单击"背景"按钮调出"对象属性"，可设置为纯色填充、渐变填充、图片或纹理填充、图案填充四种填充方式。

设置幻灯片背景的步骤：

选择"设计"选项卡，单击"背景"按钮，在下拉列表中选择"背景（K）"命令，在"对象属性"面板设置相应的效果，然后单击"全部应用"按钮，如图 6-8 所示。

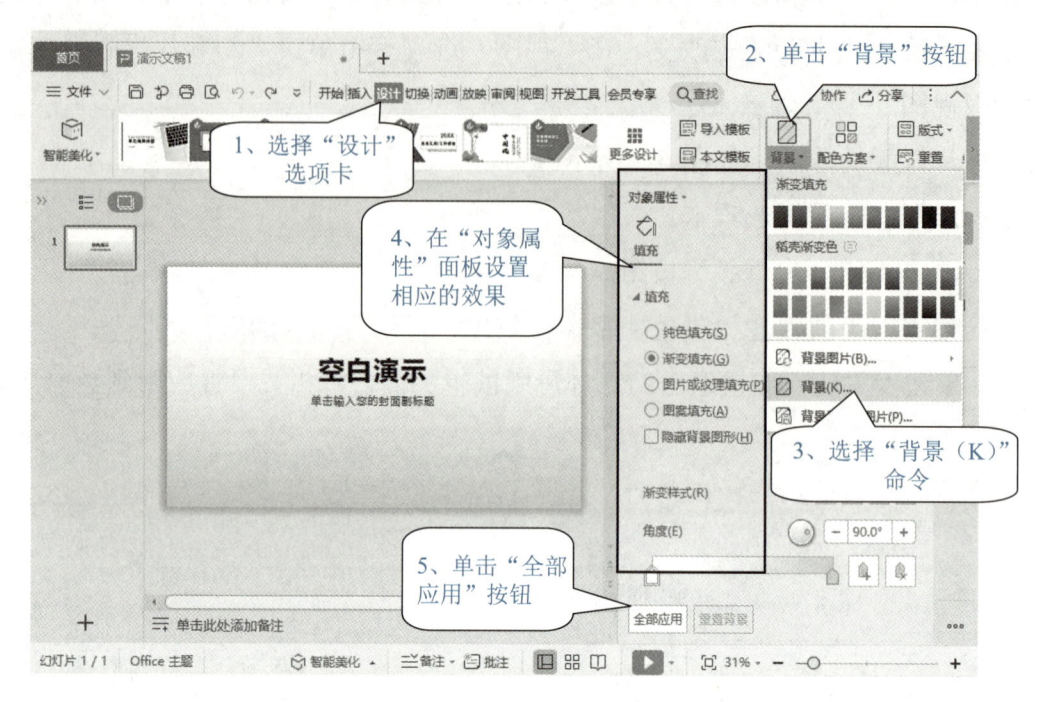

图 6-8　设置幻灯片背景

10．文字格式的复制

在 WPS Office 2019 之演示中要对已设置的文字格式进行复制有两种方法。

方法一：选中要复制格式的文字或文本框，单击"开始"选项卡中的"格式刷"按钮，当鼠标图标变成带刷子的光标时单击文本框或选中要修改的文字即可完成文字格式的复制，如图 6-9 所示。

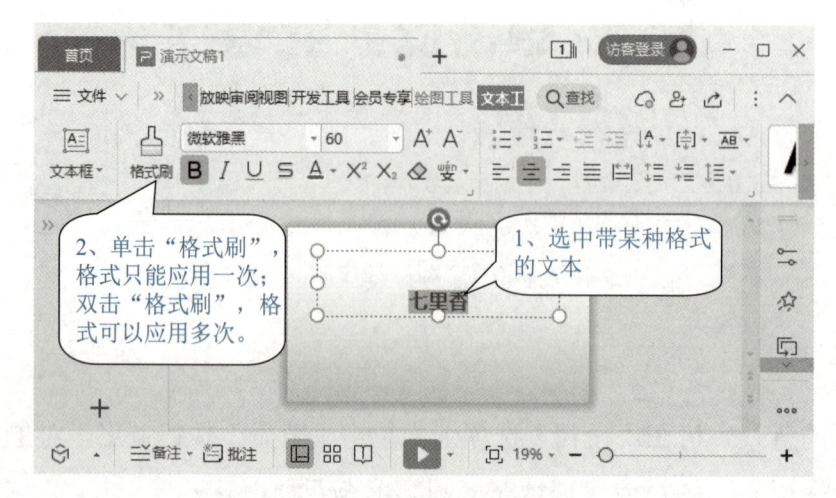

图 6-9　文字格式的复制

方法二：选中要复制格式的文字或文本框，使用"Ctrl+Shift+C"组合键即可复制其文本格式；选中要粘贴格式的文字或文本框，使用"Ctrl+Shift+V"组合键即可完成文字格式的粘贴。

11. 在幻灯片中插入艺术字、形状等内置对象

1）插入艺术字

在幻灯片中插入艺术字步骤如下：

选择"插入"选项卡，单击"艺术字"按钮，选择艺术字样式，然后输入相应文字并设置字体和文本效果，如图6-10所示。

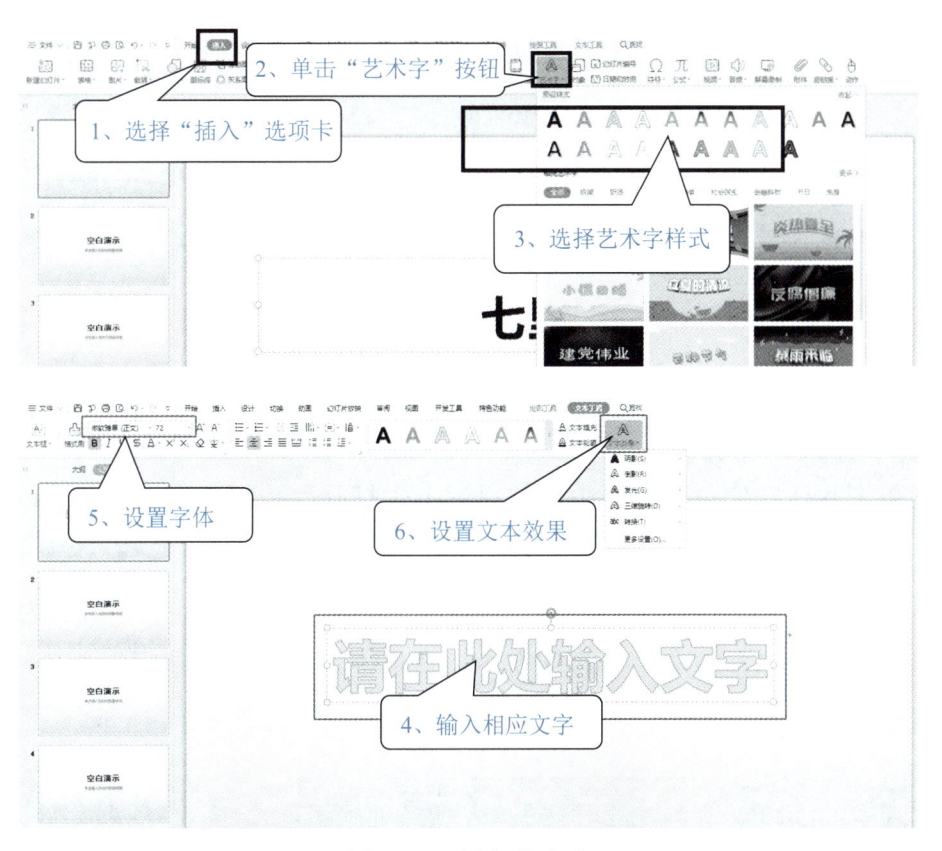

图6-10 插入艺术字

2）插入形状

在幻灯片中插入形状步骤如下：

选择"插入"选项卡，单击"形状"按钮，在下拉菜单中选择图形样式，在幻灯片相应位置按住左键将形状拖曳出来，如图6-11所示。

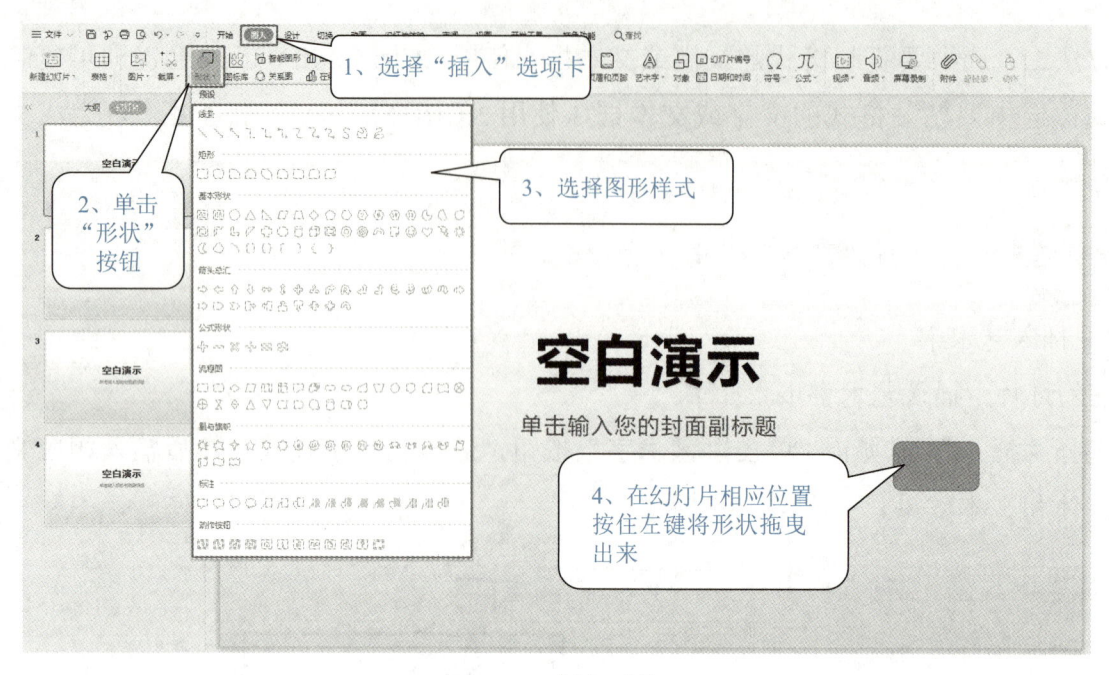

图 6-11 插入形状

12. 在幻灯片中插入图片、音频、视频等外部对象

1）插入图片

在幻灯片中插入图片步骤如下：

选择"插入"选项卡，单击"图片"按钮，在下拉菜单中选择"本地图片"选项，在弹出的窗口中找到图片所在的位置并选中，然后单击"打开"按钮，如图 6-12 所示。

2）插入音频

在幻灯片中插入音频步骤如下：

选择"插入"选项卡，单击"音频"在下拉菜单中选择"嵌入音频"选项，在弹出的窗口中找到音频所在的位置并选中，然后单击"打开"按钮，如图 6-13 所示。

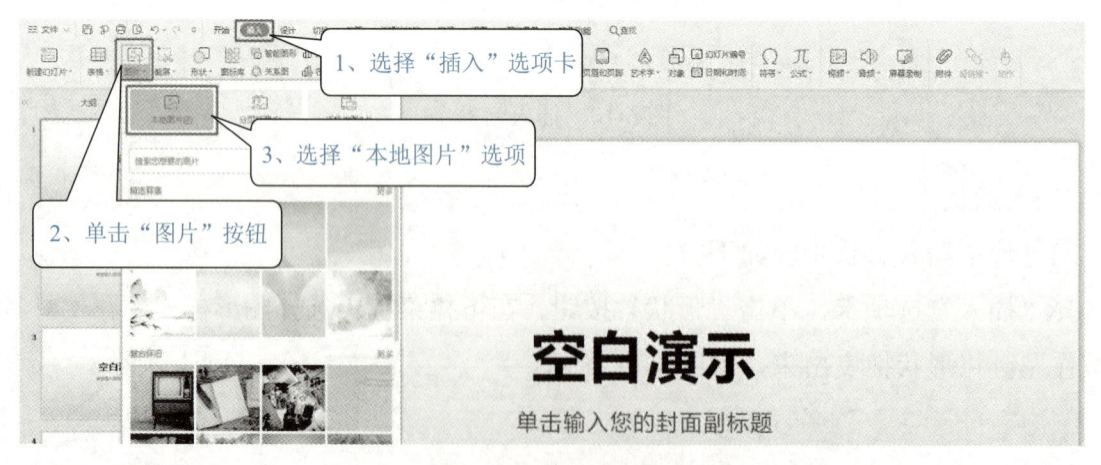

图 6-12 插入图片

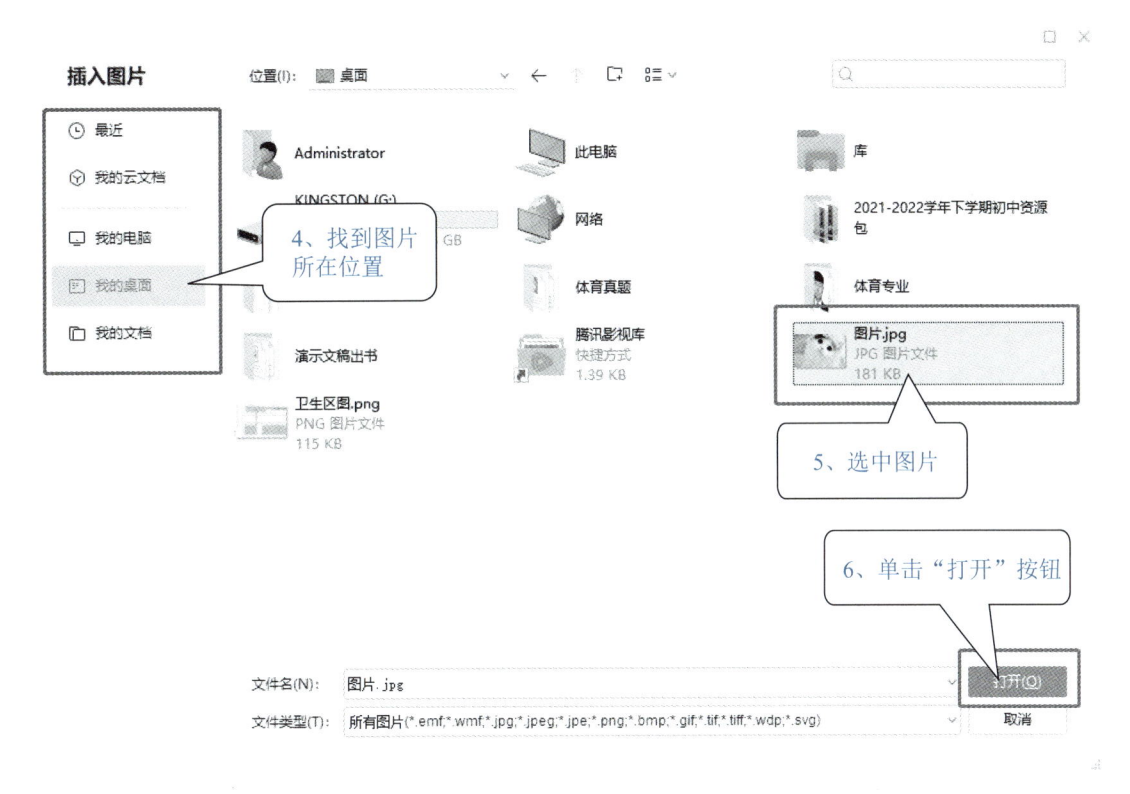

图 6-12　插入图片（续）

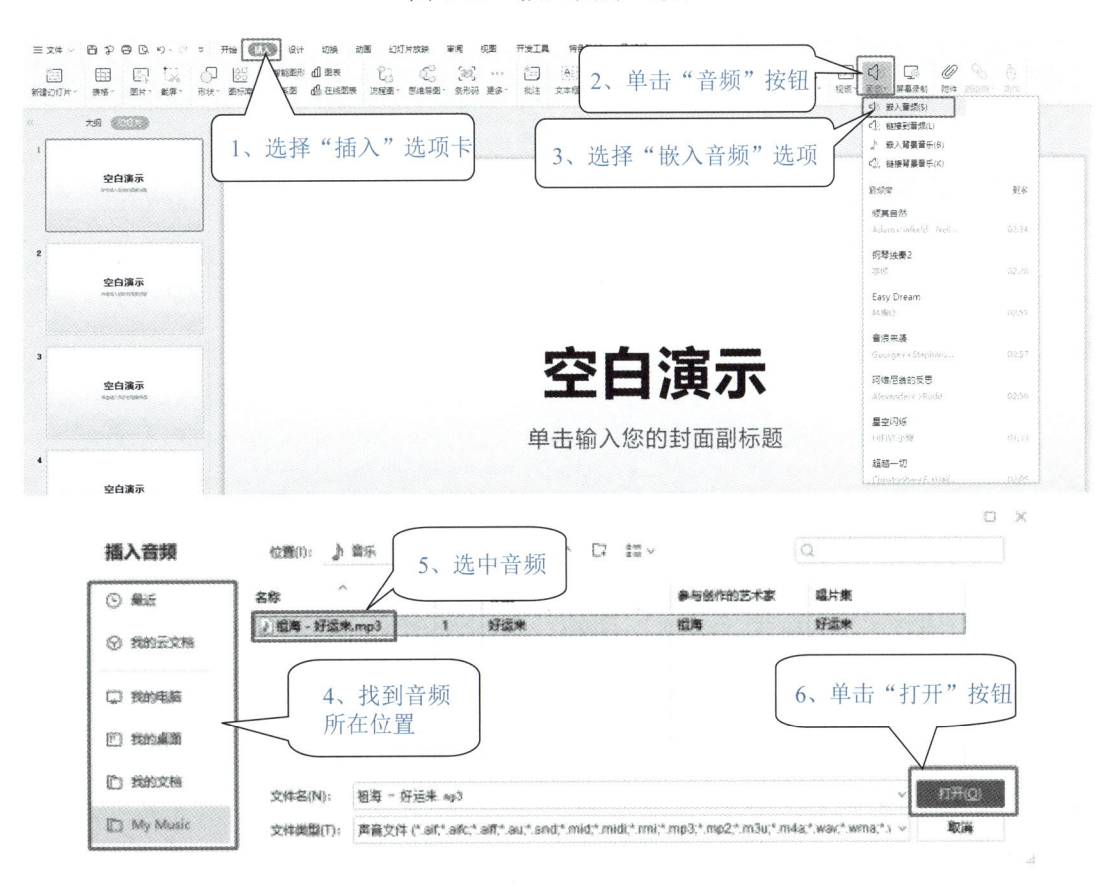

图 6-13　插入音频

3）插入视频

在幻灯片中插入视频步骤如下：

选择"插入"选项卡，单击"视频"按钮，在下拉菜单中选择"嵌入本地视频"选项，在弹出的窗口中找到视频所在的位置并选中，然后单击"打开"按钮，如图 6-14 所示。

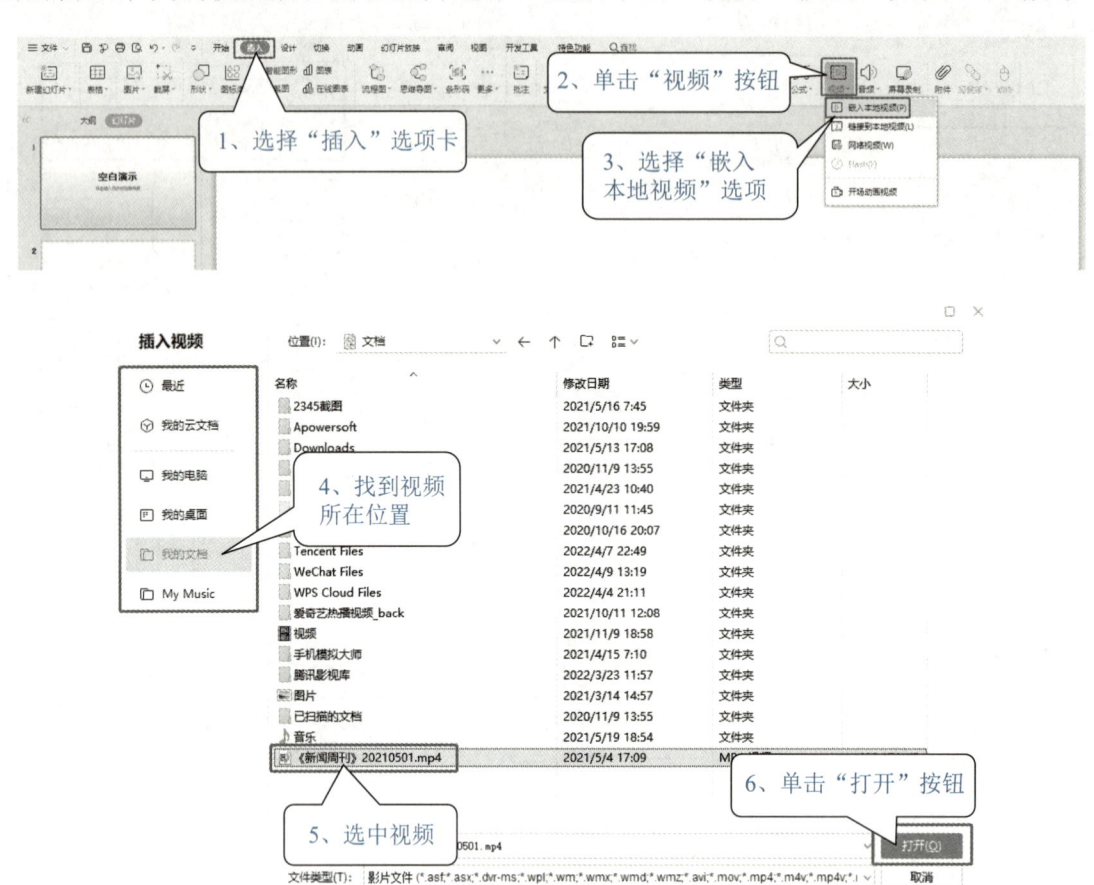

图 6-14　插入视频

13．在幻灯片中插入表格与图表

1）插入表格

在幻灯片中插入表格步骤如下：

选择"插入"选项卡，单击"表格"按钮，在下拉菜单中选择"插入表格"选项，在弹出的对话框中输入表格的行数和列数，单击"确定"按钮，如图 6-15 所示。

2）插入图表

在幻灯片中插入图表步骤如下：

选择"插入"选项卡，单击"图表"按钮，在弹出的对话框中选择图表类型和样式，单击"插入"按钮，右键单击图表，在弹出的快捷菜单中选择"编辑数据"命令，将要制作图表的数据复制到该区域，按住左键拖曳蓝色框体覆盖整个数据区域，然后选择"图表工具"

选项，可以对图表格式进行相应设置，如图 6-16 所示。

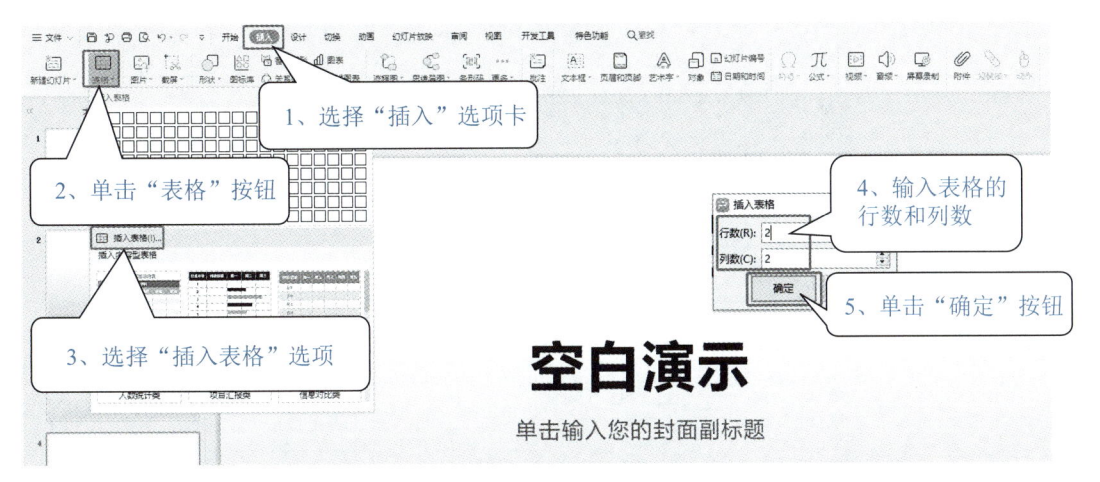

图 6-15　插入表格

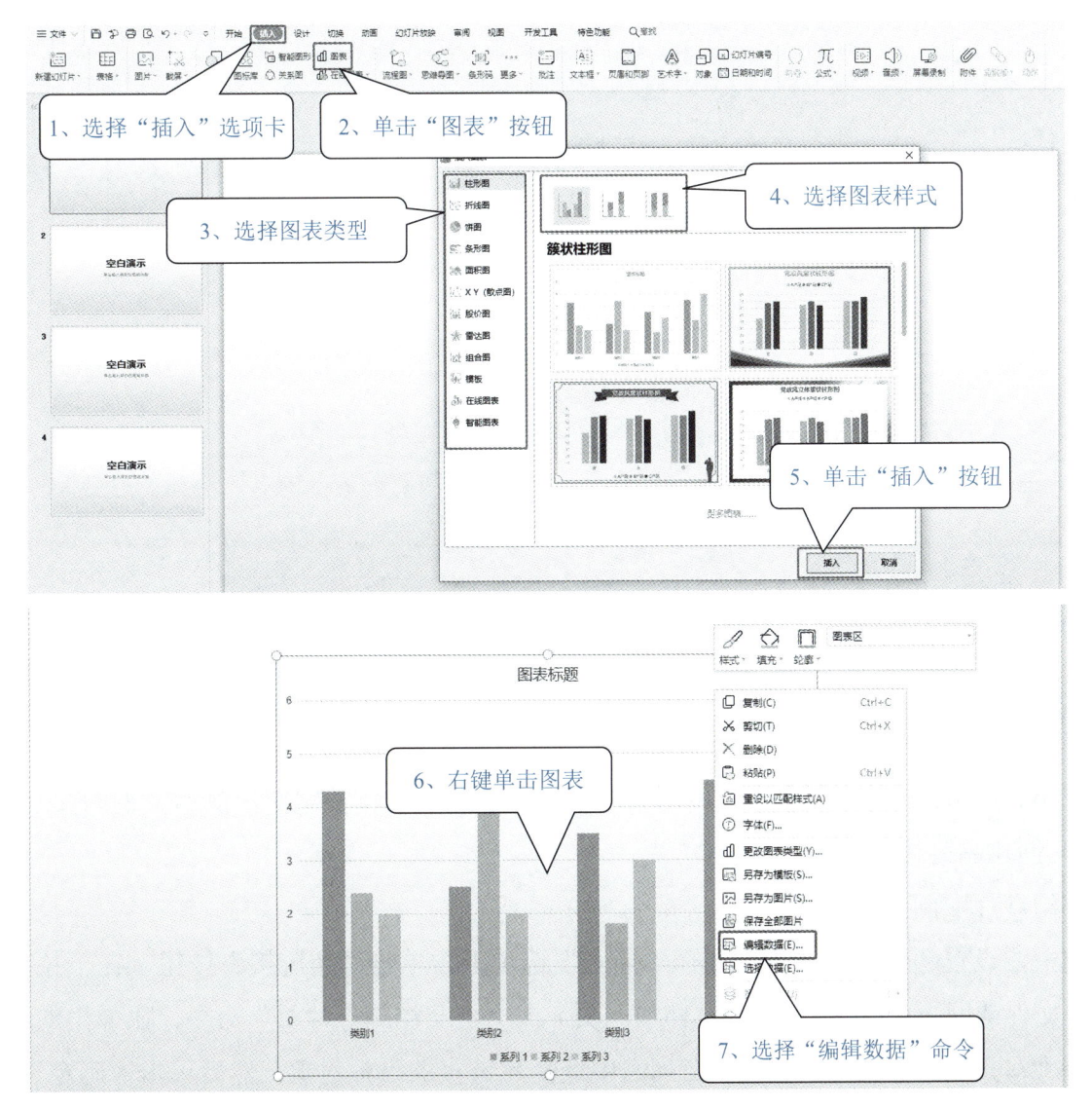

图 6-16　插入图表

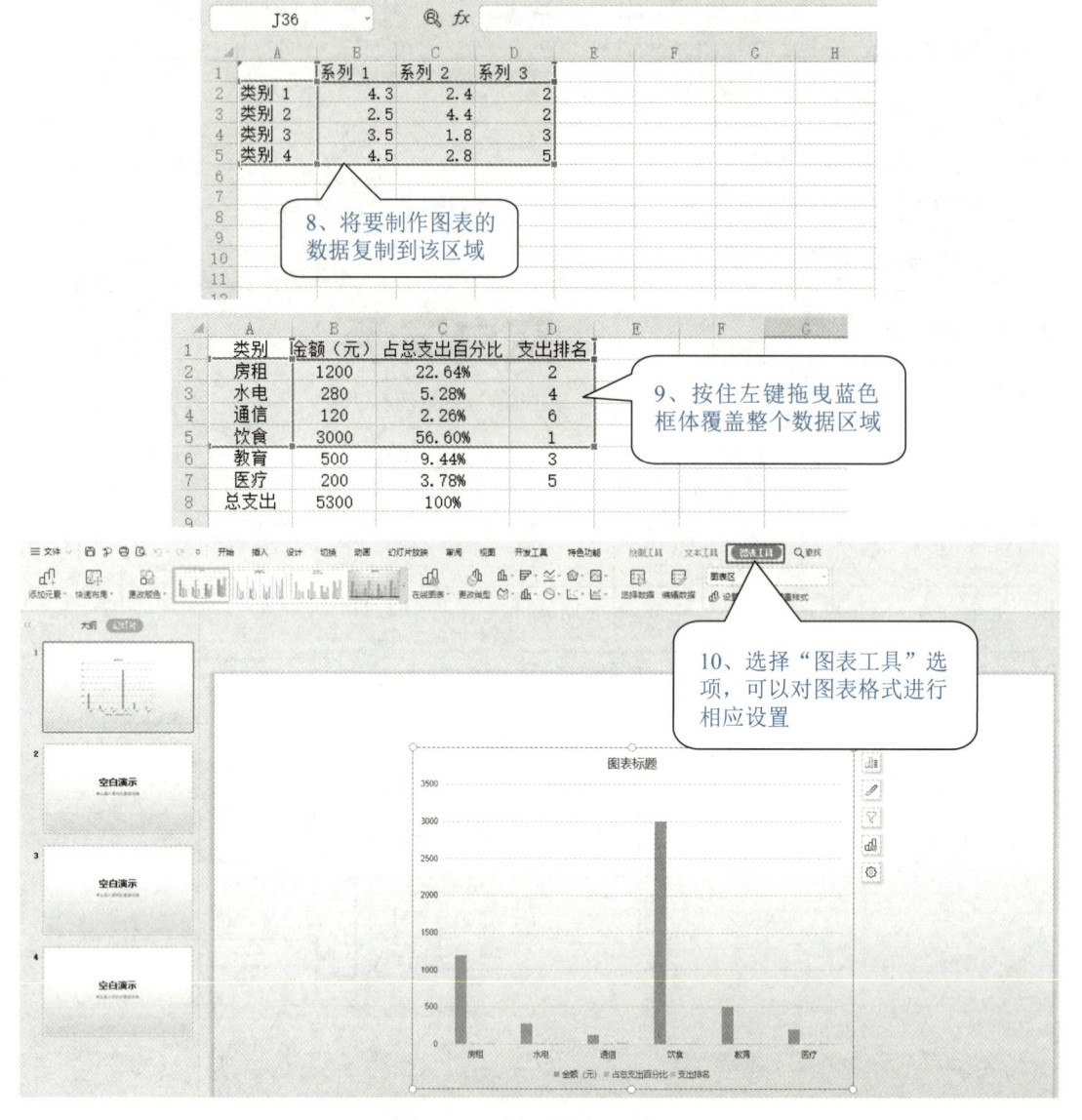

图 6-16 插入图表（续）

14．创建超链接、动作按钮

在 WPS Office 2019 之演示中，可通过创建超链接或动作按钮实现演示文稿的交互。

1）创建超链接

在幻灯片中创建超链接步骤如下：

选中要设置超链接的对象，选择"插入"选项卡，单击"超链接"按钮，在下拉菜单中选择"文件或网页"（连接到外部文件或网页）或"本文档幻灯片页"命令，在弹出的对话框中选择"本文档中的位置"选项，在列表中选择超链接的目标对象，然后单击"确定"按钮，如图 6-17 所示。

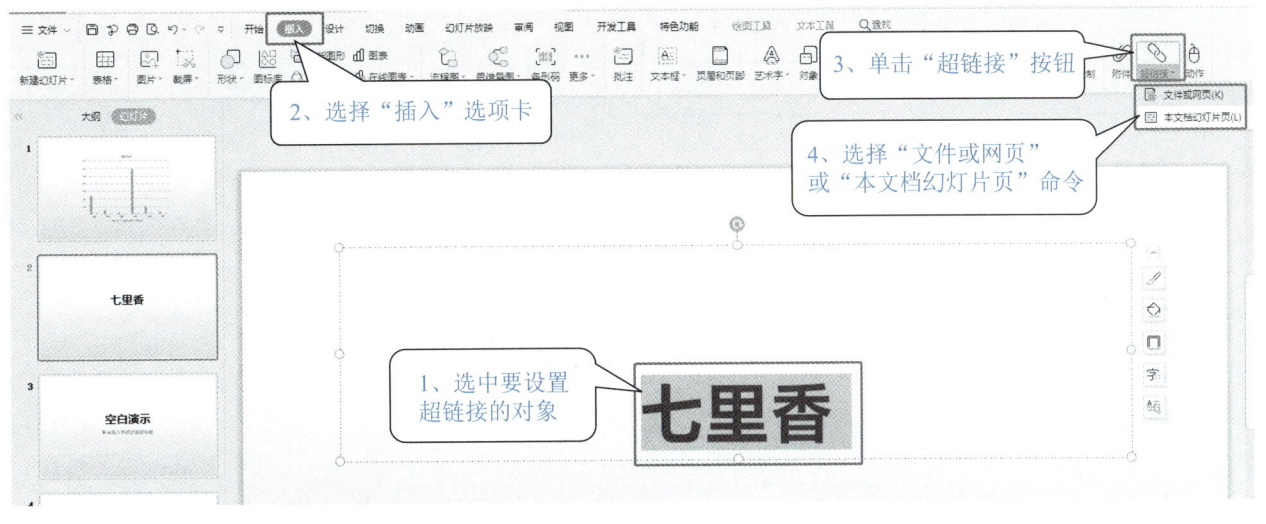

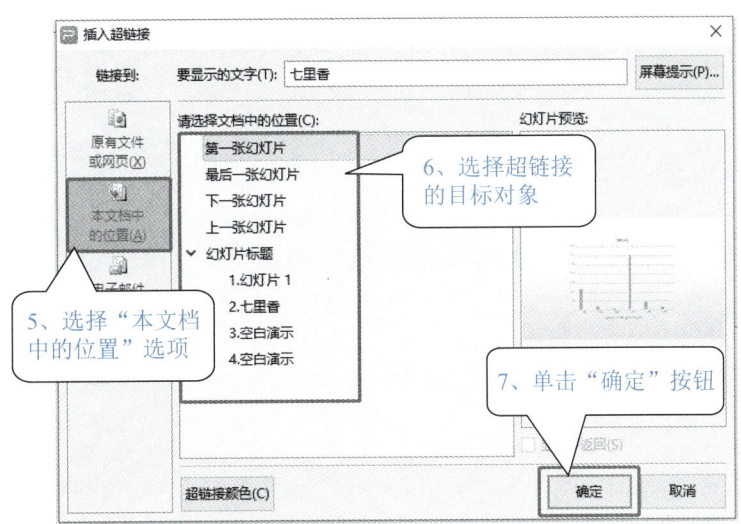

图 6-17　创建超链接

2）创建动作按钮

动作按钮是一个现成的按钮，可将其插入到演示文稿中，也可以为其定义超链接。动作按钮包含形状（如右箭头、左箭头等），通常被理解为用于转到下一张、上一张、第一张和最后一张幻灯片和用于播放影片或声音的符号。

在幻灯片中创建动作按钮步骤如下：

选择"插入"选项卡，单击"形状"按钮，在"动作按钮"中选择对应的动作按钮，在相应位置按住左键拖曳出动作按钮，也可以在"动作设置"面板更改"动作设置"，如图 6-18 所示。

15．幻灯片之间切换方式的设置

默认情况下，在放映演示文稿时各幻灯片之间的切换没有任何效果。WPS Office 2019 之演示提供了多种幻灯片的切换效果。

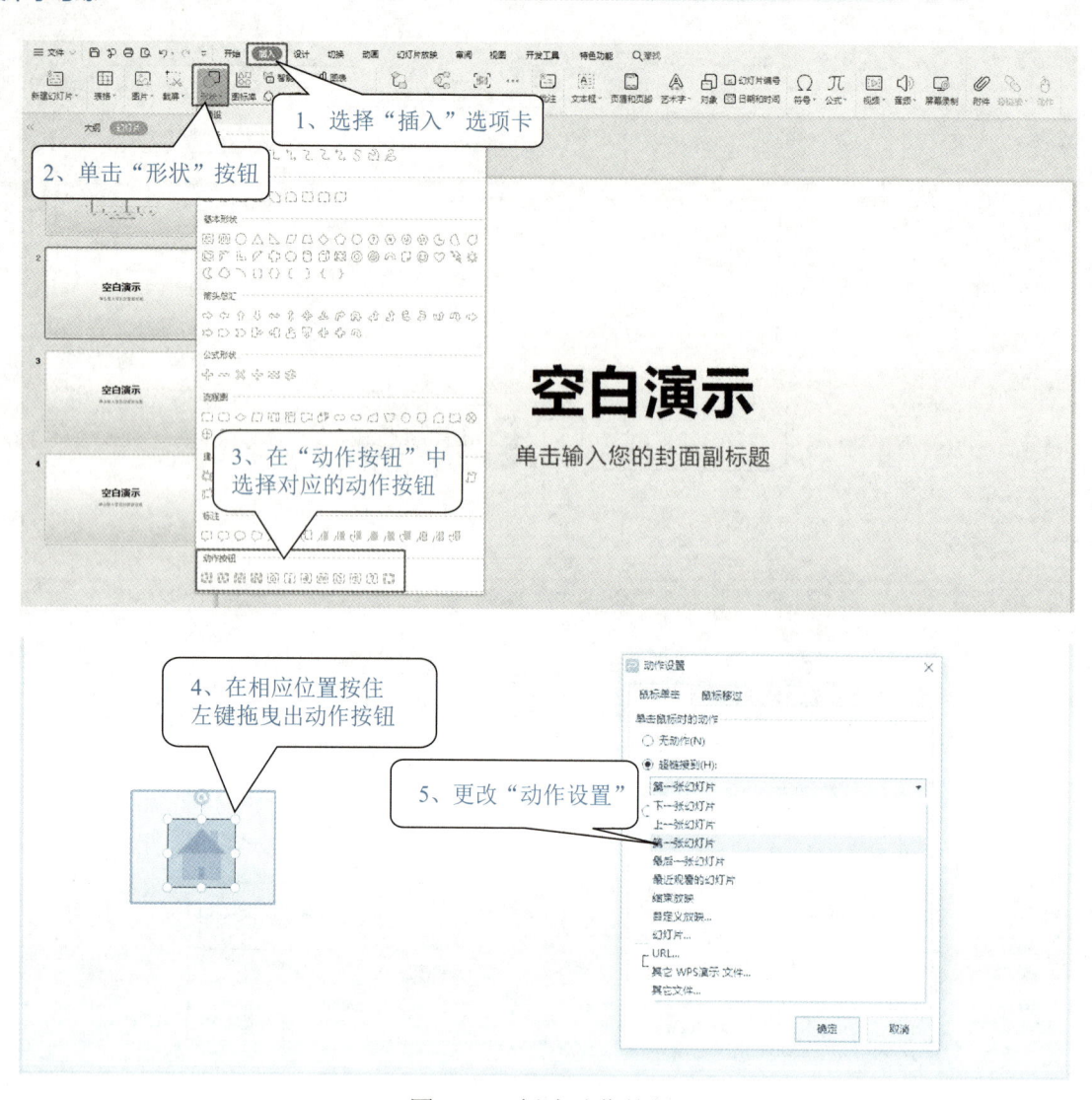

图 6-18 创建动作按钮

设置幻灯片之间切换方式的步骤如下：

选择"切换"选项卡，选择切换效果，单击"效果选项"按钮，在弹出的下拉菜单中设置"效果选项"，单击"应用到全部"按钮，如图 6-19 所示。

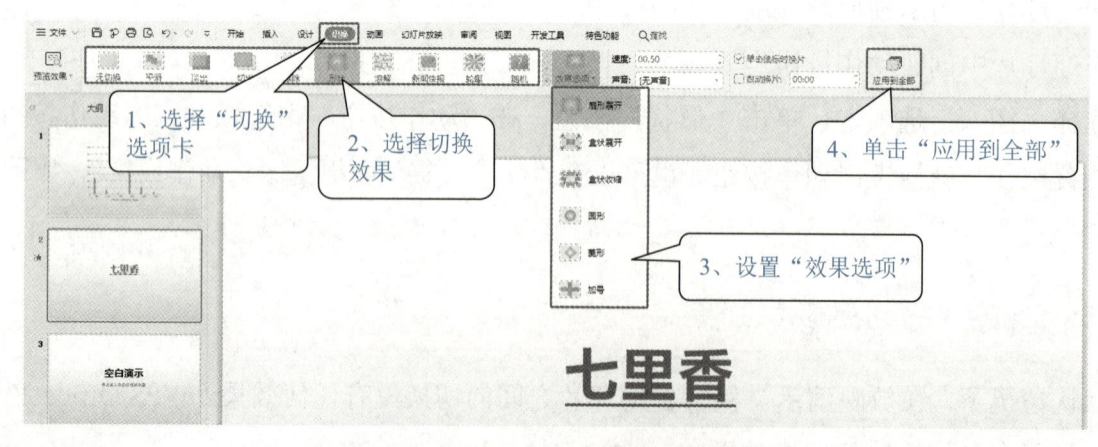

图 6-19 幻灯片之间切换方式的设置

16．幻灯片对象动画方案的设置

为了增强幻灯片的生动性，可为每张幻灯片中的对象（如文本、图形、图片、声音和视频等）设置不同的动画效果，一般使用"动画"选项卡中的工具实现。

1）添加动画

WPS Office 2019 之演示中的动画主要有进入、强调、退出、动作路径和绘制自定义路径5 种类型。设置幻灯片对象动画方案的步骤如下：

选中要设置动画的对象选择"动画"选项卡，在下拉菜单中选择动画效果，如图 6-20 所示。

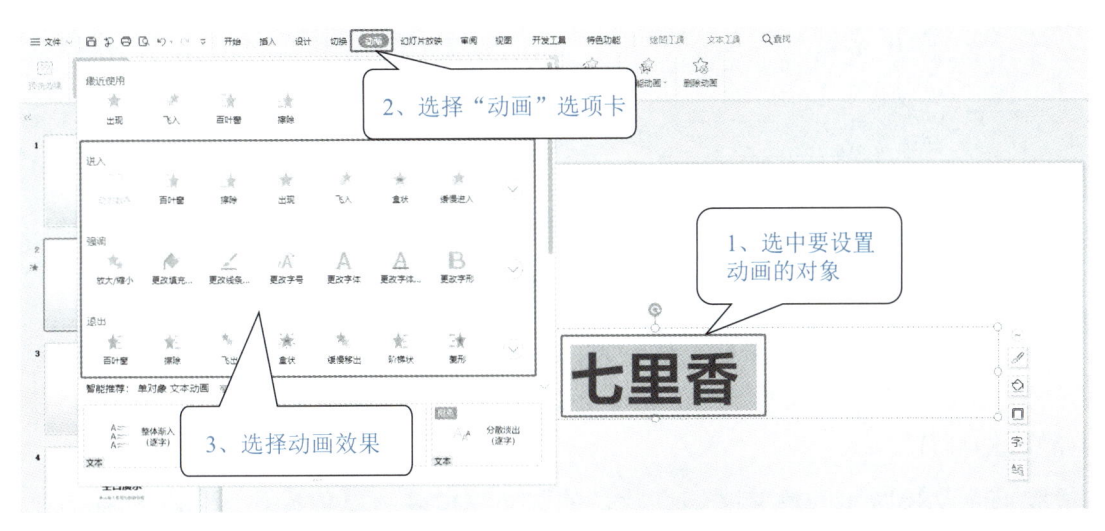

图 6-20　幻灯片对象动画方案的设置

2）调整动画播放顺序

为幻灯片中的多个对象添加动画效果后，动画播放顺序可适当调整，具体操作方法如下：

（1）单击"动画"选项卡的"自定义动画"按钮，打开"自定义动画"属性窗格。

（2）动画窗格中显示了所有动画对象，其左侧数字表示动画播放的顺序号。选择相应的动画对象上下拖动或单击底部的按钮，可改变动画播放顺序。

3）预览动画效果

单击"动画"选项卡中的"预览效果"按钮，或在"自定义动画"窗格中单击"播放"按钮，可预览动画效果。

4）删除动画效果

选中要删除动画的对象，单击"动画"选项卡中的"删除动画"按钮，或在"自定义动画"窗格中单击"删除"按钮，即可删除该对象的动画效果。

也可以在"自定义动画"窗格中直接选择对象动画按 Delete 键，或鼠标右键单击对象动画在弹出的快捷菜单中选择"删除"命令。

161

17．设置演示文稿的放映方式

设置幻灯片放映方式、隐藏幻灯片等，相关操作均在"放映"选项卡中完成。

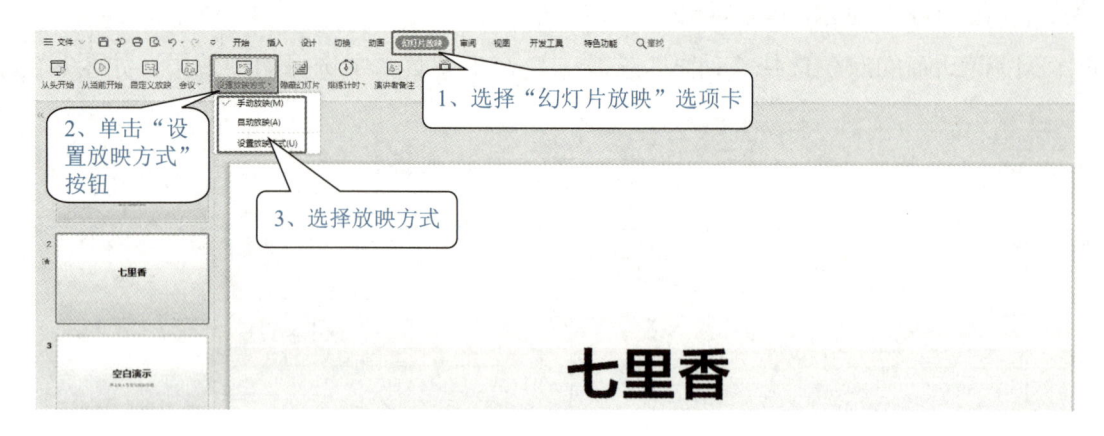

1）设置幻灯片放映方式

设置幻灯片放映方式的步骤如下：

选择"幻灯片放映"选项卡，单击"设置放映方式"按钮，在下拉菜单中选择放映方式，如图 6-21 所示。

图 6-21　设置幻灯片放映方式

2）隐藏幻灯片

在放映演示文稿时可隐藏某张幻灯片，使其无法放映。具体操作为：先选择需要隐藏的幻灯片，然后在"放映"选项卡中单击"隐藏幻灯片"按钮，此时在幻灯片窗格观察可发现该幻灯片的编号上有一条斜对角线，表示该幻灯片已经隐藏。

3）放映演示文稿

做好放映前的相关设置后即可开始放映演示文稿了。在放映过程中可以进行换页、标注等操作。

（1）启动放映幻灯片

利用"开始"选项卡或在"放映"选项卡中选择相关按钮可放映当前打开的演示文稿。如单击"从头开始"按钮，可从第一张幻灯片开始放映；单击"从当前开始"按钮，可从当前所选幻灯片开始放映。此外，单击"自定义放映"按钮可根据需要自定义幻灯片放映。

也可以单击播放按钮右侧的三角形即可调出相关放映按钮。

（2）控制放映过程

在放映演示文稿的过程中，可以通过鼠标和键盘控制放映。如单击鼠标可切换幻灯片、播放动画（需提前对演示文稿进行设置），按 Esc 键结束放映等。

（3）在放映时添加标注

在幻灯片放映过程中可以为幻灯片添加标注。具体操作方法是，在当前幻灯片中右击，在弹出的快捷菜单中选择"墨迹画笔"，在其子菜单中可以选择墨迹注释的笔形，然后在"墨迹颜色"子菜单中选择一种颜色。此外,为幻灯片设置标注后,如果要退出演示文稿放映,系统会提示是否保留墨迹,可以选择"保留"或"放弃"。

18. 演示文稿打包

演示文稿打包解决了当演示文稿包含了多媒体资源(视频、音频等)时,进行网络传输后,另一台计算机无法打开其中的多媒体文件的问题。因为 WPS Office 2019 之演示保存时,只是保存了一个指向该资源的索引,并不包含该文件,所以才导致无法打开,只有打包的时候,才会提取相关资源进行操作,打包后生成可独立播放的演示文稿文件。一般来说打包成压缩文件网络传输速率较快。

设置演示文稿打包的步骤如下:

在"文件"选项卡中选择"文件打包",选择将演示文档打包成文件夹或压缩文件命令,在弹出的对话框中输入文件夹名称,选择文件存储路径,然后单击"确定"按钮,如图 6-22 所示。

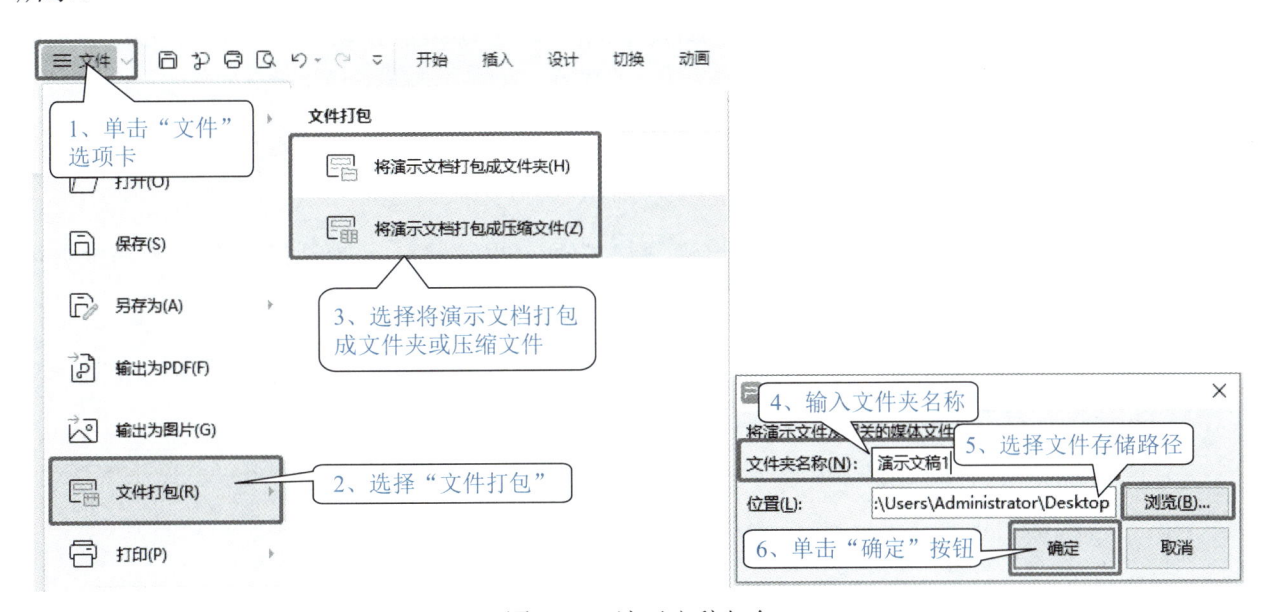

图 6-22 演示文稿打包

知识点 4 虚拟现实与增强现实技术

1. 虚拟现实

虚拟现实(VR)技术主要包括模拟环境、感知、自然技能和传感设备等方面。模拟环境是由计算机生成的、实时动态的三维立体逼真图像。感知是指理想的 VR 应该具有一切人所具有的感知。除计算机图形技术所生成的视觉感知外,还有听觉、触觉、力觉、运动等感知,甚至还包括嗅觉和味觉等,也称为多感知。

1）虚拟现实的基本定义

虚拟现实（Virtual Reality，VR），是一种基于多媒体计算机技术、传感技术、仿真技术的沉浸式交互环境。

2）虚拟现实技术的三大特点

沉浸感（Immersion）、交互性（Interaction）、构想性（Imagination）。

（1）沉浸感（Immersion）：是指用户可在虚拟环境中获得和在真实环境中一样的感觉。

（2）交互性（Interaction）：是指用户不是被动感受，而是通过自己的动作改变感受的内容。

（3）构想性（Imagination）：是指虚拟现实技术中的虚拟环境是人构想出来的。

3）虚拟现实的分类

按照系统种类可将虚拟现实分为四类，分别是：桌面式虚拟现实系统、沉浸式虚拟现实系统、分布式虚拟现实系统和增强式虚拟现实系统。

（1）桌面式虚拟现实系统：利用个人计算机和低级工作站进行仿真，将计算机的屏幕作为用户观察虚拟境界的一个窗口。

（2）沉浸式虚拟现实系统：高级虚拟现实系统提供完全沉浸的体验，使用户有一种置身于虚拟境界之中的感觉。

（3）分布式虚拟现实系统：通常是沉浸式虚拟现实的发展，也就是把分布于不同地方的沉浸式虚拟现实系统，通过互联网连接起来，共同实现某种用途。

（4）增强式虚拟现实系统：它把真实环境和虚拟环境结合起来，既可以减少构成复杂真实环境的开销，又可对实际物体进行操作。

4）虚拟现实系统的构成

VR 系统构成可以划分为 6 个功能模块，如图 6-23 所示。

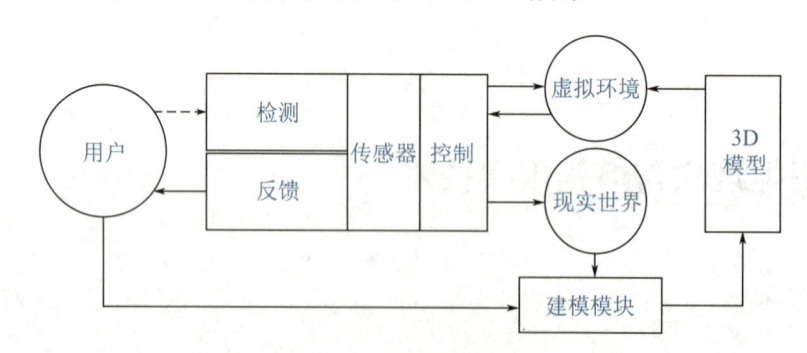

图 6-23　VR 系统模块逻辑图

（1）检测模块：检测用户的操作指令，并通过传感器模块作用于虚拟环境。

（2）反馈模块：接受来自传感器模块的信息，为用户提供实时反馈。

（3）传感器模块：一方面接受来自用户的操作指令，将其作用于虚拟环境，另一方面将操作后产生的结果以相应的反馈形式提供给用户。

（4）控制模块：对传感器进行控制，使其对用户、虚拟环境和现实世界产生作用。

（5）3D 模型库：现实世界各组成部分的三维表示，并由此构成对应的虚拟环境。

（6）建模模块：获取现实世界各组成部分的三维数据并建立它们的三维模型。

2．增强现实技术

1）增强现实技术的基本定义

增强现实（Augmented Reality，AR）技术，是一种将计算机生成的虚拟信息与真实环境中的景象相融合的技术，它是将计算机生成的虚拟物体、场景或系统提示信息叠加到真实场景中，实现"增强"效果。

2）增强现实技术与虚拟现实技术的比较

VR 强调虚拟世界给人的沉浸感，强调人能以自然方式与虚拟世界中的对象进行交互操作，具有较低的硬件要求、更高的注册精度，更具真实感。而 AR 则强调在真实场景中融入计算机生成的虚拟信息的能力。

3）增强现实的系统框架

增强现实技术利用摄像机进行定位采集真实场景，融合虚拟模型渲染，利用 AR 现实设备将虚拟物融入真实场景中，以达到虚拟场景在真实场景中融合的目的，具体系统框架如图 6-24 所示。增强现实系统具有虚实结合、实时交互、三维注册三个特点。

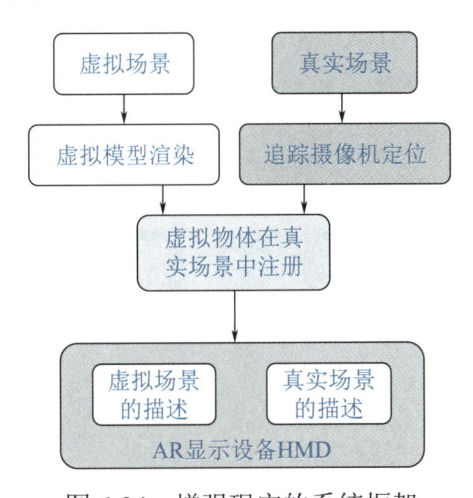

图 6-24 增强现实的系统框架

3．虚拟现实与增强现实技术发展现状

1）虚拟现实技术的运用领域

虚拟现实是多种技术的综合，包括实时三维计算机图形技术，广角（宽视野）立体显示技术，对观察者头、眼和手的跟踪技术，以及触觉/力觉反馈、立体声、网络传输、语音输入输出技术等，并广泛运用于许多技术领域，包括医学、娱乐、军事、航空航天、家装、工业、文物、电子商务、影视娱乐、教育和培训等。

2）增强现实技术的运用领域

AR 技术不仅与 VR 技术有相类似的应用领域，诸如尖端武器、飞行器的研制与开发、数据模型的可视化、虚拟训练、娱乐与艺术等，而且由于其具有能够对真实环境进行增强显示输出的特性，在医疗研究与解剖训练、精密仪器制造和维修、军用飞机导航、工程设计和远程机器人控制等领域，具有比 VR 技术更加明显的优势。

3）虚拟现实技术的发展现状

虚拟现实技术（VR）是 20 世纪发展起来的一项全新的实用技术，在游戏、视频、直播、教育、医疗等多个领域均有应用。近年来，我国政府和各部门出台了不少政策，在技术研发、人才培养、产品消费等方面，支持虚拟现实行业的发展。我国解决了虚拟现实头盔被线缆束缚的问题，开发出了全球首款虚拟现实眼球追踪模组。从视觉向触觉、听觉、动作等多通道交互发展，弥补了单个特征识别技术的缺陷，进一步提升了虚拟现实服务的沉浸感和可靠性。5G 技术的应用将全面提升虚拟现实体验，华为、联想等企业纷纷加快布局"虚拟现实+5G"业务。

4）增强现实技术的发展现状

AR 是充分发挥创造力的科学技术，为人类的智能扩展提供了强有力的手段，对生产方式和社会生活产生了巨大的深远的影响。随着技术的不断发展，其内容也必将不断增加。而随着输入和输出设备价格的不断下降、视频显示质量的提高及功能强大且易于使用的软件的实用化，AR 的应用必将日益增长。AR 技术给人工智能、CAD、图形仿真、虚拟通讯、遥感、娱乐、模拟训练等许多领域带来了革命性的变化。

单元测试

一、选择题

1. 多媒体计算机中的媒体信息是指（　　）。
   ① 数字、文字　② 声音、图形　③ 动画、视频　④ 图像
   A. ①　　　　　　　　　　　　B. ②③
   C. ②③④　　　　　　　　　　D. 全部

2. 把时间连续的模拟信号转换为在时间上离散、幅度上连续的模拟信号的过程称为（　　）。
   A. 数字化　　B. 信号采样　　C. 量化　　D. 编码

3．MP3 代表的含义是（　　）。
　　A．一种视频格式　　　　　　B．一种音频格式
　　C．一种网络协议　　　　　　D．软件的名称
4．Photoshop 源文件的格式是（　　）。
　　A．PNG　　　B．GIF　　　C．PSD　　　D．JPEG
5．以下软件不具有图像处理功能的是（　　）。
　　A．ACDSee　　　　　　　　B．PowerPoint 2010
　　C．美图秀秀　　　　　　　　D．Photoshop
6．位图图像的基本组成单位是（　　）。
　　A．像素　　　B．色块　　　C．线条　　　D．像点
7．下列选项中，（　　）是三维动画制作软件工具。
　　A．画图程序　　B．3dsMax　　C．Photoshop　　D．Winzip
8．下列选项中，能处理图像的工具是（　　）。
　　A．通讯簿　　B．Photoshop　　C．记事本　　D．屏幕键盘
9．对视频文件进行压缩，一般是为了使（　　）。
　　A．图像更清晰　　　　　　　B．对比度更高
　　C．声音更动听　　　　　　　D．存储容量更小
10．在设计多媒体作品时，菜单、按钮的设计属于（　　）。
　　A．布局设计　　B．美术设计　　C．交互设计　　D．稿本设计
11．以下不属于数字媒体技术应用的是（　　）。
　　A．场景设计　　　　　　　　B．创意设计
　　C．手工剪纸　　　　　　　　D．人机交互技术
12．数字媒体中的载体不包括（　　）。
　　A．音频　　　B．电话机　　　C．视频　　　D．图形
13．在网上浏览故宫博物院，身临其境般感知其内部的方位和物品，这是（　　）在多媒体技术中的应用。
　　A．视频压缩　　　　　　　　B．虚拟现实
　　C．智能化　　　　　　　　　D．图像压缩
14．为了测试汽车安全气囊的安全性，实验小组人员用计算机制作汽车碰撞的全过程，结果"驾驶员"头破血流。该案例使用的主要技术是（　　）。
　　A．智能代理技术　　　　　　B．碰撞技术
　　C．多媒体技术　　　　　　　D．虚拟现实技术

15. 电视或网页中的多媒体广告相比普通报刊广告而言，最大的优势表现在（   ）。
    A．覆盖范围广　　　　　　　　B．实时性好
    C．多感官刺激　　　　　　　　D．超时空传递

16. 对图像进行旋转、裁切、校色和特效处理等操作时，可用的软件是（   ）。
    A．Word　　　B．Flash　　　C．美图秀秀　　　D．QQ影音

17. 以下选项中，属于信息载体的是（   ）。
    A．数值和文字　　　　　　　　B．图形和图像
    C．声音和动画　　　　　　　　D．以上全部

18. 要对一部电影进行编辑加工，可使用的软件是（   ）。
    A．Windows Media Player　　　B．Real player
    C．爱剪辑　　　　　　　　　　D．QQ影音

19. （   ）决定了图像细节的精细程度。
    A．像素　　　B．刷新率　　　C．分辨率　　　D．颜色值

20. 下列选项中，不属于音频文件格式的是（   ）。
    A．MIDI　　　B．WMA　　　C．WMV　　　D．MP3

21. 虚拟现实的简称是（   ）。
    A．VC　　　B．VR　　　C．CAT　　　D．AR

22. 飞行训练用的软件，能设置各种地形、环境和状况，这是应用了（   ）。
    A．人工智能技术　　　　　　　B．虚拟现实技术
    C．图像识别技术　　　　　　　D．视频压缩技术

23. 医学院的学生们利用虚拟病人学习解剖和做手术，这主要体现了虚拟现实技术在（   ）方面的应用。
    A．娱乐业　　　　　　　　　　B．制造业
    C．远程培训　　　　　　　　　D．医学

24. 在进行军事演练时，可以利用计算机创设出高度逼真的战场环境提供给战斗员和指挥员进行训练，这采用的技术是（   ）。
    A．多媒体技术　　　　　　　　B．智能代理技术
    C．虚拟现实技术　　　　　　　D．网络技术

25. 以下属于虚拟现实技术与增强现实技术应用领域的是（   ）。
    A．教育培训　　B．军事　　　C．工业　　　D．以上均是

26. 以下设备不能将纸质图片输入计算机中的是（   ）。
    A．智能手机　　B．扫描仪　　　C．数码相机　　　D．绘图仪

27．以下不属于 AR 技术应用的是（　　）。

  A．QQ-AR 急救包 30 秒掌握地震急救技能

  B．可探测毒气和生命的救援专用 AR 头盔

  C．无人餐厅从洗菜、炒菜到送餐都是通过机器人完成的

  D．AR 营销可以实时跟踪店内的商品信息，帮助我们很快找到所需商品

28．下列不属于虚拟现实技术应用的是（　　）。

  A．军事模拟作战系统　　　　B．飞行员仿真培训系统

  C．搬运武器的机器人　　　　D．模拟驾驶

29．增强现实技术的主要特点包括（　　）。

  A．虚实结合　　　　　　　　B．实时交互

  C．三维定向　　　　　　　　D．以上都是

30．VR 的核心是（　　）与仿真。

  A．建设　　　　　　　　　　B．建模

  C．建造　　　　　　　　　　D．建筑

31．下列关于获取多媒体图像素材的描述，不正确的是（　　）。

  A．从数码相机中获取　　　　B．从视频中截取

  C．从音频中获取　　　　　　D．从因特网上获取

32．下列软件中，都可以对图像进行编辑的一组是（　　）。

  A．Word、Excel、Photoshop

  B．美图秀秀、记事本、Flash

  C．ACDSee、美图秀秀、Photoshop

  D．QQ、微信、微博

33．下列文件中，会声会影软件无法编辑的是（　　）。

  A．梅韵.mp4　　　　　　　　B．梅韵.wmv

  C．梅韵.pdf　　　　　　　　D．梅韵.avi

34．VR 的英文全称是（　　）。

  A．Virtual reality　　　　　　B．Visual rock

  C．Volume ratio　　　　　　D．Vibration reduction

35．下列属于视频采集工具的是（　　）。

  A．液晶电视　　　　　　　　B．投影仪

  C．3D 打印机　　　　　　　　D．数码摄像机

二、操作题

1．在 WPS Office 2019 之演示文稿中，完成以下操作。

打开"D:\WPS 之演示文稿"文件夹下的文件"PPT2021-01.pptx"进行以下操作并保存。

（1）将第一张幻灯片中标题的文本格式复制到第二张幻灯片的标题。

（2）第二张幻灯片中，在"单击此处添加文本"处插入"D:\WPS 之演示文稿"下的图片"pic01.png"，并旋转 8 度。

（3）将第三张幻灯片中的"黑色边框的矩形"形状的线条颜色设置为：蓝色，纯色填充的透明度设置为：80%。

（4）使用"纸张"配色方案修饰全文，背景颜色填充为"金色"。

（5）将第四张幻灯片中的文本"But"设置为：60 磅、加粗、红色。

（6）创建第四张幻灯片中右下角的动作按钮超链接到"第一张幻灯片"。

（7）设置幻灯片的切换效果为"插入"、效果选项为"向下"，并应用到全部幻灯片。

（8）设置幻灯片放映名称为"放映 1"，只播放第一、二张幻灯片。

（9）完成后直接保存，并关闭 WPS 程序。

2．在 WPS Office 2019 之演示文稿中，完成以下操作。

打开"D:\WPS 之演示文稿"文件夹下的文件"PPT2021-02.pptx"进行以下操作并保存。

（1）将幻灯片的配色方案设置为"气流"。

（2）设置第二张幻灯片中图片动画方案：进入效果为"自顶部飞入"，声音为"爆炸"。

（3）将第三张幻灯片中的"黑色边框的矩形"形状的线条颜色设置为：无线条，纯色填充的透明度设置为：50%。

（4）在第三张幻灯片之后插入一张"标题和内容"幻灯片，标题处输入："图片去背"；正文处插入"D:\WPS 之演示文稿"下的图片"pic02.png"。

（5）创建第一张幻灯片中右下角的按钮超链接到"下一张幻灯片"。

（6）设置幻灯片的切换效果为"棋盘"、效果选项为"纵向"，并应用到全部幻灯片。

（7）为本文档加密，设置打开文档的密码为 654321。

（8）完成后直接保存，并关闭 WPS 程序。

3．在 WPS Office 2019 之演示文稿中，完成以下操作。

打开"D:\WPS 之演示文稿"文件夹下的文件"PPT2021-03.pptx"进行以下操作并保存。

（1）将第一张幻灯片中的"黑色边框的矩形"形状的线条颜色设置为：无线条，纯色填充的透明度设置为：50%。

（2）使用"凤舞九天"配色方案修饰全文，背景使用"粗布"纹理填充（全部应用）。

（3）将第二张幻灯片中的图片动画效果设置为：强调动画"陀螺旋"。

（4）设置幻灯片的切换效果为"擦除"、效果选项为"向左下"、声音为"风铃"，并应用到全部幻灯片。

（5）创建第五张幻灯片右下角动作按钮的超链接到"第一张幻灯片"。

（6）移动第四张幻灯片至第二张幻灯片之后。

（7）将演示文稿打包，生成可独立播放的演示文稿文件，打包名为"视觉化"。

（8）完成后直接保存，并关闭 WPS 程序。

4．在 WPS Office 2019 之演示文稿中，完成以下操作。

打开"D:\WPS 之演示文稿"文件夹下的文件"PPT2021-04.pptx"进行以下操作并保存。

（1）在幻灯片第一页插入艺术字"为什么要制作 PPT？"，样式为"渐变填充—亮石板灰"，字体为黑体，字号为 60。

（2）将第二张幻灯片的版式修改为"垂直排列标题与文本"（最后一个）。

（3）将第二张幻灯片中的图片设置动画效果为：进入动画"百叶窗"、声音"打字机"。

（4）将第二张幻灯片中图片的标题格式用格式刷复制到第三张幻灯片的标题中。

（5）将幻灯片的切换效果设置成"轮辐"、效果选项为"4 根"，并应用到全部幻灯片。

（6）创建第五张幻灯片右下角动作按钮的超链接到"第一张幻灯片"。

（7）在第六张幻灯片中插入圆角矩形，高度为 5 厘米，宽度为 7 厘米，水平居中，形状样式为"强烈效果—矢车菊蓝，强调颜色 5"。

（8）完成后直接保存，并关闭 WPS 程序。

5．在 WPS Office 2019 之演示文稿中，完成以下操作。

打开"D:\WPS 之演示文稿"文件夹下的文件"PPT2021-05.pptx"进行以下操作并保存。

（1）将第一张幻灯片中"标题"的动画效果设置为：进入动画"飞入"、效果选项"自底部"。

（2）将第二张幻灯片中的"黑色边框的矩形"形状的线条颜色设置为：无线条，纯色填充的透明度设置为：80%。

（3）将第三张幻灯片中的文字旋转 32 度。

（4）在第三张幻灯片之后插入一张"标题和内容"幻灯片，标题处输入："图片中有文字"；正文处插入"D:\WPS 之演示文稿"下的图片"pic05.png"。

（5）创建第一张幻灯片中文本"3.图片中有文字"的超链接到第四张幻灯片。

（6）在最后一张幻灯片嵌入"D:\WPS 之演示文稿"下的音频"下雨.mp3"，并设置鼠标单击时才开始播放。

（7）使用幻灯片母版，设置幻灯片编号，设置页脚为"图文搭配"。

（8）完成后直接保存，并关闭 WPS 程序。

6．在 WPS Office 2019 之演示文稿中，完成以下操作。

打开"D:\WPS之演示文稿"文件夹下的文件"PPT2021-06.pptx"进行以下操作并保存。

（1）将第2张幻灯片设为第1张幻灯片，并将其版式设置为"标题幻灯片"。

（2）在第1张幻灯片中添加副标题"——科技改变生活"，字体为楷体，字号40，居右对齐。

（3）使用"气流"配色方案修饰全文。

（4）在第2张幻灯片内插入"D:\WPS之演示文稿"文件夹中的"人工智能.png"图片，将其缩放至75%，位置为左上角水平、垂直3厘米。

（5）将第1张幻灯片的切换效果设为"百页窗"，效果选项为"垂直"。

（6）为第2张幻灯片中的图片设置动画效果，使用进入动画中的"菱形"效果，开始方式为"单击时"。

（7）操作完成后直接保存，并关闭WPS程序。

7．在WPS Office 2019之演示文稿中，完成以下操作。

打开"D:\WPS之演示文稿"文件夹下的文件"PPT2021-07.pptx"进行以下操作并保存。

（1）使用"夏至"配色方案修饰全文。

（2）将第2张幻灯片的版式设置为"两栏内容"。

（3）在第2张幻灯片中插入图片"D:\WPS之演示文稿"文件夹中的"赵州桥.png"，将其缩放至90%，位置为左上角水平18厘米，垂直5厘米。

（4）将第2张幻灯片中的图片动画效果设置为"缩放"，开始方式设置为"单击时"。

（5）为幻灯片添加页脚，页脚内容为"赵州桥景点"。

（6）将幻灯片的放映方式设置为"循环播放"，换片方式设置为"手动"。

（7）操作完成后直接保存，并关闭WPS程序。

8．在WPS Office 2019之演示文稿中，完成以下操作。

打开"D:\WPS之演示文稿"文件夹下的文件"PPT2021-08.pptx"进行以下操作并保存。

（1）在第1张幻灯片中，输入标题"灌篮高手"，字体为黑体、加粗，字号44磅。

（2）在第1张幻灯片的右上角插入"D:\WPS之演示文稿"文件夹中的图片"glgs.jpg"。

（3）使用"波形"配色方案修饰当前演示文稿。

（4）为第2张幻灯片中的文本设置"飞入"动画效果，效果选项为"自左侧"。

（5）为第3张幻灯片设置"棋盘"切换效果，并应用于全部幻灯片。

（6）在第3张幻灯片后插入一张"空白"版式的幻灯片。

（7）在第4张幻灯片中插入艺术字，预设样式为"填充-黑色，文本1，轮廓-背景1，清晰阴影-着色5"，并输入"谢谢大家"。

（8）操作完成后直接保存，并关闭WPS程序。

第七章 信息安全基础

学习目标

1. 了解信息安全常识
（1）了解信息安全基础知识与现状。
（2）了解信息安全面临的威胁。
（3）了解信息安全的主要表现形式。
（4）了解信息安全相关的法律、政策法规。
2. 防范信息系统恶意攻击
（1）了解常见信息系统恶意攻击的形式和特点。
（2）了解计算机病毒的特点及分类。
（3）了解防火墙技术。

知识点精讲

知识点1　了解信息安全常识

1. 信息安全基础知识与现状

1）信息安全基础知识
（1）信息安全的定义
在当代社会中，信息是一种重要的资产，同其他商业资产一样具有价值，同样需要受到保护。信息安全是指从技术和管理的角度采取措施，防止信息资产因恶意或偶然的原因在非授权的情况下泄露、更改、破坏或遭到非法的系统辨识、控制，人们能有益、有序地使用信息。

（2）网络安全

网络安全是指通过采取必要措施，防范对网络的攻击、侵入、干扰、破坏、非法使用和意外事故，使网络处于稳定可靠运行的状态，以保障网络数据的完整性、保密性和可用性。

（3）计算机病毒

计算机病毒是指编制或在计算机程序中插入的破坏计算机功能或数据，影响计算机使用并且能够自我复制的一组计算机指令或程序代码。

（4）权利和义务

权利是指依据法律规范规定，法律规范关系的参与者所具有的权能和利益。权能是指权利能够得以实现的可能性，它并不要求权利的绝对实现，只是表明权利具有实现的现实可能。利益是权利的另一主要表现形式，是权能现实化的结果。

（5）信息安全的目标

所有的信息安全技术都是为了达到一定的安全目标，其核心包括保密性、完整性、可用性、可控性和不可否认性五个安全目标。

2）信息安全的现状

（1）危及信息安全的主要问题

从已发生的互联网信息安全事件看，信息安全所面临的主要问题有网页仿冒问题、垃圾邮件问题、数据泄露问题、系统漏洞问题、网站被篡改问题等。

（2）网络恶意代码的整体形势

病毒制造者和病毒传播者利用病毒、木马技术等进行各种网络盗窃、诈骗、勒索活动，严重影响计算机网络的正常使用。

2. 信息安全的特征

信息安全具有系统性、动态性、无边界性和非传统性四项特征。

1）系统性

信息由信息系统进行管理，而信息系统是一个由硬件、软件、通信网络、数据和人员组成的复杂系统。

2）动态性

首先，一个信息系统从规划实施到运营维护，再到终止运行，各个阶段均可能存在安全威胁；其次，信息系统所面临的风险是动态变化的，新的漏洞和攻击手段都会对系统的安全状况产生影响；此外，云计算、物联网、大数据和移动互联网等新技术在带给人们便利的同时，也产生了各种新的威胁和安全风险。

3）无边界性

互联网将世界各地的信息系统地连接在一起，由于互联网具有传输速度快、传播范围广、隐蔽性强等特点，各信息系统之间得以实现超越地域限制的快速通信。然而，互联网也同样使信息系统面临着超越地域限制的威胁，因此，信息安全具有无边界性，它绝不仅仅是某个组织、某个国家需要解决的问题，而是一个全球性的问题。

4）非传统性

信息安全的非传统性主要表现在以下两个方面：一方面，与国防安全、金融安全、生命财产安全等传统安全相比，信息安全比较抽象；另一方面，信息安全不仅仅意味着某个领域的安全，更是现代社会中保障其他一切传统安全的基础。

3. 信息安全面临的威胁

信息安全面临着多方面的威胁，包括人为的和非人为的、有意的和无意的等，主要包括以下几个方面。

1）自然灾害

信息大多存储在硬件设备中，因此会对硬件设备造成破坏的因素也是信息安全面临的威胁。

2）人为因素

"人"是信息系统的使用者与管理者，是信息系统安全的薄弱环节。

3）软件因素

系统漏洞简称漏洞，它是指信息系统中的软件、硬件或通信协议中存在缺陷或不适当的配置，导致黑客利用这些漏洞潜入信息系统窃取数据、控制系统或破坏服务，使得服务和数据的安全性受到重大威胁。

4）恶意程序

恶意程序也称恶意代码，是指在信息系统中擅自安装、执行以达到不正当目的的程序。根据功能不同，恶意程序可大致分为特洛伊木马、僵尸程序、蠕虫、病毒等。

（1）特洛伊木马简称木马，是指以盗取用户个人信息，甚至是远程控制用户计算机为目的的恶意程序。根据功能不同，木马可进一步分为盗号木马、网银木马、窃密木马、远程控制木马、流量劫持木马、下载者木马和其他木马七类。

（2）僵尸程序是用于构建大规模攻击平台的恶意程序。根据使用的通信协议不同，僵尸程序可进一步分为因特网中继聊天（Internet Relay Chat，IRC）僵尸程序、HTTP 僵尸程序、点对点（Peer-to-Peer，P2P）僵尸程序和其他僵尸程序四类。

（3）蠕虫是指能自我复制和广泛传播，以占用系统和网络资源为主要目的的恶意程序。根据传播途径的不同，蠕虫可进一步分为电子邮件蠕虫、即时消息蠕虫、U盘蠕虫、漏洞利用蠕虫和其他蠕虫五类。

（4）病毒即计算机病毒，是指通过感染计算机文件进行传播，以破坏或篡改用户数据，影响信息系统正常运行为主要目的的恶意程序。

5）硬件因素

保护信息系统中的硬件免受危害或窃取，通常采用的方法是：先把硬件作为物理资产处理，再严格限制对硬件的访问权限，以确保信息安全。保护好信息系统的物理位置及本身的安全是重中之重，因为物理安全的破坏可直接导致信息的丢失。

6）网络因素

信息资源在网络环境中共享、传播，一些重要的信息极有可能被网络黑客窃取、篡改，也可能因为攻击行为导致网络崩溃而出现信息丢失，严重时可波及信息产业的正常发展，甚至会造成人类社会的动荡。

7）数据因素

通过信息系统采集、存储、处理和传输的数据，是具有很高价值的资产，因此其安全性格外重要。

4. 信息安全的主要表现形式

① 病毒的扩散与攻击。
② 垃圾邮件的泛滥。
③ 网页数据的篡改。
④ 不良信息的传播。
⑤ 黑客行为。

5. 信息安全相关的法律法规

信息安全的法律法规是国家安全体系的重要内容，是安全保障体系建设中的必要环节，明确了信息安全的基本原则和基本制度、信息安全相关行为的规范、信息安全中各方的权利与义务、违反信息安全行为及相应的处罚。

我国历来重视信息安全法律法规的建设，经过多年的探索和实践，我国已经制定和颁布了多项涉及信息系统安全、信息内容安全、信息产品安全、网络犯罪、密码管理等方面的法律法规，构建了较为完善的信息安全法律法规框架，如图7-1所示。

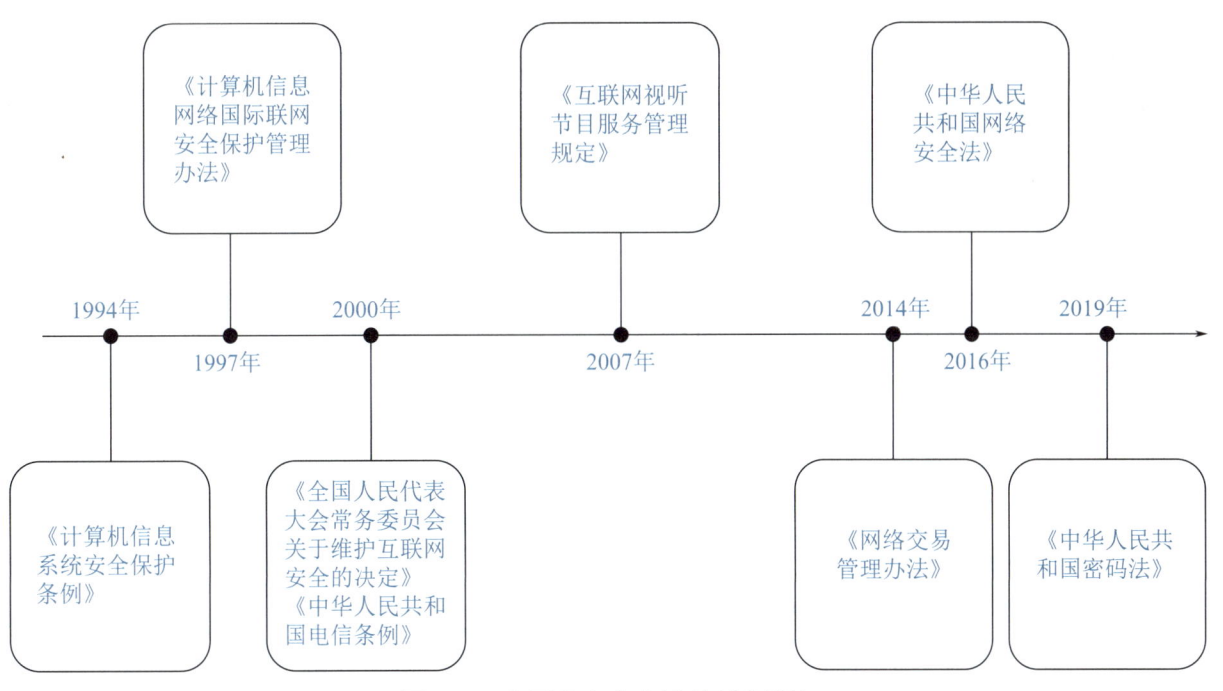

图 7-1 我国信息安全法律法规框架

除上述法律法规外，我国针对信息安全的法律法规还有很多，如在《中华人民共和国刑法修正案（七）》和《中华人民共和国刑法修正案（九）》中就增加了对信息安全领域的相关法律条文，此外，还有 2013 年通过的《电信和互联网用户个人信息保护规定》，2018 年通过的《中华人民共和国电子商务法》等。

知识点 2 防范信息系统恶意攻击

1. 常见信息系统恶意攻击

1）恶意攻击的类型

（1）拒绝性服务攻击

此类攻击通过耗尽对方带宽、内存、磁盘空间、处理器时间等计算机资源，目的是瘫痪对方系统，使其无法提供服务。攻击者往往利用在网络中大量受控主机（俗称"肉鸡"），集中对目标系统进行泛洪 IP 报文直至系统崩溃。

（2）系统攻击

信息系统往往包含操作系统、数据库、Web 应用等，攻击成功后往往可以获取信息系统的控制权和数据库敏感信息。常见的有操作系统攻击、数据库 SQL 注入攻击、跨站脚本攻击等。

（3）网络攻击

网络攻击是指攻击者利用网络传输层对目标进行恶意攻击，当前互联网基本上都是基于

177

TCP/IP 协议架构，各种报文通过 TCP/IP 协议进行传输，攻击者利用嗅探工具对报文进行破解以获取敏感信息。

（4）APT 攻击

高级持续性威胁（Advanced Persistent Threat，APT）攻击是一种网络攻击的方法，它是指攻击者利用木马侵入目标信息系统的 IT 基础架构，并从中走私数据和知识产权。

钓鱼邮件即网络钓鱼，又称钓鱼法或钓鱼式攻击，它是指黑客发送大量欺骗性垃圾邮件，通过引诱或恐吓等方式，获取收件人的敏感信息（如身份证号、账号、支付密码等）。

2）恶意攻击的形式

常见的恶意攻击形式包括网络监听、伪装成合法用户和利用计算机病毒攻击等。

（1）网络监听是指黑客利用连接信息系统的通信网络的漏洞，将用于窃听的恶意代码植入到信息系统中，并通过信号处理和协议分析，从中获得有价值的信息。这种恶意攻击形式具有隐蔽性高、针对性强等特点，一般用于窃取用户的密码等具有较高价值的信息数据。

（2）伪装成合法用户是指黑客通过嗅探、口令猜测、撞库、诈骗等手段非法获取用户名和密码，并以合法用户的身份进入信息系统，窃取需要的信息。

（3）利用计算机病毒攻击是指黑客找到系统漏洞后，利用病毒进行恶意攻击，使信息系统中的设备出现中毒症状，在干扰其正常工作的同时，窃取机密信息。这种恶意攻击形式具有主动攻击、破坏性强、影响范围广等特点，是信息系统安全防范的重点对象。

2. 计算机病毒的特点及分类

1）计算机病毒的定义

计算机病毒是指编制者在计算机程序中插入的破坏计算机功能或数据，影响计算机正常使用并能够自我复制的一组计算机指令或程序代码。计算机病毒的本质是一种特殊的程序。

2）计算机病毒的特点

计算机病毒的特点见表 7-1。

表 7-1 计算机病毒的特点

计算机病毒的特点	具体内容
非授权可执行性	病毒都是先获取系统的操控权，在未得到用户许可时即运行，开始破坏行动。
隐蔽性	病毒可以在一个系统中存在很长时间而不被发现，在发作时让人猝不及防，造成重大损失。
传染性	传染性是计算机病毒最主要的特点，也是判断一个程序是否是病毒的根本依据。
潜伏性	病毒有时会潜伏一段时间不发作，使人们感觉不到已经感染了病毒，使其传播范围更为广泛。
破坏性	一个病毒破坏的对象、方式和程度，取决于它的编写者的目的和水平。如果一个怀有恶意的人掌握了尖端技术，就很有可能引发一场世界性的灾难。

续表

计算机病毒的特点	具体内容
表现性	计算机病毒的表现可以是播放一段音乐或者显示图片、文字等，也可以是破坏系统、格式化硬盘、阻塞网络运行或者毁坏硬件。
可触发性	计算机病毒绝大部分会设定发作条件。这个条件可以是某个日期、键盘的点击次数或是某个文件的调用。其中，以日期作为发作条件的病毒居多。例如，CIH 病毒的发作条件是 4 月 26 日，"欢乐时光"病毒的发作条件是"月+日=13"，比如 5 月 8 日、6 月 7 日等。

3) 计算机病毒的分类

（1）按依附的媒体类型分类

① 网络病毒：通过计算机网络感染可执行文件的计算机病毒。

② 文件病毒：主攻计算机内文件的病毒。

③ 引导型病毒：是一种主攻感染驱动扇区和硬盘系统引导扇区的病毒。

（2）按计算机特定算法分类

① 附带型病毒：通常附带于一个 EXE 文件上，其名称与 EXE 文件名相同，但扩展名是不同的，一般不会破坏更改文件本身，但在 DOS 读取时首先激活的就是这类病毒。

② 蠕虫病毒：它不会损害计算机文件和数据，它的破坏性主要取决于计算机网络的部署，可以使用计算机网络从一个计算机存储切换到另一个计算机存储以计算网络地址来感染病毒。

③ 可变病毒：可以自行应用复杂的算法，很难发现，因为在另一个地方表现的内容和长度是不同的。

3. 信息系统安全防范常用技术

信息系统安全防范的常用技术包括密码技术、防火墙技术、虚拟专用网技术、反病毒技术、审计技术和入侵检测技术等。

1) 密码技术

密码技术是信息系统安全防范与数据保密的核心。通过密码技术，可以将机密、敏感的信息变换成难以读懂的乱码型文字，以此达到两个目的：其一，使不知道如何解密的人无法读懂密文中的信息；其二，使他人无法伪造或篡改密文信息。

2) 防火墙技术

防火墙技术是一种访问控制技术，它可以严格控制局域网边界的数据传输，禁止任何不必要的通信，从而减少潜在入侵的发生，尽可能地降低网络的安全风险。防火墙分为硬件防火墙和软件防火墙两种。

防火墙的缺陷是不能防范恶意的知情者、不能防范不通过它的链接、不能防范全部的威胁及病毒。

3）虚拟专用网技术

虚拟专用网（Virtual Private Network，VPN）技术是一种利用公用网络来构建私有专用网络的技术。VPN采用多种安全机制，如隧道技术、加解密技术、密钥管理技术、身份认证技术等，确保信息在公用网络中传输时不被窃取，或者即使被窃取了，对方亦无法正确地读取信息，因此，VPN具有极强的安全性。

4）反病毒技术

由于计算机病毒具有较大的危害性，给网络用户带来极大的麻烦，因此，很多机构和计算机安全专家对计算机病毒进行了广泛地研究，从而开发了一系列查、杀、防病毒的工具软件和硬件设备，建立了较为成熟的反病毒机制，使计算机用户面对病毒时不再束手无策。

5）审计技术

审计技术是通过事后追查的手段来保证信息系统的安全。审计会对涉及信息安全的操作进行完整的记录，当有违反信息系统安全策略的事件发生时，能够有效地追查事件发生的地点及过程。审计是操作系统一个独立的过程，它保留的记录包括事件发生的时间、产生这一事件的用户、操作的对象、事件的类型及该事件成功与否等。

6）入侵检测技术

入侵检测技术能够对用户的非法操作或误操作进行实时监控，并且将该事件报告给管理员。入侵检测有基于主机和分布式两种方式，通常它是与信息系统的审计功能结合使用的，能够监视信息系统中的多种事件，包括对系统资源的访问、登录、修改用户特权文件、改变超级用户或其他用户的口令等操作。

单元测试

1. 任何个人和组织发送的电子信息、提供的应用软件，不得设置（　　），不得含有法律、行政法规禁止发布或者传输的信息。

    A．软件　　　　B．恶意程序　　　C．木马　　　　D．病毒

2. 任何个人和组织应当对其（　　）的行为负责，不得设立用于实施诈骗，传授犯罪方法、制作或者销售违禁物品、管制物品等违法犯罪活动的网站、通讯群组，不得利用网络发布涉及实施诈骗，制作或者销售违禁物品、管制物品以及其他违法犯罪活动的信息。

    A．上网　　　　B．聊天　　　　C．使用网络　　　D．网购

3. 网络运营者开展经营和服务活动，必须遵守法律、行政法规，尊重社会公德，遵守商业道德，（　　），履行网络安全保护义务，接受政府和社会的监督，承担社会责任。

　　A．诚实信用　　B．诚实　　　　C．守信　　　　D．有道德

4. 任何个人和组织不得窃取或者以其他非法方式获取个人信息，不得（　　）或者非法向他人提供个人信息。

　　A．有意　　　　B．故意　　　　C．非法出售　　D．出售

5. 为了保障信息安全和信息安全应用，管理者需要修补操作系统和应用软件的漏洞，修补安全漏洞最好的方法是（　　）。

　　A．勤打补丁　　　　　　　　　B．实施多重测试

　　C．升级硬件防火墙　　　　　　D．及时升级相关软件

6. 信息系统的安全措施分为物理安全措施和逻辑安全措施，以下属于物理安全措施的是（　　）。

　　A．防雷击　　　B．数据加密　　C．访问控制　　D．数字签名

7. 某用户打开 Word 文档编辑时，总是发现计算机会自动将该文档传送到另一台 FTP 服务器上，这可能是因为 Word 程序已被黑客植入（　　）。

　　A．流氓软件　　B．特洛伊木马　C．陷门　　　　D．FTP 匿名服务

8. 流氓软件是指（　　）。

　　A．名字源于古希腊神话，它是程序，此程序看上去友好但实际上隐含恶意目的

　　B．可以通过网络等方式快速传播，且完全不依赖用户操作、不通过"宿主"程序或文件传播的程序

　　C．蓄意设计的一种软件程序，它旨在干扰计算机操作，记录、毁坏或删除数据，或者自行传播到其他计算机和整个互联网

　　D．在未明确提示用户或未经用户许可的情况下，在用户计算机或其他终端上安装运行，侵害用户合法权益的软件，但不包含中国法律法规规定的计算机病毒

9. 垃圾邮件是指（　　）。

　　A．未经请求而发送的电子邮件，如未经收件人请求而发送的商业广告或非法的电子邮件

　　B．被错误发送的电子邮件

　　C．内容和垃圾有关的电子邮件

　　D．已经删除的电子邮件

10. 计算机蠕虫是指（　　）。

　　A．一种外形像蠕虫的计算机设备

B．一种生长在计算机中的小虫子

C．一种用于演示毛毛虫生长过程的软件程序

D．一种具有自复制特性，可以通过网络等方式快速传播，且完全不依赖用户操作、不通过"宿主"程序或文件传播的程序

11．以下不属于信息安全三要素的是（　　）。

  A．机密性 B．安全性 C．可用性 D．完整性

12．实现信息安全最基本、最核心的技术是（　　）。

  A．身份认证技术   B．密码技术

  C．访问控制技术   D．防病毒技术

13．以下属于复杂密码的是（　　）。

  A．12345678   B．ABCD2345

  C．Adr@29754   D．用户名+出生日期

14．以下不属于弱口令的是（　　）。

  A．66668888   B．aabbccdd

  C．姓名+出生日期   D．qw@bydp00dwz1

15．国家坚持网络安全与信息化发展并重，遵循积极利用、科学发展、（　　）、确保安全的方针。

  A．全面规划 B．依法管理 C．安全有效 D．重点突出

16．制定《网络安全法》是为了保障（　　），维护网络空间主权和国家安全、社会公共利益，保护公民、法人和其他组织的合法权益，促进经济社会信息化健康发展。

  A．网络自由 B．网络速度 C．网络安全 D．网络信息

17．下列关于信息安全的说法中，正确的是（　　）。

  A．信息安全仅代表个人的隐私安全

  B．信息安全仅意味着经济、社会、国防等国家层面的安全

  C．维护信息安全是国家层面的事，与公民无关

  D．维护信息安全，人人有责

18．通常情况下，App申请超范围权限的目的不包括（　　）。

  A．收集用户的个人信息 B．精准投放广告

  C．推送个性化内容   D．降低用户使用频率

19．信息安全的特征包括（　　）。

  A．系统性、动态性、无边界性、传统性

  B．孤立性、动态性、无边界性、非传统性

C．系统性、动态性、边界性、非传统性

D．系统性、动态性、无边界性、非传统性

20．下列关于信息安全特征的说法中，正确的是（　　）。

　　A．信息安全是单纯的技术或管理问题

　　B．信息安全问题是一个全球性的问题

　　C．信息安全问题是固化的、一成不变的

　　D．可以通过一劳永逸的方法解决信息安全问题

21．下列各类恶意程序的定义中，错误的是（　　）。

　　A．特洛伊木马是指以盗取用户个人信息，甚至是远程控制用户计算机为主要目的的恶意程序

　　B．僵尸程序是用于构建大规模攻击平台的恶意程序

　　C．蠕虫是指能自我复制和广泛传播，以占用系统和网络资源为主要目的的恶意程序

　　D．病毒是指收集用户数据，但不影响信息系统正常运行的恶意程序

22．任何个人和组织不得从事非法侵入他人网络、干扰他人网络正常功能、窃取（　　）等危害网络安全的活动。

　　A．机密　　　B．网络数据　　　C．信息　　　D．资料

23．计算机病毒种类很多，结构类似，其中（　　）的作用是将病毒主体加载到内存。

　　A．破坏部分　　B．传染部分　　C．引导部分　　D．删除部分

24．以下不属于计算机病毒感染特征的是（　　）。

　　A．基本内存不变　　　　　B．文件长度增加

　　C．软件运行速度减慢　　　D．端口异常

25．造成系统不安全的外部因素不包含（　　）。

　　A．黑客攻击　　　　　　B．没有升级系统漏洞

　　C．渗透入侵　　　　　　D．DDoS 攻击

26．下列关于 DDoS 攻击的说法中，错误的是（　　）。

　　A．DDoS 攻击是指分布式拒绝服务攻击

　　B．DDoS 攻击可以造成某网站服务器处于满负荷、全占用的状态

　　C．DDoS 攻击通过僵尸网络发起海量访问请求

　　D．DDoS 攻击的主要后果是服务器中的信息资料被破坏

27．下列关于 APT 攻击和钓鱼邮件的说法中，错误的是（　　）。

　　A．APT 攻击的全称是高级持续性威胁攻击

　　B．APT 攻击通过木马侵入目标信息系统的 IT 基础架构

C．钓鱼邮件的主要目的是攻击某网站服务器

D．钓鱼邮件属于欺骗性垃圾邮件

28．能够防止 IP 欺骗的设置是（　　）。

A．在边界路由器上设置到特定 IP 的路由

B．在边界路由器上进行目标 IP 地址过滤

C．在边界路由器上进行源 IP 地址过滤

D．在边界防火墙上过滤特定端口

29．以安全属性分类网络攻击类型，则截获攻击是针对（　　）的攻击，DDoS 攻击是针对（　　）的攻击。

A．机密性　完整性　　　　　B．机密性　可用性

C．完整性　可用性　　　　　D．真实性　完整性

30．在获取目标系统访问权之后，黑客通常还需要（　　）。

A．提升权限，以攫取系统控制权

B．扫描、拒绝服务攻击、获取控制权、安装后门、嗅探

C．网络嗅探

D．进行拒绝服务攻击

31．当自己的安全 U 盘突然损坏无法使用时，最正确的做法是（　　）。

A．交予运维人员处理　　　　B．自行丢弃处理

C．使用普通 U 盘　　　　　　D．寻求外部单位进行数据恢复

32．入侵检测系统提供的基本服务功能包括（　　）。

A．异常检测和入侵检测　　　B．异常检测、入侵检测和攻击告警

C．入侵检测和攻击告警　　　D．异常检测和攻击告警

33．入侵检测的核心是（　　）。

A．信息收集　　　　　　　　B．信息分析

C．入侵防护　　　　　　　　D．检测方法

34．通常情况下，Internet 防火墙设置在（　　）。

A．内部网络与外部网络的交叉点

B．每个子网的内部

C．部分内部网络与外部网络的结合处

D．内部子网之间传送信息的中枢

35．入侵检测是作为继（　　）之后的第二层安全防护措施。

A．路由器　　B．防火墙　　C．交换机　　D．服务器

36. （　　）是按照预定模式进行事件数据搜寻，最适用于对已知模式的可靠检测。

   A．实时入侵检测　　　　　　B．异常检测

   C．事后入侵检测　　　　　　D．误用检测

37. （　　）的目的是发现目标系统中存在的安全隐患，分析所使用的安全机制是否能够保证系统的机密性、完整性和可用性。

   A．漏洞分析　　B．入侵检测　　C．安全评估　　D．端口扫描

38. 某人设计了一个程序，并侵入别人的计算机窃取了一些重要数据，这种行为属于（　　）。

   A．操作失误　　B．意外事故　　C．信息犯罪　　D．信息泄露

39. 下列关于恶意攻击的说法中，错误的是（　　）。

   A．网络监听是指黑客通过用于窃听的恶意代码从信息系统中窃听数据

   B．嗅探是指黑客对所有密码进行猜测试验以找到正确密码

   C．一些网民使用同一套用户名和密码登录多个网站的行为给撞库攻击提供了可乘之机

   D．计算机病毒攻击具有主动攻击、破坏性强、影响范围广等特点

40. 信息系统安全防范常用技术不包括（　　）。

   A．密码技术　　B．防火墙技术　　C．安全盾技术　　D．VPN 技术

41. 下列关于防火墙的说法中，错误的是（　　）。

   A．防火墙分为软件防火墙和硬件防火墙

   B．硬件防火墙的安全性远低于软件防火墙

   C．软件防火墙的成本较低

   D．防火墙可以严格控制局域网边界的数据传输，禁止任何不必要的通信

42. 下列关于 VPN 技术的说法中，正确的是（　　）。

   A．VPN 技术是一种利用公用网络来构建私有专用网络的技术

   B．VPN 的全称是虚拟局域网

   C．黑客将通过 VPN 技术保护的数据窃取后，可轻松读取其内容

   D．VPN 技术并不对其传输的数据进行任何加密处理

43. 以下行为不符合网络安全管理制度的是（　　）。

   A．在网络上宣泄私愤，暴露个人隐私

   B．严禁在网络上使用来历不明、引发病毒传染的软件

   C．上网信息的管理坚持"谁上网谁负责、谁发布谁负责"的原则

   D．不得在网络上散布谣言，扰乱社会秩序，鼓动聚众滋事

44. 以下关于计算机病毒的说法，错误的是（   ）。

   A．计算机病毒是人为编写的有害程序

   B．计算机病毒是种非授权的可执行程序

   C．计算机病毒是一种有逻辑错误的小程序

   D．计算机病毒通过自我复制再传染给其他计算机

45. 通常人们很难发现计算机病毒的存在，这体现了计算机病毒的特点是（   ）。

   A．传染性   B．激发性   C．破坏性   D．隐蔽性

46. 以下现象可能由计算机病毒引起的是（   ）。

   A．键盘指示灯不亮   B．光驱无法弹出光盘

   C．鼠标指针移动不灵活   D．计算机系统运行速度迟缓，经常死机

47. 大部分计算机病毒设定了触发的条件，如"欢乐时光"病毒触发的条件是"月+日=13"。这主要体现了病毒的特点是（   ）。

   A．可触发性   B．传染性   C．隐蔽性   D．表现性

48. 当发现计算机系统受到病毒侵害时，应采取的合理措施是（   ）。

   A．立即断开网络，以后不再上网

   B．立即对计算机进行病毒检测、查杀

   C．重新启动计算机，重新安装操作系统

   D．立即删除可能感染病毒的所有文件

49. 下列关于信息安全相关法律法规的说法中，错误的是（   ）。

   A．《信息安全条例》可看作欧盟信息安全法律体系建设起步的标志

   B．《网络犯罪公约》是国际上第一个针对计算机系统、网络或数据犯罪的多边协定

   C．《中华人民共和国网络安全法》是我国第一部网络安全领域的专门性综合立法

   D．《中华人民共和国密码法》是我国第一部密码领域的综合性、基础性法律

50. 下列关于网络安全等级保护制度的说法中，错误的是（   ）。

   A．网络安全等级保护制度是我国保障网络安全的基本制度、基本国策和基本方法

   B．网络安全等级保护是指对网络实施分等级保护、分等级监管

   C．全国信息安全标准化技术委员会起草了一系列网络安全保护制度相关国家标准

   D．《中华人民共和国密码法》中规定，国家实行网络安全等级保护制度

第八章　人工智能初步

学习目标

1. 初识人工智能
(1) 了解人工智能的定义。
(2) 了解人工智能的发展史。
(3) 了解人工智能对人类社会发展的影响。
(4) 了解人工智能的应用场景，如智能制造、智慧农业、智能物流、智慧交通。
(5) 了解人工智能的基本原理。
2. 了解机器人
(1) 了解机器人的定义。
(2) 了解机器人的分类。
(3) 了解机器人的发展阶段。
(4) 了解机器人在现代生活中的应用。

知识点精讲

知识点1　初识人工智能

1. 人工智能的定义

人工智能（Artificial Intelligence），英文缩写为 AI。我国《人工智能标准化白皮书（2018

年)》中这样总结:"人工智能是利用数字计算机或者数字计算机控制的机器模拟、延伸和扩展人的智能,感知环境、获取知识并使用知识获得最佳结果的理论、方法、技术及应用系统。"

人工智能是计算机科学的一个分支,它企图了解智能的实质,并生产出一种新的能以人类智能相似的方式做出反应的智能机器,该领域的研究包括机器人、语言识别、图像识别、自然语言处理和专家系统等。

2. 人工智能的发展史

1)人工智能的起源

图灵,英国数学家、逻辑学家,1950 年发表《计算机器与智能》一文,提出了影响深远的"图灵测试",用来判断一台机器是否具备思维能力,即如果一台计算机与人类展开对话而不被识别出其是机器身份,那么这台机器就具有智能。图灵也被后世称为"计算机科学之父"、"人工智能之父"。

1956 年达特茅斯会议首次提出了"人工智能"这一术语,它标志着"人工智能"这门新兴学科的正式诞生。

2)人工智能的发展历程

人工智能的发展历程大致分为三个阶段:

第一阶段(20 世纪 50 年代—80 年代)。这一阶段人工智能刚诞生,基于抽象数学推理的可编程数字计算机已经出现,符号主义快速发展,但由于很多事物不能形式化表达,建立的模型存在一定的局限性。

第二阶段(20 世纪 80 年代—90 年代末)。在这一阶段,专家系统得到快速发展,数学模型有重大突破,但由于专家系统在知识获取、推理能力等方面的不足,以及开发成本高等原因,人工智能的发展又一次进入低谷期。

第三阶段(21 世纪初至今)。大数据的积聚、理论算法的革新、计算能力的提升,为人工智能发展提供了丰富的数据资源,协助训练出更加智能化的算法模型。人工智能的发展模式也从过去追求"用计算机模拟人工智能",逐步转向以机器与人结合而成的增强型混合智能系统,用机器、人、网络结合成新的群智系统,以及用机器、人、网络和物结合成的更加复杂的智能系统。人工智能在很多应用领域取得了突破性进展,迎来了又一个繁荣时期。

3. 人工智能对人类社会发展的影响

人工智能的核心思想在于构造智能的人工系统。人工智能是一项知识工程,利用机器模仿人类完成一系列的动作。根据是否能够实现理解、思考、推理、解决问题等高级行为,人工智能可分为强人工智能和弱人工智能。强人工智能是指机器能像人类一样思考,有感知和自我意识，能够自我学习知识。弱人工智能是指不能像人类一样进行推理思考并解决问题的智能机器。现阶段，理论研究的主流是弱人工智能方面。

人工智能的飞速发展，为制造、家居、教育、交通、安防、医疗、物流等各行各业的发展和社会服务带来前所未有的变化，深刻改变着人类的社会生活，改变世界，让人们的学习更个性，工作更便捷，生活更美好。

4. 人工智能的基本原理

计算机通过传感器收集来的各种不同类型的数据（数字、文本、图像、音频、视频），从中提取数据特征，抽象出数据模型并进行存储和训练，再利用这些数据模型去分析、探索和预测新的数据，并对新的数据做出相应处理。计算机只能解决程序允许解决的问题，不具备一般意义上的分析能力。

5. 人工智能的关键技术

人工智能相关技术的研究目的是促使智能机器会听（如语音识别、机器翻译）、会看（如图像识别、文字识别）、会说（如语音合成、人机对话）、会行动（如智能机器人、自动驾驶汽车）、会思考（如人机对弈、定理证明）、会学习（如机器学习、知识表示）。

人工智能的关键技术，包括机器学习、计算机视觉、生物特征识别、自然语言处理和语音识别。

1）机器学习

机器学习是指使计算机能像人类一样学习，以获取新的知识或技能，重新组织已有的知识结构，从而不断改善自身性能。机器学习是使计算机具有智能的根本途径，它让计算机不再只是通过特定的编程完成任务，而是可以通过不断学习来掌握本领。机器学习主要依赖大量数据训练和高效的算法模型，其背后需要具有高性能计算能力的软硬件和大量数据作为支撑。

2）计算机视觉

计算机视觉是指使计算机具备像人类一样通过视觉系统提取、观察、理解和识别图像和视频的能力。计算机视觉相当于人工智能的大门，包括医疗成像分析、智能监控、自动驾驶、智能机器人、工业产品检测等，均需要利用计算机视觉系统提取并识别现场图像或视频信息。计算机视觉的识别准确率普遍可达90%以上，远远超过了人类。

3）生物特征识别

生物特征识别是指根据人的生理或行为特征对人的身份进行识别、认证。从应用流程看，生物特征识别通常分为注册和识别两个阶段。注册阶段是指通过传感器（如摄像头、麦克风等)对人体的生物特征信息(如人脸、指纹、声纹等)进行采集并存储；识别阶段采用与注册阶段一样的采集方式对待识别人进行信息采集和特征提取，然后将提取的特征与存储的特征进行对比、分析，以完成识别。

4) 自然语言处理

自然语言处理是指使计算机拥有理解、处理人类语言的能力，包括机器翻译、语义理解、问答系统等。自然语言处理技术目前被广泛应用于在线翻译(如有道翻译)、聊天机器人(如京东的 JIMI 聊天机器人)、新闻推荐(如今日头条)、简历筛选、垃圾邮件屏蔽、舆情监控、消费者分析、竞争对手分析等方面。

5) 语音识别

语音识别是指将人类语音中的词汇内容转换为计算机可以识别的输入，即让机器能听懂"人话"。目前，语音识别的应用包括语音拨号、语音导航、室内设备语音控制、语音搜索、语音购物、语音聊天机器人等。例如，手机中大都提供了智能语音助手，如苹果的 Siri、小米的小爱同学、华为的小艺等，将其唤醒后，通过语音对话就可以让其执行相应的指令，从而实现一定的功能。

6. 人工智能的应用场景

1) 智能制造

智能制造(Intelligent Manufacturing，IM)是一种由智能机器和人类专家共同组成的人机一体化智能系统，它在制造过程中能进行智能活动，诸如分析、推理、判断、构思和决策等。通过人与智能机器合作共事，扩大、延伸和部分取代人类专家在制造过程中的脑力劳动。

2) 智慧医疗

人工智能在医疗方面的应用包括辅助诊疗、疾病预测、医疗影像分析和识别、药物开发、手术机器人等。其中，在疾病预测方面，人工智能借助大数据技术可以进行传染病监测，及时预测并防止传染病的进一步扩散；在医疗影像方面，可以利用计算机视觉等技术对医疗影像进行分析和识别，为患者的诊断和治疗提供评估方法和精准诊疗决策。

3) 智能物流

智能物流就是利用条形码、射频识别技术、传感器、全球定位系统等优化运输、仓储、配送、装卸等物流业基本活动，同时也在尝试使用智能搜索、推理规划、计算机视觉以及智能机器人等技术，实现货物运输过程的自动化运作和高效率优化管理，提高物流效率。例如，京东商城(以下简称京东)是国内知名的电商企业。为压缩物流成本，提高物流效率，京东构建了以无人仓、无人机和无人车为三大支柱的智慧物流体系。京东无人仓里主要用到了 3 种机器人——搬运机器人、小型穿梭车及分拣机器人。

4）智慧交通

智能交通系统（Intelligent Traffic System，ITS）是通信、信息和控制技术在交通系统中集成应用的产物。ITS 借助现代科技手段和设备，将各核心交通元素联通，实现信息互通与共享以及各交通元素的彼此协调、优化配置和高效使用，形成人、车和交通的高效协同环境，建立安全、高效、便捷且低碳的交通运输管理系统。例如，通过不停车电子收费系统（ETC），实现对通过 ETC 入口站的车辆身份及信息自动采集、处理、收费和放行，有效提高通行能力、简化收费管理、降低环境污染。

5）智能金融

人工智能在金融领域的应用主要包括以下几个方面：智能获取客户、用户身份验证、金融风险控制、智能客服。

6）智慧农业

智慧农业是指现代科学技术与农业种植相结合，从而实现无人化、自动化、智能化管理。"智慧农业"是云计算、传感网、3S 等多种信息技术在农业中综合、全面的应用，实现更完备的信息化基础支撑、更透彻的农业信息感知、更集中的数据资源、更广泛的互联互通、更深入的智能控制、更贴心的公众服务。

知识点 2　了解机器人

1. 机器人的定义

国际标准化组织（ISO）对机器人做出如下定义："机器人（Robot）是一种自动的、位置可控的、具有编程能力的多功能机械手，这种机械手具有几个轴，能够借助于可编程序操作处理各种材料、零件、工具和专用装置，以执行各种任务"。通常认为，机器人是一种能够半自主或全自主工作的智能机器，其本质是自动执行工作的机器装置。

2. 机器人的特征

机器人一般具有以下特征。

- 机器人的动作机构具有类似人或其他生物的某些器官（肢体、感受等）的功能；
- 机器人具有通用性，工作种类多样，动作程序灵活易变；
- 机器人具有不同程度的智能性，如记忆、感知、推理、决策、学习等；
- 机器人具有独立性，完整的机器人系统在工作中可以不依赖于人的干预。

3. 机器人的分类

关于机器人的分类，国际上没有制定统一的标准，从不同的角度可以有不同的分类。我国将机器人分为工业机器人和特种机器人。国际上，参照国际机器人联合会（IFR）的分类方法，把机器人分为工业机器人和服务机器人，见表 8-1。

表 8-1 国际上机器人的分类

机器人	工业机器人	加工类	焊接机器人
			研磨抛光机器人
		装配类	装配机器人
			涂装机器人
		搬运类	输送机器人
			装卸机器人
		包装类	分拣机器人
			码垛机器人
			包装机器人
	服务机器人	个人/家庭服务	家庭作业机器人
			休闲娱乐机器人
			残障辅助机器人
			住宅安全机器人
		专业服务	军事机器人
			场地机器人
			物流机器人
			医疗机器人
			建筑机器人

1）工业机器人

工业机器人（Industrial Robot，IR）是指在工业环境下应用的机器人，它是一种可编程的多用途、自动化设备。根据用途和功能，可分为加工、装配、搬运、包装四大类。工业机器人可以降低劳动力成本、提高生产效率，已在汽车、机械、电子、化工等工业领域得到广泛应用。

2）服务机器人

服务机器人（Personal Robot，PR）是指除工业自动化应用外，其他能为人类或设备完成任务的机器人。

除此之外，机器人又可以分为无实体和有实体两类。无实体的机器人如微软小冰、百度度秘、聊天机器人（分为问答型、任务型和闲聊型）等；有实体的机器人如工业机器人、巡逻服务机器人等。

4. 机器人的发展阶段

1920 年，捷克剧作家卡雷尔·恰佩克（Karel Čapek）首次创造出"Robot"一词，"机器人"开始登上历史舞台。随着科学技术的不断发展，机器人已经历了三代。

（1）第一代为简单工业机器人，属于示教再现型机器人，于 1959 年由发明家英格伯格和德沃尔联手制造出世界上第一台工业机器人。这类机器人是由计算机控制的多自由度的机械，使用者事先教给它们动作顺序和运动路径，机器人就可不断地重复相应动作，其特点是对外界环境没有感知。目前，在汽车、3C 电子等工业自动化生产线上大量使用第一代机器人。

（2）第二代为低级智能机器人，亦称感觉机器人，如美国斯坦福研究所 1968 年公布研发的机器人 Shakey。与第一代机器人相比，第二代机器人具有一定的感觉系统，可以通过事先编好的程序进行控制，能够获取外界环境和操作对象的简单信息，对外界环境的变化做出简单的判断并相应调整自己的动作。自 20 世纪末以来，第二代机器人在生产企业中的数量不断增加。

（3）第三代为高级智能机器人，利用各种传感器、探测器等来获取环境信息，不仅具备感觉能力，还具备独立判断、行动、记忆、推理和决策的能力，可以完成更加复杂的动作。在发生故障时，它还可以通过自我诊断装置进行故障部位诊断，并自我修复。从现有技术发展、产业应用角度来看，第三代机器人仍处于探索阶段。

未来，越来越多的机器人将走进工业生产和人类生活，为创造更加美好的人类社会贡献力量。在研究和开发未知及不确定环境下作业的机器人的过程中，人们逐步认识到机器人技术的本质是感知、决策、行动和交互技术的结合。

近年来，在国家政策支撑和市场需求牵引下，我国机器人产业平稳发展，机器人设计和制造水平显著提高，机器人新技术、新产品不断涌现，关键零部件研制取得突破性进展，为我国制造业提质增效、换挡升级提供了全新动能。

5. 机器人在现代生活中的应用

机器人作为一种载体，它既可以接受人类指挥，又可以运行预先编排好的程序，还可以根据人工智能技术制定的原则和纲领行动，其任务是协助或取代人类的部分工作，如生产、服务或危险的工作。

机器人技术是多学科交叉的科学工程，涉及机械、电子、计算机、通信、人工智能和传感器，甚至纳米科技和材料技术等。智能机器人是人工智能应用"皇冠上的明珠"。人工智能和机器人技术相辅相成，正在改变我们的生活，推动社会的进步。

单元测试

1. 被誉为"人工智能之父"的科学家是（   ）。
   A．图灵   B．约翰·麦卡锡
   C．冯·诺依曼   D．香农

2. 计算机应用领域中，人工智能的英文简写是（   ）。
   A．AR   B．VR   C．IT   D．AI

3. 关于人工智能的定义，正确的是（   ）。
   A．人工智能就是机器人   B．人工智能就是跟人长得一样的机器人
   C．人工智能是一种软件   D．人工智能是研究人的智能的一门新的技术科学

4. 下列不属于人工智能技术应用的是（   ）。
   A．使用机器翻译软件进行英汉文档翻译
   B．使用打印机打印文本文件
   C．使用 Office 助手进行 Excel 数据分析和计算
   D．利用自然语言网站，进行语言对话

5. 利用计算机来模拟人类的某些思维活动，如医疗诊断、定理证明，这一类应用属于（   ）。
   A．数值计算   B．自动控制
   C．人工智能   D．辅助教育

6. 下列选项中，与手机上的语音助手应用的人工智能技术相同的是（   ）。
   A．扫地机器人   B．汽车导航
   C．智能音箱   D．在线翻译

7. 以下哪个不是人工智能的基本原理（   ）。
   A．推理技术   B．联想技术
   C．归纳技术   D．编译原理

8. 人工智能是一门（   ）。
   A．数学   B．综合性的交叉学科
   C．语言学   D．心理学和生理学

9. 下列选项中，不属于人工智能应用的是（   ）。
   A．自动驾驶汽车   B．机器翻译

C．使用网络　　　　　　　　D．扫地机器人

10．下列选项中，不属于人工智能应用的是（　　）。

　　A．李明和计算机下象棋

　　B．小王通过QQ与小平在网上聊天

　　C．公寓采用指纹识别技术管理住户

　　D．张三用网易有道词典将英文小说自动翻译成中文

11．1997年IBM公司的"深蓝"计算机战胜了世界顶级国际象棋大师卡斯帕罗夫，这一事实证明（　　）。

　　A．电脑比人脑更智能

　　B．电脑是人脑的延伸，是人类扩展自己智力的工具

　　C．电脑和机器人即将取代人脑

　　D．人脑的运动与电脑一样，归根到底是电子等物质粒子的运动

12．"如果超过30%的人误以为自己是在和人对话而不是计算机，那么就算通过测试"这个测试被称作是（　　）。

　　A．冯·诺依曼测试　　　　B．爱因斯坦测试
　　C．牛顿测试　　　　　　　D．图灵测试

13．小区入口处安装了人脸识别装置，只有小区内部人员才能自由进出，这种应用属于（　　）。

　　A．科学计算　　　　　　　B．实时控制
　　C．人工智能　　　　　　　D．虚拟现实

14．下列计算机应用领域中，主要应用了人工智能技术的是（　　）。

　　A．智能搜索引擎　　　　　B．天气预测
　　C．远程教育　　　　　　　D．淘宝购物

15．下列属于人工智能应用的是（　　）。

　　A．制作动画　　　　　　　B．图像加工
　　C．机器人客服　　　　　　D．编辑文稿

16．按照计算机应用领域的分类，下列属于人工智能的是（　　）。

　　A．无人驾驶汽车　　　　　B．3D动画制作
　　C．极端天气模拟　　　　　D．手机网络购物

17．下列属于人工智能中模式识别技术应用的是（　　）。

　　A．光学字符识别　　　　　B．阅读电子报刊
　　C．键盘输入汉字　　　　　D．交通信号控制

18．下列属于人工智能中模式识别技术应用的是（　　）。

　　A．阅读报刊　　　　　　　　B．鼠标画图

　　C．键盘输入　　　　　　　　D．虹膜识别

19．通过计算机可以进行语音识别、图像识别等操作，这种利用计算机模仿人的高级思维活动被称为（　　）。

　　A．辅助设计　　　　　　　　B．数据处理

　　C．人工智能　　　　　　　　D．自动化处理

20．人脸识别的关键技术是（　　）。

　　A．机器学习　　　　　　　　B．语音识别

　　C．生物特征识别　　　　　　D．自然语言处理

21．在微信中，使用语音输入，体现了人工智能技术中的（　　）。

　　A．光学识别　　　　　　　　B．指纹识别

　　C．人脸识别　　　　　　　　D．语音识别

22．下列选项中，不属于人工智能关键技术的是（　　）。

　　A．定位服务　　　　　　　　B．机器学习

　　C．语音识别　　　　　　　　D．计算机视觉

23．下列应用中，体现了人工智能技术的是（　　）。

　　A．装有传感器的"智能小车"，自动沿着黑线路径行驶

　　B．"健康码"以真实数据为基础，生成属于个人的二维码

　　C．"口袋动物园"是一款基于AR技术的儿童启蒙教育App，可以让立体的、活生生的动物呈现出来

　　D．"世界很复杂，百度更懂你"，百度识图可以实现用户上传图片并在互联网上搜索与该图片相似的其他图片资源

24．下列关于人工智能的说法中，错误的是（　　）。

　　A．人工智能在智能制造方面的应用主要表现在智能装备和智能工厂两个方面

　　B．人工智能在医疗方面的应用包括辅助诊疗和疾病预测

　　C．不停车收费系统（ETC）没有采用人工智能技术

　　D．物流企业可以使用人工智能技术实现货物自动化搬运

25．下列应用中，没有体现人工智能技术的是（　　）。

　　A．门禁系统通过指纹识别确认身份

　　B．某软件将输入的语音自动转换为文字

　　C．机器人导游回答游客的问题，并提供帮助

D．通过键盘输入商品编码，屏幕上显示出相应价格

26．十字路口的红绿灯根据人流情况自动调整时长，体现了人工智能在（　　）的应用。

　　A．智能交通　　　　　　　　B．智能家居

　　C．智能安防　　　　　　　　D．智能制造

27．机器人的英文名是（　　）。

　　A．Mechanics　　　　　　　B．Robot

　　C．Robota　　　　　　　　　D．Machine

28．现代智能机器人的交互反馈方式是（　　）。

　　A．手势　　　　　　　　　　B．表情

　　C．触摸　　　　　　　　　　D．以上都是

29．以下符合工业机器人优点的是（　　）。

　　A．体积小　　　　　　　　　B．造价低

　　C．抗干扰性差　　　　　　　D．动作准确性高

30．下列关于机器人的描述，正确的是（　　）。

　　A．机器人是一种自动化机器　B．机器人是操作机器的人

　　C．机器人具备人的所有能力　D．机器人可以适应任何环境

31．下列关于智能机器人的描述，不正确的是（　　）。

　　A．智能机器人可以从事无人驾驶

　　B．智能机器人可以从事高危作业

　　C．智能机器人可以实现人机对话

　　D．智能机器人可以代替人的所有工作

32．下列哪一项不是机器人在医疗界中的主要应用（　　）。

　　A．外科手术机器人　　　　　B．康复机器人

　　C．护理机器人　　　　　　　D．精密加工机器人

33．以技术视角看，机器人系统不包括（　　）。

　　A．遥控部分　　　　　　　　B．智能控制

　　C．信息感知　　　　　　　　D．执行机构

34．以下不是陆地机器人的是（　　）。

　　A．履带式　　　　　　　　　B．浮游式

　　C．轮式　　　　　　　　　　D．足式

35．立体摄像机是机器人获得（　　）视觉的实用传感器。

　　A．二维　　　　　　　　　　B．平面

C．三维　　　　　　　　　D．图像

36．江苏科技馆有一种机器人能主动走近参观者并与之对话。下列关于这种机器人的说法中，正确的是（　　）。

① 机器人应用了能"看"、能"听"的传感技术

② 机器人内部不需要存储设备

③ 机器人应用了控制技术来保持肢体的平衡

④ 机器人说话的声音是模仿人的语音经计算机加工处理合成的

A．①②③　　　　　　　B．②③④

C．①③④　　　　　　　D．①②④

37．按机器人产品类别划分，扫地机器人属于（　　）。

A．工业机器人　　　　　B．家用服务机器人

C．医疗服务机器人　　　D．公共服务机器人

38．按机器人产品类别划分，手术机器人属于（　　）。

A．工业机器人　　　　　B．家用服务机器人

C．医疗服务机器人　　　D．公共服务机器人

39．从机器人的应用领域划分，擦玻璃机器人属于（　　）。

A．搜救型机器人　　　　B．学习型机器人

C．数控型机器人　　　　D．家务型机器人

40．从机器人的应用领域划分，电焊机器人属于（　　）。

A．工业机器人　　　　　B．家用服务机器人

C．医疗服务机器人　　　D．公共服务机器人

41．人工智能是计算机科学的一个分支，该领域的研究包括（　　）。

A．机器人　　B．语言识别　　C．图像识别　　D．以上三种都是

42．下列关于人工智能的描述，错误的是（　　）。

A．人工智能系统要有学习能力、预测推理能力

B．人工智能可以完成任何工作

C．停车场的车牌识别是人工智能的应用

D．机器学习属于人工智能

43．以下属于人工智能应用场景的是（　　）。

A．智能物联网　　　　　B．智能家居

C．无人驾驶汽车　　　　D．以上三种都是

44. 下列不属于无人驾驶技术的是（　　）。

　　A．计算处理系统　　　　　　B．汽车驾驶人

　　C．无人驾驶汽车　　　　　　D．感知输入系统

45. 以下不属于人工智能技术应用的是（　　）。

　　A．智慧教育　　　　　　　　B．智能制造

　　C．智能交通　　　　　　　　D．高级生物

46. 生物生长监测系统是属于人工智能在（　　）方面的应用。

　　A．智能安防　　　　　　　　B．智能制造

　　C．智能交通　　　　　　　　D．智慧农业

47. 点歌机器人属于（　　）。

　　A．工业机器人　　　　　　　B．家用机器人

　　C．医疗机器人　　　　　　　D．娱乐机器人

48. 下列关于人工智能的描述，错误的是（　　）。

　　A．人工智能是未来的发展大趋势

　　B．人工智能的目的就是让机器成为人类的帮手和工具

　　C．人工智能是为了消灭人类

　　D．人工智能能够解放人们的体力劳动

49. 下列关于无人机的描述，错误的是（　　）。

　　A．可以协同工作　　　　　　B．只能单机工作

　　C．可以遥控操作　　　　　　D．可以进行表演

反侵权盗版声明

电子工业出版社依法对本作品享有专有出版权。任何未经权利人书面许可，复制、销售或通过信息网络传播本作品的行为；歪曲、篡改、剽窃本作品的行为，均违反《中华人民共和国著作权法》，其行为人应承担相应的民事责任和行政责任，构成犯罪的，将被依法追究刑事责任。

为了维护市场秩序，保护权利人的合法权益，我社将依法查处和打击侵权盗版的单位和个人。欢迎社会各界人士积极举报侵权盗版行为，本社将奖励举报有功人员，并保证举报人的信息不被泄露。

举报电话：（010）88254396；（010）88258888

传　　真：（010）88254397

E-mail：　　dbqq@phei.com.cn

通信地址：北京市万寿路173信箱
　　　　　电子工业出版社总编办公室

邮　　编：100036

信息技术学与练

- ◆ 信息技术学与练
- ◆ 信息技术（基础模块）（上册）
- ◆ 信息技术学习指导与练习（基础模块）（上册）
- ◆ 信息技术（基础模块）（下册）
- ◆ 信息技术学习指导与练习（基础模块）（下册）
- ◆ 信息技术（拓展模块）——计算机与移动终端维护+小型网络系统搭建+信息安全保护
- ◆ 信息技术（拓展模块）——计算机与移动终端维护+小型网络系统搭建+机器人操作
- ◆ 信息技术（拓展模块）——实用图册制作+数据报表编制+演示文稿制作
- ◆ 信息技术（拓展模块）——三维数字模型绘制+数字媒体创意
- ◆ 信息技术（拓展模块）——实用图册制作+数字媒体创意+个人网店开设

责任编辑：郑小燕
封面设计：张　昱

ISBN 978-7-121-44282-7

定价：45.80元（附试卷）

信息技术学与练

◆ 信息技术学与练
 ◆ 信息技术（基础模块）（上册）
 ◆ 信息技术学习指导与练习（基础模块）（上册）
 ◆ 信息技术（基础模块）（下册）
 ◆ 信息技术学习指导与练习（基础模块）（下册）
 ◆ 信息技术（拓展模块）——计算机与移动终端维护+小型网络系统搭建+信息安全保护
 ◆ 信息技术（拓展模块）——计算机与移动终端维护+小型网络系统搭建+机器人操作
 ◆ 信息技术（拓展模块）——实用图册制作+数据报表编制+演示文稿制作
 ◆ 信息技术（拓展模块）——三维数字模型绘制+数字媒体创意
 ◆ 信息技术（拓展模块）——实用图册制作+数字媒体创意+个人网店开设

责任编辑：郑小燕
封面设计：张　昱

ISBN 978-7-121-44282-7

定价：45.80元（附试卷）

C．远程桌面　　　　　　　D．行程码

9．在Python中，算式6/3的结果为（　　）。
A．18　　　B．2　　　C．0.5　　　D．2.0

10．在Python中，算式10％4的结果为（　　）。
A．2.5　　　B．2　　　C．6　　　D．40

11．下列选项中，不属于多媒体技术应用的是（　　）。
A．制作动画　　　　　　　B．制作演示文稿
C．召开视频会议　　　　　D．统计学生成绩

12．以下哪组方法可以获取多媒体视频素材（　　）。
①磁盘复制　②网络下载　③扫描输入　④电视节目录制　⑤摄像机拍摄
A．②③④⑤　B．①②③④　C．①②③⑤　D．①②④⑤

13．信息安全管理的基础是（　　）。
A．风险评估　B．侵害程度　C．危险识别　D．弱点识别

14．以下不是计算机病毒特点的是（　　）。
A．破坏性　　B．传染性　　C．显现性　　D．潜伏性

15．下列设备不会传播计算机病毒的是（　　）。
A．网盘　　　B．硬盘　　　C．U盘　　　D．键盘

16．计算机病毒不具有（　　）。
A．寄生性和传染性　　　　B．潜伏性和隐蔽性
C．自我复制性和破坏性　　D．自行消失性和易防范性

17．我国学者吴文俊院士在人工智能的（　　）领域做出了贡献。
A．机器证明　B．模式识别　C．智能代理　D．人工神经网络

18．下列关于机器人的描述，不正确的（　　）。
A．机器人通常有特定的使用环境
B．机器人不是指操作机器的人
C．机器人是一种能够完成特定操作的机器
D．机器人具备人的所有能力

19．在人工智能领域，以下哪项不是与机器人思维有关的（　　）。
A．知识表示与推理　　　　B．问题追求
C．规划　　　　　　　　　D．数据整合

20．通过计算机可以进行语音识别是属于（　　）。
A．辅助设计　　　　　　　B．数据处理
C．人工智能　　　　　　　D．自动化处理

得分	评分人

二、操作题（共 80 分）

1.（20 分）打开"文字处理"文件夹中的文字处理文档"WPS01.docx"，完成操作：

（1）将文档纸张大小设置为 16 开，页面左右边距各为 1.5 厘米；

（2）将文档第 1 行中的标题段文字"赤壁赋"设置为四号隶书、加粗、居中，标题段添加红色边框；

（3）将第二行文字"苏轼"设置为小四号宋体、居中；

（4）将正文每一段首行缩进两个字符，并将正文文字设置为五号仿宋体；

（5）设置正文各段间距为 0.5 字符，行距为 12 磅；

（6）在文末插入 5 行 2 列的表格；

（7）设置行高为 0.4 厘米，第一列列宽为 4 厘米，第二列列宽为 7 厘米；

（8）将表格第一行合并为一个单元格，并添加天蓝色底纹；

（9）完成后直接保存，并关闭 WPS 文字处理程序。

2.（15 分）打开"电子表格"文件夹中的文件"excel1.xlsx"，进行以下操作并保存（操作结果可参考"D：模拟测试卷一\电子表格\样张.png"）

（1）将单元格 A1：F1 合并后居中，设置字体为楷体、加粗，字号为 18，字体为蓝色；

（2）设置第 1 行行高为 28，F 列列宽为 12；

（3）用公式计算出所有"员工工资"（员工工资=3000+工龄×150）；

（4）将单元格区域 F3：F16 的数字分类设置为货币，小数位 2 位，货币符号为"

（5）将单元格区域 A2：F16 以"员工工资"为主要关键字降序排列；

（6）设置单元格区域 A2：F16 套用表格格式为"表样式浅色 20"，勾选"表包含标

（7）将工作表 Sheet4 删除；

（8）保存文档并关闭 WPS 电子表格应用程序。

3.（14 分）打开"D：模拟测试卷一\演示文稿"文件夹下的文件"PPT2022.p进行以下操作并保存。

（1）将所有幻灯片的主题设置为"波形"，背景样式设置为"样式 10"；

（2）在第 1 张幻灯片的标题下插入"演示文稿"下的图片"Pic.jpg"，并设置其为 8.35 厘米、宽度为 13.55 厘米；

（3）将第 2 张幻灯片中的文本"地位"，创建超链接到第 5 张幻灯片；

（4）为第 4 张幻灯片标题下方的文本设置动画效果：进入动画为"缩放"，效果

C．Python 语言是一种面向对象的解释型程序设计语言

D．Python 语言无法跨平台使用

11．使用计算机录制声音时，采用下列哪种参数设置，录制声音质量更高（　　）。

A．分辨率和采样频率都设为最低

B．分辨率和采样频率都设为最高

C．分辨率设为最低

D．分辨率设为最高

12．下列不是多媒体播放软件的是（　　）。

A．千千静听　　　　　　　B．Outlook Express

C．QQ 影音　　　　　　　D．Windows Media Player

13．计算机病毒，是指编制或者在计算机程序中插入的破坏计算机功能或者毁坏数据，影响计算机使用，并（　　）的一组计算机指令或者程序代码。

A．自我复制　　B．自我消灭　　C．自动生成　　D．自动升级

14．以下移动存储介质管理的做法正确的是（　　）。

A．外来人员随意使用 U 盘复制机密文件

B．内部人员外出交流，暂时离开笔记本电脑时，对其不做任何安全管理措施

C．将存有机密信息的 U 盘或移动硬盘随意借给他人使用

D．U 盘、移动硬盘等移动存储设备外出修理时，做好数据安全处理

15．信息安全是指信息网络的硬件、软件及其系统中的数据受到保护，不受自然的或者恶意的原因而遭到破坏、更改、泄露，系统连续可靠正常地运行，信息服务不中断的状态。以下哪项不是信息系统的安全威胁（　　）。

A．物理层安全风险　　　　B．网络层安全风险

C．应用层安全风险　　　　D．用户层安全风险

16．下列有关计算机病毒的描述，错误的是（　　）。

A．计算机病毒产生的原因大致有三种情况：软件保护、恶作剧和破坏目的

B．计算机病毒的四大特点：破坏性、传染性、隐蔽性、潜伏性

C．计算机病毒结构都由三个部分构成：引导模块、传播模块和表现模块

D．计算机病毒可以传染给人

17．下列不属于人工智能研究领域的是（　　）。

A．机器证明　　B．模式识别　　C．人工生命　　D．编译原理

18．无人驾驶技术所面临的问题与挑战不包括下列哪项（　　）。

A．法律障碍　　　　　　　B．缺少行业规范标准

C．价格昂贵　　　　　　　D．政府不支持

19．机器人的定义中，突出强调的是（　　）。

A．具有人的形象　　　　　B．模仿人的功能

C．像人一样思维　　　　　D．感知能力很强

20. 智能传感器在交互信息能力方面的特点是（　　）。

  A．提高系统响应速度

  B．具有判断、决策、自动量程切换与控制功能

  C．具有数据自动采集、存储、记忆与信息处理功能

  D．具有拟人类语言符号等多种输出功能

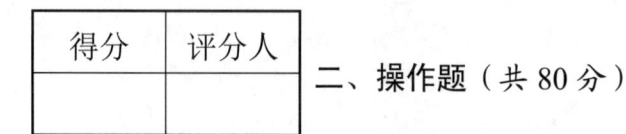

得分	评分人

二、操作题（共 80 分）

1．（20 分）打开"文字处理"文件夹中的文字处理文档"D:\模拟测试卷二\文字\demo.docx"，进行以下操作并保存。

（1）设置页面的页边距：上、下、左、右均为 2.5 厘米；

（2）将第 1 行标题设置为微软雅黑、三号、居中；

（3）将正文所有段落设置为首行缩进 2 字符，行距为 1.5 倍；

（4）将全文中所有"水密隔舱"四字设置为标准色深红；

（5）将正文第 1 段设置为等宽两栏，添加分隔线，栏间距为 6 字符；

（6）在正文第 3 段的开头位置处插入"文字处理"下的图片 04.png，并设置图置为"中间居右，四周型文字环绕"；

（7）设置图片样式为"映像圆角矩形"；

（8）在正文末尾处插入一个 4 行 4 列的表格，并将表格的第 1 行底纹设置为标准色；

（9）插入页码为"页边距"中的"箭头（右侧）"；

（10）完成后直接保存，并关闭 WPS 文字处理程序。

2．（15 分）打开"电子表格"文件夹中的文件"D:\模拟测试卷二\电子表格\excel1.x进行以下操作并保存。

（1）将单元格 A1：F1 合并后居中，字体为楷体、加粗，字号为 16，字体颜色为

（2）设置第 1 行行高为 24，D 列至 F 列列宽为 14；

（3）用函数计算出每种材料的"平均价格"，将单元格 F3：F9 的数字分类设为数小数位 2 位；

（4）设置单元格区域 D2：F9 水平居中对齐；

（5）设置单元格区域 A2：F9 外边框线为双实线，内边框线为细单实线；

（6）在单元格区域 A2：F9 利用自动筛选功能，筛选出材料名称为"圆珠笔"和水"的数据；

（7）将工作表 Sheet4 删除；

（8）保存文档并关闭 WPS 电子表格应用程序。

3．（14 分）打开"演示文稿"文件夹下的文件"D:\模拟测试卷二\演示文稿\PPT.p进行以下操作并保存。

（1）将所有幻灯片的背景设置为"图片或纹理填充"，纹理为"新闻纸"；

9. 下列 Python 变量名合法的是（　　）。
   A．123　　　　B．C++　　　　C．1_a　　　　D．a2
10. 代数式 x÷y 在 Python 中的表达式为（　　）。
    A．x//y　　　B．x%y　　　C．x/y　　　D．x-y
11. 下列选项中，不属于多媒体技术应用的是（　　）。
    A．制作动画　　　　　　　B．制作演示文稿
    C．召开视频会议　　　　　D．统计学生成绩
12. 以下不属于多媒体特点的是（　　）。
    A．数字化　　B．集成性　　C．交互性　　D．复杂化
13. 下列关于计算机病毒的特点，错误的是（　　）。
    A．破坏性　　B．固定性　　C．隐蔽性　　D．传染性
14. 下列关于移动存储介质管理的说法，错误的是（　　）。
    A．移动存储介质不仅包括U盘，还包括移动硬盘、光盘、手机
    B．使用移动存储介质给工作带来方便，也不会造成信息安全风险
    C．将移动存储介质借予他人使用，有可能造成信息泄漏
    D．移动存储介质维修时应先备份数据
15. IDS 的中文含义是（　　）。
    A．网络入侵系统　　　　　B．入侵检测系统
    C．入侵保护系统　　　　　D．网络保护系统
16. 为了信息安全，下列行为有害的是（　　）。
    A．安装杀毒软件　　　　　B．随意打开链接
    C．安装防火墙　　　　　　D．定期更换密码
17. 车辆自动泊车辅助系统主要有三个执行单元，以下哪个单元不在三个执行单元之内（　　）。
    A．方向盘幅度控制　　　　B．后视镜调整控制
    C．制动控制　　　　　　　D．油门控制
18. 谷歌公司的 AlphaGo 机器人战胜了人类围棋世界冠军李世石，这表明了（　　）。
    A．人工智能已经可以完全代替人类，其智力已经远远超过人类
    B．人工智能在某些方面已经超过人类，它开创性的围棋算法是取胜的关键
    C．人工智能只是钻了人类无法长时间集中精力的空子，从而取胜
    D．人工智能的胜利为人类敲响了警钟，将来人类或将无法控制人工智能
19. 下列选项不能体现"人本位原则"的是（　　）。
    A．人工智能作为创造性技术，需要始终坚持以人为本

B．人工智能技术应该坚持"技术服从"的基本价值原则

C．人工智能技术可以不遵从"服务于人类"，需要以市场需求为导向

D．智能机器人不得对人类做出恶意伤害，也不得无视人类陷入危险状态

20．在车牌识别中，主要运用的技术是（　　）。

A．图像处理　　B．视频处理　　C．音频处理　　D．人脸识别

二、操作题（共80分）

1.（20分）打开"D:\模拟测试卷三\文字处理"文件夹中的文字处理文档"test03.do进行以下操作并保存。

（1）设置页边距：上、下、左、右各为2厘米；

（2）将标题文字格式设为：微软雅黑、小二号、居中对齐；

（3）设置正文所有文字格式为：小四号，首行缩进2字符，行距为1.5倍；

（4）将正文第2段文字"计寿命为10年，长期驻留3人，总重量可达180吨。细单下划线；

（5）将正文第3段文字"名称标识："格式设为：红色、加粗，突出显示为黄色

（6）将正文最后3段设置项目符号"☆"；

（7）在文档末尾插入一个4行4列的表格，并将第一行4个单元格合并，设置所有边框为红色；

（8）完成后直接保存，并关闭WPS应用程序。

2.（15分）打开"D:\模拟测试卷三\电子表格"文件夹中的文件"excel1.xlsx"，行以下操作并保存。

（1）将A1：F1单元格合并居中；

（2）设置合并后的A1单元格字体为微软雅黑，字号为20，颜色为红色，填充背景；

（3）在单元格区域A3：A12完成"编号"的自动填充；

（4）用公式计算出总价（总价=单价*册数）；

（5）将单元格区域F3：F12的数字分类设为"货币"，小数位保留2位，货币用"￥"；

（6）将工作表中的数据以"图书类别"为关键字，升序排序；

（7）将工作表中的数据分类汇总，分类字段为"图书类别"，汇总方式为"求和汇总项为"总价"；

（8）完成后直接保存，并关闭WPS应用程序。

C．在视频中截取　　　　　　D．用纸画画

12．在计算机上使用软件对图像中的任务进行锐化处理是为了（　　）。
　A．去掉红颜　　　　　　　B．使人物的轮廓更清晰
　C．使头发更有光泽　　　　D．使皮肤更白更细腻

13．某些病毒发作时，计算机的文件图标被修改，说明计算机病毒具有（　　）
　A．潜伏性　　B．可触发性　　C．传染性　　D．表现性

14．以下事件不会造成计算机感染病毒的是（　　）。
　A．使用盗版光盘　　　　　B．从键盘上输入数据
　C．下载邮件附件　　　　　D．单击陌生链接

15．以下关于病毒的描述中，不正确的说法是（　　）。
　A．对于病毒，最好的方法是采取"预防为主"的方针
　B．杀毒软件以抵御或清除所有计算机病毒
　C．恶意传播计算机病毒可能会是犯罪
　D．计算机病毒都是人为制造的

16．下列叙述中哪一项是正确的？（　　）
　A．病毒查杀软件通常滞后于计算机病毒的出现
　B．病毒查杀软件总是超前于计算机病毒的出现，它可以查、杀任何种类的病毒
　C．已感染过计算机病毒的计算机具有对该病毒的免疫性
　D．计算机病毒会危害计算机使用人的健康

17．人工智能是计算机科学的一个分支，该领域的研究包括（　　）。
　A．机器人　　　　　　　　B．语言识别
　C．图像识别　　　　　　　D．以上三种都是

18．下列关于人工智能的描述，错误的是（　　）。
　A．人工智能系统要有学习能力、预测推理能力
　B．人工智能可以完成任何工作
　C．停车场的车牌识别是人工智能的应用
　D．机器学习属于人工智能

19．以下属于人工智能应用场景的是（　　）。
　A．智能物联网　　　　　　B．智能家居
　C．无人驾驶汽车　　　　　D．以上三种都是

20．下列不属于无人驾驶技术的是（　　）。
　A．计算处理系统　　　　　B．汽车驾驶人
　C．无人驾驶汽车　　　　　D．感知输入系统

二、操作题（共 80 分）

1.（20 分）打开"D:\模拟测试卷四\文字处理"文件夹中的文字处理文档"test04.do进行以下操作并保存。

（1）设置页边距：上、下各 2.5 厘米，左、右各 3 厘米；

（2）设置标题文字格式为：微软雅黑、一号、加粗、橙色、居中对齐；

（3）将文中所有"sun"替换成"太阳"；

（4）为正文第 3 段设置橙色双波浪线边框，应用于段落；

（5）在页眉处添加文字"泰山日出"；

（6）在文档末尾插入一个 4 行 5 列的表格；

（7）将表格第 1 行所有单元格合并，设置底纹为橙色；

（8）完成后直接保存，并关闭 WPS 应用程序。

2.（15 分）打开"D:\模拟测试卷四\电子表格"文件夹中的文件"excel1.xlsx"行以下操作并保存。

（1）将 A1：D1 单元格合并居中，设置字体为微软雅黑，字号为 16，颜色为红

（2）将单元格区域 A2：D11 字号设为 12，A 列到 D 列的列宽设为 20 字符；

（3）将表格中的所有内容设置为"水平居中"；

（4）将单元格区域 A2：A11 文字颜色设为蓝色，将单元格区域 B2：D11 填充色背景；

（5）设置单元格区域 A2：D11 外边框为双实线，内部为细单实线；

（6）在表格下方插入图表，数据源是"日期"和"收盘价（元）"，图表类型是线图"；

（7）插入工作表 Sheet2，并放在 Sheet1 后面；

（8）完成后直接保存，并关闭 WPS 应用程序。

3.（14 分）打开"D:\模拟测试卷四\演示文稿"文件夹下的文件"PPT.pptx"，以下操作并保存。

（1）在第 1 张幻灯片的标题中输入"飘"，并设置为：红色、微软雅黑、66 磅

（2）所有幻灯片的背景设置为纹理填充"有色纸 1"；

（3）将第 2 张幻灯片中的文本框填充为黄色；

（4）将第 3 张幻灯片中图片的动画效果设置为：进入动画"棋盘"，"之后"开

（5）将幻灯片的切换效果设置成"溶解"，应用于全部幻灯片；

（6）完成后直接保存，并关闭 WPS 应用程序。

福建省中等职业学校学生学业水平考试模拟测试卷

目 录

福建省中等职业学校学生学业水平考试·模拟测试卷一
福建省中等职业学校学生学业水平考试·模拟测试卷二
福建省中等职业学校学生学业水平考试·模拟测试卷三
福建省中等职业学校学生学业水平考试·模拟测试卷四
福建省中等职业学校学生学业水平考试·模拟测试卷五

福建省中等职业学校学生学业水平考试模拟测试卷一

一、选择题（每小题 1 分，共 20 分）

1. 在计算机中，表示数据的最小单位是（　　）。
   A．Byte　　　B．KB　　　C．bit　　　D．MB

2. 使用机器语言编程时，其指令使用的数制是（　　）。
   A．二进制　　　　　　　B．十进制
   C．八进制　　　　　　　D．十六进制

3. 下列关于存储的叙述中，正确的是（　　）。
   A．CPU 能直接访问存储在内存中的数据，也能直接访问存储在外存中的数据
   B．CPU 不能直接访问存储在内存中的数据，能直接访问存储在外存中的数据
   C．CPU 只能直接访问存储在内存中的数据，不能直接访问存储在外存中的数据
   D．CPU 既不能直接访问存储在内存中的数据，也不能直接访问存储在外存中的数据

4. 计算机中用户可用的内存容量是指（　　）。
   A．ROM 的容量　　　　　B．RAM 的容量
   C．ROM 与 RAM 的容量　　D．所有存储器的总容量

5. 我们日常生活中使用的计算机，其采用的设计原理是（　　）。
   A．开关电路　　　　　　B．存储技术
   C．二进制　　　　　　　D．存储程序控制

6. 为了标识出主机在网络中的位置，网络中的每一台主机都有一个唯一的地址，地址分为四段，由数字组成，名称为（　　）。
   A．网址　　　B．IP 地址　　　C．URL　　　D．域名

7. 在国家顶级域名中，中国的顶级域名用（　　）。
   A．.cn 来表示　　　　　B．.us 来表示
   C．.jp 来表示　　　　　D．.ch 来表示

8. 下列不需要应用大数据技术的是（　　）。
   A．八闽健康码　　　　　B．汽车导航

片中心""上一动画之后"开始；

5）将幻灯片的切换效果设置为"推进"，效果选项"自左侧"，持续时间：04:00 全部应用；

6）保存 WPS 演示文稿文件并关闭应用程序。

4．（8分）本题型共有 7 小题，文件目录在"D：模拟测试卷一\ Windows 操作"。

1）在"Windows 操作"下创建名为"KSSYS"的文件夹；

2）在"Windows 操作\XXP\KKP"文件夹中删除名为"KSLP.pptx"的文件；

3）将"Windows 操作\MDF"文件夹中的"MFF.dbf"文件设置成"只读"属性；

4）将"Windows 操作\KOP"文件夹中名为"CC.xlsx"的文件重命名为"DD.xlsx"；

5）将"Windows 操作"下名为"AAPP.xlsx"的文件移动到"PLS"文件夹中；

6）将"Windows 操作\DCP"文件夹中名为"APB.pptx"的文件复制到"Windows YUD"文件夹中；

7）将"Windows 操作"下"PTB"文件夹进行压缩，以文件名"PTB.rar"保存到 dows 操作"中。

5．（8分）Python 操作题

程序文件在"D：模拟测试卷一\Python"目录下。

1）求 10!=1×2×3×4×…×10 的值，并输出结果。

打开 1.py 文件，完善程序代码，请不要删除<1>和<2>以外的任何代码。

2）要求从键盘输入一个数，计算其绝对值，并输出结果。

打开 2.py 文件，完善程序代码，请不要删除<1>以外的任何代码。

6．（5分）注册邮箱

打开 163 邮箱网站，注册一个 163 电子邮箱，注册账号：test2022，注册密码：23456。

注册完成后用注册的账号和密码登录 163 邮箱。并给张三（zhangsan@126.com）发 封邮件，邮件主题："学业水平考试学习计划"，邮件内容："共同学习，共同进步！"

7．（5分）在 Internet Explorer 浏览器中进行如下设置：

1）将主页设置为"http://www.phei.com.cn/"。

2）设置关闭浏览器时清空 Internet 临时文件夹。

8．打字题（5分）

鼓浪屿（英文：Kulangsu，古属泉州府同安县）原名"圆沙洲"，别名"圆洲仔"，时期命名为"五龙屿"，明朝改称"鼓浪屿"。鼓浪屿全岛的绿地覆盖率超过40%，种群丰富，各种乔木、灌木、藤木、地被植物共90余科，1000余种。2017年7月"鼓浪屿：国际历史社区"被列入世界遗产名录，成为中国第52项世界遗产项目。

福建省中等职业学校学生学业水平考试 模拟测试卷二

一、选择题（每小题1分，共20分）

1. 第一代电子数字计算机采用的电子元件是（   ）。
   A．大规模及超大规模集成电路 B．集成电路
   C．晶体管   D．电子管

2. ASCII 码使用指定的 7 位或 8 位二进制数组合来表示多种字符，其中 7 位 ASCII 码可表示的字符个数为（   ）。
   A．127   B．128   C．255   D．256

3. 计算机存储信息的最小单位是（   ）。
   A．位   B．字节   C．字长   D．字

4. 将一个大小为 200GB 的视频文件，采用压缩比率为 100:1 的标准压缩后，容量为（   ）。
   A．200GB   B．100GB   C．2GB   D．1GB

5. 微型计算机，控制器的基本功能是（   ）。
   A．进行计算运算和逻辑运算   B．存储各种控制信息
   C．保持各种控制状态   D．控制机器各个部件协调一致地工作

6. 要保存当前打开的网页上的内容，以下方法不可行的是（   ）。
   A．直接将当前网页添加到收藏夹
   B．按 Print Screen 键对当前网页截屏
   C．使用复制
   D．利用"文件"菜单下的"另存为"命令保存当前网页

7. 要想访问因特网上 WWW 页面，计算机上需要安装的软件是（   ）。
   A．WPS Office B．Dreamweaver C．浏览器   D．编辑器

8. WPS 表格中 RANK 函数的功能是（   ）。
   A．求和   B．获取当前日期 C．求平均数   D．排序

9. 下列 Python 变量名合法的是（   ）。
   A．2a   B．if   C．x1   D．3_c

10. 下列关于 Python 语言特点的描述，正确的是（   ）。
    A．Python 语言难于学、费用高
    B．Python 语言是汇编语言

2）将第 1 张幻灯片标题的字体设置为隶书、加粗，字号为 54，并为文本"视频制
作"创建超链接到第 4 张幻灯片；

3）为第 2 张幻灯片中的标题设置动画效果：退出动画为"飞出"、持续时间 01.00 秒；

4）将第 4 张幻灯片的版式改为"两栏内容"，在右边占位符中插入"演示文稿"下
的"Pic.jpg"；

5）将所有幻灯片的放映方式设置为"观众自行浏览"；

6）完成后直接保存，并关闭 WPS 演示文稿应用程序。

4．（8 分）本题型共有 7 小题：文件目录在"D:\模拟测试卷二\Windows 操作"下。

1）在"Windows 操作"下创建名为"学前教育"的文件夹；

2）将"Windows 操作\PXGDJ"文件夹中的"FYX"文件夹复制到"Windows 操作"文件夹中；

3）删除"Windows 操作\DBKRL"文件夹中的"TSWCX.xsd"文件；

4）将"Windows 操作"下的"XIANDA0.efd"文件设置成"只读"属性；

5）将"Windows 操作"下的"EATE.dst"文件更名为"SGDBG.dst"；

6）将"Windows 操作"下的"SUPER.txt"和"XGHYDBG.txt"文件移动到"FJQY"文件夹下；

7）将"Windows 操作"下的"WORK"文件夹压缩成名为"工作.rar"的文件，并存在"Windows 操作"文件夹下。

5．（8 分）Python 操作题

1）功能要求：从键盘中输入年龄 16，则输出"猜对了!"，否则输出"猜错了!"。在 Python 目录下，打开 1.py，完善程序代码，请不要删除<1>和<2>以外的任何代码。

2）功能要求：从键盘输入一个整数，判断其奇偶性，并输出结果。在 Python 目录下打开 2.py，完善程序代码，请不要删除<1>和<2>以外的任何代码。

6．（5 分）发送邮件

使用账号：test2022，密码：test123456，登录 QQ 网页邮箱，完成下面的操作：
给李四（lisi@163.com）编写一封邮件，并抄送给张三（zhangsan@126.com），邮件主题："工作会议"，邮件内容："周一上午 8 点在会议室开工作会议"，完成后将邮件保存到草稿箱中。

7．（5 分）在 Internet Explorer 浏览器中进行如下设置：

打开 Internet Explorer 浏览器，完成下面的操作：

（1）访问华信教育资源网"https://www.hxedu.com.cn/"，将主页另存为文本文件，以"hxedu.txt"为文件名，保存到"模拟测试卷二"下；

（2）将网页网址添加到收藏夹中，名称为"华信教育资源网主页"。

8．打字题（5 分）

床前明月光，疑是地上霜。
举头望明月，低头思故乡。

福建省中等职业学校学生学业水平考试
模拟测试卷三

一、选择题（每小题 1 分，共 20 分）

1. 计算机系统的两大组成部分是（   ）。
   A．CPU 和内存   B．主机和输入/输出设备
   C．硬件系统和软件系统 D．应用软件和系统软件

2. 下列软件中，不属于应用软件的是
   A．Windows   B．Word   C．微信   D．360 杀毒

3. 下列术语中，属于显示器性能指标的是（   ）。
   A．速度   B．可靠性   C．分辨率   D．精度

4. 可以将书刊上的图片输入到计算机中的设备是（   ）。
   A．绘图仪   B．扫描仪   C．打印机   D．投影仪

5. 计算机软件分为（   ）。
   A．程序和数据   B．操作系统和语言处理程序
   C．系统软件和应用软件 D．程序

6. FTP 指的是（   ）。
   A．文件传输协议   B．超文本传输协议
   C．简单邮件传输协议   D．邮局协议

7. 以下有关 WWW 的说法中不正确的是（   ）。
   A．WWW 又称为万维网
   B．WWW 采用的通信协议是 HTTP
   C．WWW 采用超文本方式组织信息
   D．WWW 是一个网络管理工具

8. WPS 表格能根据预设的规则对输入的数据进行检查，以验证输入的数据是乎要求。这一功能通过设置（   ）来实现。
   A．保护工作表   B．数据有效性
   C．保护工作簿   D．条件格式

（14 分）打开"D:\模拟测试卷三\演示文稿"文件夹下的文件"PPT.pptx"，进行操作并保存。

1）在第 1 张幻灯片的标题中输入"茶的简介"，并设置为：绿色、微软雅黑、

2）设置第 1 张幻灯片的图片动画效果为：进入动画"菱形"，"之后"开始；
3）将幻灯片的切换效果设置成"溶解"，应用于全部幻灯片；
4）设置幻灯片的放映方式为"循环放映，按 ESC 键终止"；
5）完成后直接保存，并关闭 WPS 应用程序。

（8 分）本题型共有 6 小题：文件目录在"D:\模拟测试卷三\ Windows 操作"。
1）在"Windows 操作"文件夹下创建名为 MYNAME 的文件夹；
2）在"Windows 操作\Windows\Win"文件夹中删除名为 KID.pptx 的文件；
3）将"Windows 操作\KEEP"文件夹中名为 KK.xlsx 的文件重命名为 RE.xlsx；
4）将"Windows 操作"文件夹下名为 FACE.xlsx 的文件移动到"Windows 操作\pike"夹中；
5）将"Windows 操作\DEEP"文件夹中名为 DEP.pptx 的文件复制到"Windows 操作\AN"文件夹中；
6）将"Windows 操作"文件夹下 PENCIL 文件夹进行压缩，以文件名"PENCIL.rar"到"Windows 操作"文件夹中。

（8 分）Python 操作题
1）功能要求：求 1+1/2+1/3+1/4+…+1/10 的值，并输出结果。在"D:\模拟测试卷三\Python"目录下，打开 1.py，完善程序代码，请不要删除<1>和<2>以外的任何代码。
2）功能要求：已知有两个数，计算这两个数平方的和，并输出结果。在"D:\模拟测试卷三\Python"目录下，打开 2.py，完善程序代码，请不要删除<1>以外的任何代码。

（5 分）发送邮件
使用账号：test2022，密码：test123456，登录 163 网页邮箱，完成下面的操作：
给王建军（wangjianjun@163.com）发一封电子邮件，主题为"图片说明"，邮件内"会议报道照片"。

（5 分）在 Internet Explorer 浏览器中进行如下设置：
1）打开"新华网"主页，保存到收藏夹中，名称为"中国新华网"；
2）设置关闭浏览器时清空 Internet 临时文件夹。

打字题（5 分）
南靖土楼，又称为福建土楼，遍布漳州市南靖、华安、平和、诏安、云霄、漳浦等山区，以历史悠久、数量众多、规模宏大、造型奇异、风格独特而闻名于世，被誉神话般的山区建筑"。

福建省中等职业学校学生学业水平考试 模拟测试卷四

一、选择题（每小题1分，共20分）

1. 计算机体系结构的设计思想是由谁提出的（　　）。
   A．图灵　　　　　　　　B．冯·诺依曼
   C．比尔·盖茨　　　　　D．乔布斯

2. 计算机将数据从U盘传送到计算机内存的过程称为（　　）。
   A．写盘　　B．读盘　　C．存盘　　D．输出

3. 微型计算机主机的主要组成部分有（　　）。
   A．运算器和控制器　　　B．CPU和硬盘
   C．CPU和显示器　　　　D．CPU和内存储器

4. 要把家中纸质的老照片都输入到计算机保存，可以选择的设备是（　　）。
   A．手写板　　B．打印机　　C．扫描仪　　D．投影仪

5. 利用计算机实现了办公自动化，这属于计算机应用中的（　　）。
   A．人工智能　B．科学计算　C．实时控制　D．数据处理

6. 利用微信与网友互动，这属于计算机网络哪方面的应用（　　）。
   A．万维网　　B．资源下载　C．网络通信　D．协同处理

7. 下列传输介质中，传输速度最快的是（　　）。
   A．双绞线　　B．电话线　　C．铜缆电线　D．光纤

8. 在WPS表格中查找和处理数据的快捷方法，执行时并不重排数据，只是暂藏不必显示的行，可以通过以下哪个功能完成。（　　）
   A．排序　　　B．合并计算　C．筛选　　　D．分类汇总

9. Python源代码文件的扩展名是（　　）。
   A．.py　　　B．.docx　　　C．.jpg　　　D．.pptx

10. 在Python中，假设a=3，b=7，x=2，则表达式(a**2+b)/x的值是（　　）
    A．8　　　　B．8.0　　　　C．6.5　　　　D．13.5

11. 下列途径中，不能获取到数字图像素材的是（　　）。
    A．从网络上下载　　　　B．使用数码相机拍摄

. (8分) 本题型共有 6 小题：文件目录在"D:\模拟测试卷四\ Windows 操作"。

1）在"Windows 操作"文件夹下创建名为"STU"文件夹；

2）将"Windows 操作\FUGUI"文件夹下的 YA 文件夹复制到"Windows 操作\ZA"文件夹中；

3）删除"Windows 操作\KK"文件夹中的 HOU.dbf 文件；

4）将"Windows 操作"文件夹下的 TEXTS.xml 更名为 KY.xml；

5）将"Windows 操作"文件夹下的 PLAYER.swf 和 PPT2.png 移动到"Windows 操作\TP"文件夹下；

6）将"Windows 操作"文件夹下的 WORD.docx 和 YSWG.pptx 压缩名为"BFK.rar"文件，并存放在"Windows 操作"文件夹下。

. (8分) Python 操作题

1）功能要求：求 10!=1×2×3×4×…×10 的值，并输出结果。在"D:\模拟测试卷四\Python"目录下，打开 1.py，完善程序代码，请不要删除<1>和<2>以外的任何代码。

2）功能要求：绘制一个边长为 150 像素的红色等边三角形。在"D:\模拟测试卷四\Python"目录下，打开 2.py，完善程序代码，请不要删除<1>和<2>以外的任何代码。

. (5分) 注册邮箱

打开 163 邮箱网站，注册一个 163 电子邮箱，注册账号：test2022，注册密码：123456。注册完后用注册的账号和密码登录 163 邮箱。并给王五（wangwu@126.com）写一封邮件，邮件主题："新邮箱"，邮件内容："我的新邮箱"。

. (5分) 在 Internet Explorer 浏览器中进行如下设置：

1）将主页设置为 http://www.phei.com.cn/；

2）设置网页在历史记录中保存 10 天。

. 打字题（5分）

福州市的三坊七巷占地约 40 公顷，由三个坊、七条巷和一条中轴街肆组成，分别是衣锦坊、文儒坊、光禄坊；杨桥巷、郎官巷、塔巷、黄巷、安民巷、宫巷、吉庇巷和南后街。因此自古就被称为"三坊七巷"。三坊七巷起于晋，完善于唐五代，至明清鼎盛，是中国都市仅存的一块"里坊制度活化石"。

福建省中等职业学校学生学业水平考试
模拟测试卷五

一、选择题（每小题1分，共20分）

1. 下列设备中，不属于输入设备的是（　　）。
   A. 显示器　　B. 键盘　　C. 扫描仪　　D. 摄像头
2. 显示器的清晰度主要取决于（　　）。
   A. 显示器的尺寸　　　　　　B. 显示器的类型
   C. 显存的大小　　　　　　　D. 显示器的分辨率
3. 在计算机中，一个汉字的标准编码（国标码）占用的存储空间是（　　）
   A. 1B　　B. 2B　　C. 2bit　　D. 4B
4. 对应ASCII码表，下列有关ASCII码值大小关系描述正确的是（　　）。
   A. "CR"<"d"<"G"　　　　　　B. "a"<"A"&<"9"
   C. "9"<"A"<"CR"　　　　　　D. "9"<"R"<"n"
5. 计算机辅助教育的简称是（　　）。
   A. CAM　　B. CAD　　C. CAT　　D. CAI
6. 下列选项中不合法的IP地址是（　　）。
   A. 119.147.19.254　　　　　B. 222.73.3.71
   C. 222.73.256.21　　　　　 D. 14.17.33.222
7. 浏览器的收藏夹中收藏的内容主要是（　　）。
   A. 下载的图片　　　　　　　B. 下载的网页
   C. 网页的地址　　　　　　　D. 网页的内容
8. WPS Office 2019之表格的（　　）可以在同一要素下选择多个条件进行筛选，也可以选择不同的要素同时进行筛选。
   A. 多重条件筛选　　　　　　B. 文本转换成链接
   C. 降序排列　　　　　　　　D. 重复项
9. 在Python中，下列描述range()函数作用的选项，正确的是（　　）。
   A. 可以将结果转换为列表　　B. 生成一系列的数字
   C. 可以解析列表　　　　　　D. 可以统计计算

操作并保存。
1）在第一张幻灯片的标题中输入"大红袍"，并设置为：微软雅黑、加粗、72磅、

2）将所有幻灯片的背景设置为纯色填充中的"绿色"；
3）将第2张幻灯片中图片的动画效果设置为：进入动画"缓慢进入"，"之后"开始；
4）将幻灯片的切换效果设置成"溶解"，应用于全部幻灯片；
5）完成后直接保存，并关闭 WPS 应用程序。

．（8分）本题型共有6小题：文件目录在"D:\模拟测试卷五\ Windows 操作"。
1）在"Windows 操作"文件夹下创建名为 ZUKE 的文件夹；
2）将"Windows 操作\FOOT"文件夹下名为 YOKE 的文件夹复制到"Windows 操作\TE"文件夹中；
3）删除"Windows 操作\SHOOT"文件夹中的 SWEET.dbf 文件；
4）将"Windows 操作\EXCUTE"文件夹中的文件 RED.pptx 重命名为 BLACK.pptx；
5）将"Windows 操作"文件夹下的 LOOP.txt 文件移动到"Windows 操作\TABLE"夹下；
6）将"Windows 操作"文件夹下的 WR.docx 和 YE.pptx 进行压缩，压缩名为 ar 的文件，并存放在"Windows 操作"文件夹下。

．（8分）Python 操作题
1）功能要求：绘制一个边长为 200 像素的绿色正方形。在"D:\模拟测试卷五\Python"目录下，打开 1.py，完善程序代码，请不要删除<1>和<2>以外的任何代码。
2）功能要求：从键盘输入两个数，计算两个数的差，并输出结果。在"D:\模拟测试卷五\Python"目录下，打开 2.py，完善程序代码，请不要删除<1>以外的任何代码。

．（5分）电子邮件应用
使用用户账号：ks2022，密码：test123456，登录 163 邮箱，完成以下操作：
给王建军（wangjianjun@163.com）编写一封电子邮件，主题为"传统文化"，邮件内容为"好好学习传统文化"，保存到草稿箱中。

．（5分）在 Internet Explorer 浏览器中进行如下设置：
1）打开"新华网"，保存到收藏夹中，名称为"新华网"；
2）将 Internet 临时文件选项卡中的"检查存储的页面的较新版本"设置为"从不"。

．打字题（5分）
武夷山位于江西与福建西北部的两省交界处,是中国著名的风景旅游区和避暑胜地,型的丹霞地貌,是首批国家级重点风景名胜区之一。武夷山自然保护区,是地球同地区保护最好、物种最丰富的生态系统。

B．是人工智能与物联网技术的融合

C．人工智能物联网不需要大数据分析技术

D．人工智能物联网可以实现万物数据化、万物智联化

20．按照行业来分，机器人使用于工业、服务领域和（　　）。

　　A．特殊领域　　B．交通领域　　C．航空工业　　D．家用领域

二、操作题（共 80 分）

1．(20 分)打开"D:\模拟测试卷五\文字处理"文件夹中的文字处理文档"test05.doc"进行以下操作并保存。

（1）设置页面的页边距：上、下、左、右均为 2 厘米，纸张大小为 16 开；

（2）将第 1 行标题设置为微软雅黑、三号、居中，"红色文化耀闽西"六字设置标准色红色；

（3）将正文所有段落设置为首行缩进 2 字符，行距为 1.5 倍；

（4）将正文第 1 段设置首字下沉，下沉行数为 2；

（5）将正文第 2 段设置为等宽两栏，添加分隔线；

（6）在正文第 3 段的开头位置处插入"文字处理"下的图片 01.png，并设置图片位置为"中间居右，四周型文字环绕"；

（7）设置图片样式为"透视阴影，白色"；

（8）在正文末尾处插入一个 5 行 3 列表格，并设置表格行高为 0.8 厘米；

（9）插入页码为"页面底端"中的"普通数字 2"；

（10）完成后直接保存，并关闭 WPS 应用程序。

2．（15 分）打开"D:\模拟测试卷五\电子表格"文件夹中的文件"excel1.xlsx"，进行以下操作并保存。

（1）将单元格 A1：F1 合并后居中，设置字体为隶书、加粗，字号为 16；

（2）将单元格 C3：F14 的数字分类设置为数值，小数位 1 位；

（3）设置单元格区域 A2：F14 的外边框线为双实线、内边框线为细单实线；

（4）设置单元格区域 C2：F14 水平居中对齐；

（5）将单元格区域 A2：F14 按"班级"为主要关键字升序排序；

（6）将单元格区域 A2：F14 的数据进行分类汇总，分类字段为"班级"，汇总方式为"平均值"，汇总项为"语文、数学、英语、计算机"，汇总结果显示在数据下方；

（7）将工作表 Sheet2 删除；

（8）完成后直接保存，并关闭 WPS 应用程序。

3．（14 分）打开"D:\模拟测试卷五\演示文稿"文件夹下的文件"PPT.pptx"，进

10. 在 Python 中，假设 f=6.3，则表达式 int(f)%3 的值是（   ）。
    A．2.1　　　　B．2　　　　C．0　　　　D．0.1
11. 因特网上传输图像，最常用的图像存储格式是（   ）。
    A．WAV　　　　B．BMP　　　　C．MID　　　　D．GIF
12. 计算机在存储波形声音之前，必须进行（   ）。
    A．压缩处理　　　　　　　　B．解压缩处理
    C．模拟化处理　　　　　　　D．数字化处理
13. 为了保障网络安全，防止外部网对内部网的侵犯，多在内部网与外部网之间设置（   ）。
    A．密码认证　　　　　　　　B．时间戳
    C．防火墙　　　　　　　　　D．数字签名
14. 某单位机房被雷电击中，导致服务器和信息管理系统故障。这主要属于信息系统应用安全风险中的（   ）。
    A．自然灾害　　　　　　　　B．数据因素
    C．网络因素　　　　　　　　D．人为因素
15. 常用防止外部网攻击的技术是（   ）。
    A．数据压缩技术　　　　　　B．病毒防治技术
    C．信息加密技术　　　　　　D．防火墙技术
16. 下列属于自觉遵守网络道德行为规范的是（   ）。
    A．随意在网络上发表不正当的言论
    B．通过计算机网络传播计算机病毒
    C．通过网络随意控制他人的计算机
    D．不做危害计算机网络安全的事情
17. 关于人工智能与教育之间的关系，以下哪种表述符合目前现状（   ）。
    A．人工智能已经可以完全胜任教师工作
    B．人工智能可以辅助教师完成传授知识的工作
    C．人工智能在教育方面目前还无能为力
    D．人工智能已经在教育界硕果累累且大面积推广
18. 下列对人工智能机器视觉技术的描述，不正确的是（   ）。
    A．机器视觉通过计算机来模拟人的视觉功能
    B．机器视觉不仅仅是人眼的简单延伸
    C．机器视觉是从客观事物的图像中提取信息，进行处理并加以学习
    D．机器视觉技术不能应用于制造业的检测
19. 下列关于人工智能物联网的描述，错误的是（   ）。
    A．是人工智能的一种应用